新商科应用型人才培养系列教材《招投标管理》

编委会名单

主　编　周　峰　　魏汝岩　　陈　曦

副主编　单锦宝　　贾广余　　王彦博　　徐晓慧　　王东辉　　蔡爱敏

编　委　杨　林　　李　洁　　刘允涛　　李冠宇　　刘海楠　　崔英明

　　　　谭亚兰　　王一帆　　高剑松　　朱　磊　　姜宝德　　巩方超

　　　　张彩芸　　孙　杰　　张瀚文　　杨中焕　　曹海燕　　宗晓健

　　　　王清政　　吴晓燕　　于松亭　　张益铭　　王朝娜　　徐　蕾

前　言

随着《中华人民共和国招标投标法实施条例》的颁布，招投标活动持续规范，招投标市场不断健康有序发展。招投标是市场经济特殊性的表现，它以竞争性发承包的方式，为招标方提供择优手段，为投标方提供竞争平台。招投标制度对于推进市场经济、规范市场交易行为、提高投资效益发挥了重要的作用。招投标作为市场中的重要工作内容，在交易中应依法按程序进行。面对当前快速发展的招投标市场，公平竞争、公正评判、高效管理是招投标市场健康发展的保证。

招投标管理知识是管理人员必须掌握的专业知识，招投标管理的能力是管理人员必备的能力。招投标管理工作在企业经营管理活动中有着举足轻重的作用。招投标管理更是项目经营管理、工商管理、市场营销等专业的核心课程。

编者依据高职项目管理、工商管理等专业人才培养的要求，遵循高等职业院校学生的认知规律，以专业知识和职业技能、自主学习能力及综合能力培养为目标，紧密结合职业资格证书中相关考核要求，确定了本书的主要内容。全书以项目教学法为依托，顺应现代职业教育"基于工作过程""任务驱动型"等课程开发要求，引入丰富案例，贴合实际，全面系统地论述了招投标管理相关知识，以使学生掌握招投标管理的相关概念、基本程序、工作内容，以及合同管理的基本原理和方法，使学生具备组织项目招投标，编制招标和投标文件，组织和参与项目开标、评标、定标，以及管理工程合同的能力。

本书以最新的招投标、合同管理等有关国家法律、法规为依据，参考借鉴了国内一些优秀教材，并结合编者多年的工作经验和教学实践心得编写。全书以招投标流程为主线，力求使学习过程与工作过程一致，理论知识与实际操作相结合，对招投标全过程应掌握的实务操作能力进行了系统介绍，对标招投标管理中相关技术领域和工作岗位的操作技能要求。本书可作为 MBA、应用型本科及高职高专院校经济类、管理类、财会类专业相关课程的教材，也可供从事招投标管理的人员学习参考。

本书的参考学时为 48~64 学时，建议采用理论实践一体化的教学模式进行教学。

本书在编写过程中引用了互联网上的招标文件等实例并进行了适当修改，参考了大量相关著作，在此对相关作者表示衷心的感谢！感谢山东建筑大学、河南职业技术学院、山东服装职业学院、济南职业学院等高校相关专家、教师的大力协助！

由于编者水平有限，书中疏漏和不妥之处在所难免，敬请读者批评、指正！

作　者

2023 年 1 月

目 录

第一章　招投标概述

1.1　招投标的历史演进

1.1.1　西方招投标的演进历史

招投标最早起源于英国，它是作为一种"公共采购"或称"集中采购"的手段而出现的，至今已有 200 多年的历史。后来很多国家相继成立了专门机构或者通过专项法律确定了招标采购的重要地位，其中以美国的招投标制度较为典型。一些国际上有较大影响的国际组织，为了迎合世界经济一体化进程发展的需要，也制定了一些关于招投标的法律文件。

1. 英国

招投标最早起源于英国。对于政府工程采购，英国财政部颁布了一系列相关文件和操作规程，既有法规性文件，也有一般指导性文件，作为政府机构发包工程时的参考依据。1872 年，政府出于对自由市场控制的考虑，首先从规范政府采购行为入手，设立了文具公用局。这一机构逐步发展成国家物资供应部，专门负责政府各部门物资需求的采购工作，并称该项工作为"公共采购"。1803 年，英国政府公布法令推行招标承包制，不论是物资、工程还是服务，都提倡和要求使用竞争招标的方式。20 世纪 80 年代，英国政府出台法律，在全国公共部门实行强制竞争招标，规定：凡该法律所包括的政府机构和其他公共部门，工程(或采购)金额超过规定额度，应使用竞争招标的方式授予合同。在使用邀请招标时，至少应有三家投标方，且包括私营企业。招标公告至少要在一家地方报纸或工商业杂志上发表，对任何有兴趣参加竞争的企业不得限制，不得有阻碍竞争的行为。

目前，英国涉及招投标方面的主要法律、法规有 1991 年 12 月制定的《英国公共工程合同规则》、1993 年 1 月制定的《英国公共设施供应的公用事业工程合同规则》、1994 年 1 月制定的《英国公共服务合约法规》、1995 年 1 月制定的《英国公共供应合同规则》等。招投标的参与人员必须严格遵守并执行这些法律、法规。除此以外，为确保招投标活动有序、高效进行，英国各有关行业协会还制定了通行英国国内的标准招标文件格式。

2. 美国

美国是世界上招投标制度比较完善的国家。美国为确保其政府采购有章可循、依法采购，于 1809 年通过了第一部要求密封投标的法律，确立了密封投标制，其目的是防止国会议员为其资助者谋取政府合同。后来，美国通过法律进一步完善密封投标制度，使之成为美国政府采购的基本方式，即政府发布招标文件，说明招标项目主要情况、项目规格标准和特殊要求，邀请潜在的投标方阅读全部招标文件并密封提交投标文件，然后进行公开开标。合同项目授予价格最低的可靠负责的投标单位。

1861 年，美国制定了关于政府采购的联邦法案，明确规定凡达到一定金额和至少有三个投标方的政府采购，联邦政府必须使用公开招标的方式，并对招标程序作了详细的规定。1868 年美国国会又通过立法确立公开开标和公开授予合同的程序。1984 年的《联邦采购法案》、1994 年的《联邦采购程序合理化法案》等使政府采购及程承包逐步形成了比较完善的招标采购制度，实现了以统一单据和格式进行规范化操作管理的模式，如标准的招标公告格式、标书格式，规定统一的招标步骤和程序等。

美国联邦的招标采购法律体系由基本法和实施规则构成。基本法主要包括《联邦财产与行政服务法》《联邦采购政策办公室法》《合同争议法》以及与招标采购有关的《小企业法》；实施规则主要包括《联邦采购规则》及联邦政府各部门为招标和补充《联邦采购规则》而制定的各部门采购规则。

美国的政府招标采购制度所管理的范围相对其他国家更为全面，它包括 6 个方面的基本制度：

(1) 招标制度。政府采购要求使用招标程序，并以统一的单据和格式实行规范化操作管理。

(2) 作业标准化制度。政府采购部门除须按照有关法律规章进行工作外，还要按照依法制定的政府采购细则严格执行采购程序。

(3) 供应商评审制度。美国政府采购规定，凡有意向政府部门提供货物或服务的企业，一般应向有关部门提出申请、注册，相关部门会对企业按照国家标准局所定标准审查其有关项目，索要相关资料，通过分析、评估，对合格企业进行归类和归档，公布合格供应商名单。

(4) 审计检查制度。从联邦政府到各级政府，美国有一套健全的审计机构体系和严密的审计工作制度。总体而言，美国的审计体系包括国家审计机关、各部门的内部审计组织和大量的会计公司。

(5) 采购审计和管理审计制度。采购审计内容为审查采购部门的政策与程序，审核采购的数量和成本价格，以及审查采购过程中发生的一切财务事项。管理审计主要观察供货企业的组织结构、资料系统，考核采购部门工作计划的制订和工作进度情况等。管理审计分为定期和不定期两种，一般采取内部审计和外部审计相结合的方式进行审计。

(6) 交货核查制度。交货核查包括两项：一是根据送交的档案核查招标采购部门的作业情况、工作范围及采购程序是否合法；二是检查中标人的合同情况。

3. 欧盟

欧盟在《成立欧洲经济共同体条约》的指导下，相继颁布了关于公共采购各领域的委员会指令，共同构成了独具特色的招标采购法律体系。在这个法律体系中，既有实体法，又有程序法。其中，《关于协调授予公共服务合同程序的指令》《关于协调授予公共供应品合同程序的指令》《关于协调授予工程合同程序的指令》《关于协调水、能源、交通运输和电信部门采购程序的指令》等四个指令为实体性法律；《关于协调有关对公共供应品合同和公共工程合同授予及审查程序的法律、规则和行政条款的指令》(简称《公共救济指令》)与《关于协调有关水、能源、交通运输和电信部门的采购程序执行共同体规则的法律、规则和行政条款的指令》(简称《公共事业救济指令》)为程序性法律。

　　这些指令建立了欧盟范围内的国际政府采购制度，是适用于联盟范围内招标采购的主要规则，各成员国有义务采取相应的措施，使指令的条款在它们的国内法令中具有约束力。比如，奥地利在1989年就制定了一个内部适用的公共采购规则，1994年以法律的形式颁布实施，称为《联邦采购法》。比利时于1993年12月通过了《关于公共市场和一些为公共市场服务的私人市场的法律》，规定了公共采购的大体框架，并授权国王就具体事项制定法令；1996年颁布了两个关于传统公共采购与公用事业单位采购实施措施和程序的皇家法令。

　　这些法律规定都与欧盟采购指令一致，实际上是欧盟采购指令在各国的具体实施。欧盟招标采购法律制度的内容主要包括：明确了招标采购合同的适用范围及缔约机构，并把缔约机构的名单载入相应的附件中，可按规定的程序加以修订；规定了合同授予的程序和信息披露的要求，规定缔约机构可采用公开、限制和谈判三种合同授予程序；主张使用标准格式发布信息，以加快信息流动，促进采购过程透明化。

　　为防止缔约机构出现随意歧视行为，指令列举了一系列选择供应商、承包商和服务提供者的标准，同时规定了供应、工程和服务合同的两个授予标准：一是价格最低的投标，二是经济上最有利的投标。为明确经济上最有利的含义，指令列有详细标准，如价格、交货或完工日期、技术价值、质量、获得能力、功能特点、运营费用、售后服务以及技术援助等。

　　为了能对发生违反指令的行为采取有效和迅速的补救办法，确保采购领域的透明和非歧视，欧盟还规定了详尽的救济措施，如：设立审查机构，赋予其权力以解决冲突；赋予欧盟委员会当发生明显违反共同体规则的情形时，有权通知有关成员国及缔约机构，要求其纠正；规定了一种独特的证人监督审查机制，即由在成员国宣誓的证人发表证词，证明实体在既定时间内所从事的采购活动公平、无歧视行为，符合欧盟规则的要求；任何供应商、承包商和服务提供者只要认为自身利益受到缔约机构非法行为或决定的侵害，均可不受限制地直接向委员会提出申诉，受害方可在国内法院开始进行审查程序的同时向委员会提出申诉，但并不以国内法院的这种司法审查为必备条件。

1.1.2　我国招投标的发展历程

　　我国最早的招投标活动发生在清朝末期，有史料记载用招标方式选择工程承包商的，是1902年张之洞创办的湖北制革厂。新中国成立后，国家实行的是高度集中统一的计划经济体制，作为充分体现竞争机制的订约形式，招投标制度一度缺乏存在与发展的基本条件和空间。改革开放以来，国际招投标的有效经验被引入我国。

　　1979年，我国土木建筑企业最先参与国际市场竞争，以投标方式在中东、亚洲、非洲和港澳地区开展国际承包工程业务，取得了国际工程投标的经验与信誉，这也是中国企业第一次以投标方式参与国际竞争。1980年，世界银行提供给我国第一笔贷款，即第一个大学发展项目时，便以国际竞争性招标方式在我国(委托)开展其项目采购与建设活动。随着中国参与世界交流的增多以及国内如火如荼的建设需要，1980年10月17日，国务院颁布了《关于开展和保护社会主义竞争的暂行规定》(国发〔1980〕267号)，指出"对一些适宜于承包的生产建设项目和经营项目，可以试行招投标的办法"。1984年9月18日，国务院颁布了《关于改革建筑业和基本建设管理体制若干问题的暂行规定》，提出大力推行工程招标承包制。我国招投标制度的发展大致可划分为三个阶段。

1. 招投标制度初创阶段

这一阶段主要是20世纪80年代。在这一阶段，我国招投标经历了试行—推广—兴起的发展过程，招投标主要侧重宣传和初步实践，是处于社会主义计划经济体制下的一种探索。1980年，在《关于开展和保护社会主义竞争的暂行规定》中首次提出，为改革现行经济管理体制，进一步开展社会主义竞争，对一些适宜于承包的生产建设项目和经营项目，可以试行招投标方法。1983年6月，城乡建设环境保护部颁布了《建筑安装工程招投标试行办法》。1984年9月，国务院提出要大力推行工程招标承包制，改变单纯用行政手段分配建设任务的老办法，实行招投标。根据这些规定，各地也相继制定了适合本地区的招投标管理办法，开始探索我国的招投标管理和操作程序。

2. 招投标制度不断规范发展阶段

这一阶段主要是20世纪90年代初期到中后期，全国各地普遍加强对招投标的管理和规范工作，相继出台了一系列法规和规章制度。这一阶段是我国招投标发展史上的重要阶段，招投标制度得到了长足发展，各省、自治区、直辖市、地级以上城市和大部分县级市都相继明确了各有关行政职能部门的招投标监督管理职责，我国的招投标管理体系基本形成，招投标法治建设步入正轨。特别是有关招投标程序的管理细则也陆续出台，为招投标在公开、公平、公正前提下的顺利开展提供了有力保障。

3. 招投标制度逐步健全完善阶段

这一阶段以2000年1月1日《中华人民共和国招标投标法》(简称《招标投标法》)正式颁布实施为标志。《招标投标法》正式颁布实施后，全面推行招投标制度有了法律依据和法律保证。它标志着我国招投标制度发展进入了全新的历史阶段。2002年我国颁布实施了《中华人民共和国政府采购法》(简称《政府采购法》)，招投标事业在我国揭开了历史新篇章。

1.1.3　我国招投标的现状

我国招投标历经几十年的发展，对于社会的经济生活和科技进步起到了决定性的促进作用。但不能忽视的是，招投标工作在国内还存在一些不健康的现象。

1. 不正当竞争行为

围标(串标)、陪标现象依然存在，且隐蔽性强。

围标(也称串标)是指招标人与投标人之间或投标人相互之间采用不正当手段，对招投标事项进行串通，以排挤竞争对手或损害招标人利益，从中谋取中标的行为。围标(串标)的表现形式多种多样，比较典型的有投标人与招标人串通、投标人相互串通、投标人与招标代理机构串通等几种形式。

陪标是指某项目进入招投标程序前，招标单位已经确定了意向单位，然后由意向单位根据投标程序要求，联系关系单位参加邀标，以便确保意向单位达到中标目的的举动。

2. 承包单位挂靠、转包行为

这种行为可使得一些资质不够、没有施工经验的企业进入施工现场，为质量安全问题埋下隐患。其结果是施工现场管理混乱，文明施工和安全生产均无法保证，严重影响了建筑工程质量，扰乱了建筑市场秩序。

3. 评标办法不够科学

这里主要是指专家评标时间过短。《招标投标法》规定"招标工程的有效投标单位不能少于三家，否则，专家可否决投标结果，要求重新进行招标"，因此一般情况下，中、小型工程有效的投标文件将达 3~6 个；某些大型工程项目，特别是采取公开招标的项目，投标文件会达 7 个以上(即 7 家以上单位投标)。目前中、小工程的评标时间为半天至一天，大型工程的评标时间为 2 天左右。如此仓促的时间下专家对每个投标文件的评审时间不足 2 小时的情况比比皆是，因此专家很难对各家的投标文件做出全面的评审，会导致招标工作中所要求的择优选择中标人的原则出现偏差。

4. 对违法、违纪现象的执法监察力度低

由于招标工作业务量大、专业性强，而主管的行政部门人手少、力量不足，所以还存在着管理失职和缺位的现象。招投标过程中，为方便建设单位和承包商，交易中心、造价站、招标办等实行"一条龙"集中办公，表面上简化了手续，实际上有些重大项目事先还是要分别上门申办手续，这也为个别人员违规干预招投标，从中谋取私利创造了机会。

1.1.4　建设工程的招标范围

2000 年 5 月 1 日，《工程建设项目招标范围和规模标准规定》(国家发展计划委员会第 3 号令)发布，确定了进行招标的工程建设项目的具体范围和规模标准。具体内容如下：

(1) 关系社会公共利益、公众安全的基础设施项目的范围包括：
① 煤炭、石油、天然气、电力、新能源等能源项目；
② 铁路、公路、管道、水运、航空以及其他交通运输等交通运输项目；
③ 邮政、电信枢纽、通信、信息网络等邮电通信项目；
④ 防洪、灌溉、排涝、引(供)水、滩涂治理、水土保持、水利枢纽等水利项目；
⑤ 道路、桥梁、地铁和轻轨交通、污水排放及处理、垃圾处理、地下管道、公共停车场等城市设施项目；
⑥ 生态环境保护项目；
⑦ 其他基础设施项目。
(2) 关系社会公共利益、公众安全的公用事业项目的范围包括：
① 供水、供电、供气、供热等市政工程项目；
② 科技、教育、文化等项目；
③ 体育、旅游等项目；

④ 卫生、社会福利等项目；

⑤ 商品住宅，包括经济适用住房；

⑥ 其他公用事业项目。

(3) 使用国有资金投资项目的范围包括：

① 使用各级财政预算资金的项目；

② 使用纳入财政管理的各种政府性专项建设基金的项目；

③ 使用国有企业事业单位自有资金，并且国有资产投资者实际拥有控制权的项目。

(4) 国家融资项目的范围包括：

① 使用国家发行债券所筹资金的项目；

② 使用国家对外借款或者担保所筹资金的项目；

③ 使用国家政策性贷款的项目；

④ 国家授权投资主体融资的项目；

⑤ 国家特许的融资项目。

(5) 使用国际组织或者外国政府资金项目的范围包括：

① 使用世界银行、亚洲开发银行等国际组织贷款资金的项目；

② 使用外国政府及其机构贷款资金的项目；

③ 使用国际组织或者外国政府援助资金的项目。

(6) 建设工程必须招标的规模标准。

在上文提到的五项建设工程的招标范围中，包括项目的勘察、设计、施工、监理以及与工程建设有关的重要设备、材料等的采购，达到下列标准之一的，必须进行招标：

① 施工单项合同估算价在 200 万元人民币以上的；

② 重要设备、材料等货物的采购，单项合同估算价在 100 万元人民币以上的；

③ 勘察、设计、监理等服务的采购，单项合同估算价在 50 万元人民币以上的；

④ 单项合同估算价低于以上规定的标准，但项目总投资额在 3000 万元人民币以上的。

1.1.5 可以不招标的建设工程项目

《工程建设项目施工招标投标办法》(七部委〔2013〕30 号令)第十二条规定，依法必须进行施工招标的工程建设项目有下列情形之一的，可以不进行施工招标：

(1) 涉及国家安全、国家秘密、抢险救灾或者属于利用扶贫资金实行以工代赈需要使用农民工等特殊情况，不适宜进行招标。

(2) 施工主要技术采用不可替代的专利或者专有技术。

(3) 已通过招标方式选定的特许经营项目，投资人依法能够自行建设。

(4) 采购人依法能够自行建设。

(5) 在建工程追加的附属小型工程或者主体加层工程，原中标人仍具备承包能力，并且其他人承担将影响施工或者功能配套要求。

(6) 国家规定的其他情形。

1.2 招投标的基本概念

1.2.1 招投标的作用

1. 促进社会主义市场经济体制持续完善

西方发达国家在市场经济中运用招投标制度已有两百多年的发展历史,其制度较为完善,并且为经济发展作出了巨大的贡献。随着我国社会主义市场经济的不断发展,各个领域中的交易方式逐步向招投标体制转变,为社会与企业创造了巨大效益,从根本上来说,在我国社会主义市场经济中,招投标制度正逐步走向成熟。

目前招投标工作的开展为我国招投标企业提供了良好的交易平台,使得交易双方在招投标制度的规范约束下能够进行平等选择。由于社会主义市场经济的基本原则就是公平公开,因此招投标制度对我国市场经济体制的发展有着极其重要的促进作用。

2. 利于社会主义市场经济良好秩序的建立

法治保障以及诚信支持是市场经济发展的根本,实施招投标制度是将交易企业实力向全社会公开的表现,由社会对交易双方的诚信进行监督。在诚信的基础上展开招投标采购制度,从长期来看对交易双方有百利而无一害。反之若是违背法制诚信和原则进行交易,不仅会使交易风险陡增,企业受到相关惩罚,而且会使交易双方在日后招投标竞争中失去竞争资格。

因此可以说招投标制度对打击假冒伪劣产品,以及对市场秩序规范整顿具有重要的积极意义。通过招投标制度,许多企业对自身的信用管理系统不断健全完善,使得市场竞争行为不断规范化;不断加强自律和监管,使得不正当竞争行为,如串通投标,虚假招标等在一定程度上被遏制。

3. 有效实现资源优化配置

招投标从根本来说就是行业内的竞争机制,具有竞争优势的企业就能够夺标,改善了传统计划经济时期的分配体系,改善了资源浪费以及市场垄断问题。开展公开招投标,能够激发市场经济活力,使企业能够可持续地发展下去,不断改革完善自身生产技术,从而在生产过程中实现对资源的充分利用,有助于社会资源优化配置。

4. 加速政府职能转变

长期以来,我国政府机关多以审批方式进行投资决策,同时政府也多采取行政手段进行经济调控以及资源分配,由于招投标具有公平竞争的特点,能够将市场对资源配置的作用最大化地发挥出来,对生产要素流动方向进行引导,促使政府进行合理科学地决策。通过招投标等一系列市场手段对资源进行调配,政府自身能够从繁杂的行政审批事务中脱身,从而加速职能转变。

从 1994 年起,我国便开始对部分商品的出口配额采取有偿招标,克服了人为分配所产生的一系列问题。最近几年，债券发行承销、选定竞争型建设项目法人、新技术开发以及新科研课题的承担等，国家均引入市场招投标的竞争机制，在确保合理配置市场资源的同时，保证科学合理的决策。

1.2.2　招投标的定义

在市场经济条件下，以工程建设项目的承包发包、大宗货物买卖交易、服务项目的采购为目的所进行的交易方式，被称为招投标。它是投标与招标的并称，是规范商品的交易行为以及交易过程的有效手段。

在社会主义市场经济中，招投标制度是确保项目质量、优化资源配置以及提高经济效益的有效交易制度。它能够促进市场经济体制改革，不断对招投标市场体系进行规范和完善，预防惩治腐败交易等行为。目前，已经形成了投标人、招标人以及以招标代理机构为主体、由行政部门进行监督的招投标体系。

1.2.3　招投标的意义

(1) 推行招投标制度基本形成了由市场定价的价格机制，使工程价格更加趋于合理。推行招投标制度最明显的表现是若干投标人之间出现激烈竞争(相互竞标)，这种市场竞争最直接、最集中的表现就是在价格上的竞争。通过竞争确定出工程价格，使其趋于合理，这将有利于节约投资、提高投资效益。

(2) 推行招投标制度能够不断降低社会平均劳动消耗水平，使工程价格得到有效控制。在建筑市场中，不同投标者的个别劳动消耗水平是有差异的。招投标的推行总是使那些个别劳动消耗水平最低或接近最低的投标者获胜，这样便实现了生产力资源的较优配置，也对不同投标者实行了优胜劣汰。面对激烈竞争的压力，为了自身的生存与发展，每个投标者都必须切实在降低自己个别劳动消耗水平上下功夫，这样将逐步而全面地降低社会平均劳动消耗水平，使工程价格更合理。

(3) 推行招投标制度便于供求双方更好地相互选择，使工程价格更加符合价值基础，进而更好地控制工程造价。由于供求双方各自出发点不同，存在利益矛盾，因而单纯采用"一对一"的选择方式成功的可能性较小。采用招投标方式就为供求双方在较大范围内进行相互选择创造了条件，为需求者(如建筑单位、业主)与供给者(如勘察设计单位、施工企业)在最佳点上结合提供了可能。需求者对供给者的选择(即建设单位、业主对勘察设计单位、施工单位的选择)的基本出发点是择优，即选择那些报价较低、工期较短、具有良好业绩和管理水平的供给者，这样就为合理控制工程造价奠定了基础。

(4) 推行招投标制度有利于规范价格行为，使公开、公平、公正的原则得以贯彻。我国招投标活动由特定的机构进行管理，有严格的程序必须履行，有高素质的专家支持系统、工程技术人员的群体评估与决策，能够避免盲目过度的竞争和营私舞弊现象的发生，对建筑领域中的腐败现象也是强有力的遏制，使价格形成过程变得规范透明。

(5) 推行招投标制度能够减少交易费用，节省人力、物力、财力，进而使工程造价有所降低。我国目前从招标、投标、开标、评标直至定标，均有相应的法律、法规规定，已进入制度化操作。招投标中,若干投标人在同一时间、地点报价竞争,在专家支持系统的评估下,以群体决策方式确定中标者,必然减少交易过程的费用,这本身就意味着招标人收益的增加,对工程造价必然产生积极的影响。

(6) 招投标领域是我国政府财政性资金运行的重要环节,也是极易产生权力寻租和滋生腐败的危险地带。因此,在该领域重视和加强党风廉政建设具有重要的现实意义。近年来,为保障政府投资项目规范、廉洁、高效运行,政府在招投标工作实践中,按照构建招投标防火墙的要求,坚持以预防和治理腐败为目标,以制度建设为抓手,切实加强党风廉政建设,着力在招投标领域构建纵向到底,横向到边的反腐倡廉体系,努力使反腐倡廉工作贯穿招投标工作全过程,取得了良好的效果。

1.3 招投标的基本流程

1.3.1 招投标的基本原则

1. 公开、公平、公正基本原则

公开、公平、公正是国家对招投标的基本要求,也是保障投标人权益的有力措施。建设工程招投标活动坚持公开、公平、公正的原则,对控制工程造价,确保工程质量,缩短工程工期,提高投资效益有着积极的作用。对实施阳光工程,防止违法乱纪、以权谋私等腐败现象的产生,具有重要的现实意义。招投标过程中遵循公开、公平、公正原则的基本内容包括以下几个方面。

1) 招标信息公开、公平、公正

《招标投标法》第十六条第一款明确规定:"招标人采用公开招标方式的,应当发布招标公告。依法必须进行招标项目的招标公告,应当通过国家指定的报刊、信息网络或其他媒介发布"。目前,建设工程项目信息的招投标发布、传播缺乏广泛性,许多潜在投标人难以同时获取招标信息。应建立招标信息网络,或与国家有关建设工程招标信息网联网,依法将公开招标的建设工程项目信息在网上发布,从而保证潜在投标人都能由正常途径获得信息。同时,招标公告应当载明招标人的名称和地址、建设工程规模、建筑结构情况、要求投标人的资质条件、招标项目的实施地点和时间要求以及获取资格预审文件、招标文件的办法等事项。

2) 招标资格审查公开、公平、公正

招标资格审查是招标活动中第一道实质性程序。招标人资格,是指招标人组织工程开标、评标、定标活动应具备的业务能力。建设工程招标对招标人的技术经济管理水平要求较高,许多招标人因从未开展过招标工作,对国家的有关政策法规了解甚微,同时也缺乏相关的技术经济专业人员,对招标过程中的大量技术工作很难进行规范的操作和准确的把握,《招标投标法》及《房屋建筑和市政基础设施工程施工招标投标管理办法》(建设部令第 89 号)明确规定招标人不具备自行编制招标文件和组织评标能力的,应委托具有相应资

格的工程招标代理机构代理招标。

3) 投标资格预审公开、公平、公正

招标人在信息发布的同时应编制资格预审文件，并报招标办备案。投标人应按资格预审文件要求提交营业执照、资质等级证书、交易许可证及有关资信等级证书等有效证件；同时说明拟派出的项目经理情况，提供管理和执行本合同拟在施工现场的管理人员和主要施工人员情况，提供为完成本合同拟采用的主要施工机械设备情况；同时说明过去履行合同情况、财务状况等，供评委会进行投标资格预审。

评委会组成人员应严格执行《评标委员会和评标方法暂行规定》(七部委令第 12 号)，并在政府招投标中心的建设工程评委专家库中抽签产生。经评委会对投标人资格预审后，招标人应当向资格预审合格的投标申请人发出资格预审合格通知书，并告知获取招标文件的时间、地点和方法，同时向资格预审不合格的投标申请人告知资格预审结果。当资格预审合格的投标申请人过多时，可以由招标人从中抽签产生。

4) 招标文件公开、公平、公正

招标人应负责编制完整的招标文件，并报招标办备案。招标文件应标明购买招标文件时间、现场勘察时间、答疑会时间、投标截止时间、开标时间以及有关主要合同条款、投标书格式、图纸及评标办法、定标原则等内容。招标文件应充分体现公开、公平、公正的原则，招标办在办理备案时一定要严格把关。

5) 开标程序公开、公平、公正

开标应当在招标文件确定的提交投标文件截止时间的同一时间公开进行；开标地点应当为招标文件中预先确定的地点。开标由招标人主持，邀请所有投标人参加。开标时，由投标人或者其推选的代表检查投标文件的密封情况，也可以由招标人委托的公证机构检查并公证；经确认无误后，由工作人员当众拆封并宣读所有合格投标人的有效投标书，包括投标报价、承诺的工期、质量等。所有投标人在确认了投标报价等信息后退场。

6) 评标标准及程序公开、公平、公正

评标标准应科学合理，根据工程的规模、性质采取不同的评标标准。对于工程规模较大、技术难度较高、工艺复杂的工程项目宜采用综合评估法；对于中小型工程，且施工工艺简单，一般具有通用技术、性能标准或者招标人对其技术、性能没有特殊要求的招标项目，如住宅工程、标准厂房等，评委只需对投标文件是否符合招标文件规定的技术要求和标准作符合性审查，无需对投标文件的技术部分进行价格折算，可采用经评审的最低价法。采用综合评估法的，应同时明确分值计算标准，以及技术标、商务标各占总分的百分比值。定标应遵循择优原则。招标人根据评标委员会提出的书面评标报告和推荐的中标候选人确定最终中标人。也就是说，由招标人以评标委员会提供的评标报告为依据，对评标委员会推荐的中标候选人进行比较，从中择优确定中标人。招标人也可以授权评标委员会直接确定中标人，即委托评标委员会根据评标结果直接确定一名符合要求的投标人中标。

7) 中标结果公开、公平、公正

招标人在确定中标方后，应在将中标通知书发给中标人的同时，将结果通知书发给所有参与投标的投标方。

2. 诚实守信基本原则

诚实守信是中华民族的传统美德，也是各方合作愉快的基础保障。在招投标过程中，参与招投标的各方要本着诚实守信的基本原则，如实地进行招投标活动，如实地进行竞标和评标，不可欺瞒。

1.3.2　招投标的主要阶段

招投标过程一般包括：资格预审阶段、询标阶段、竞标阶段、合同谈判阶段四个阶段。

1. 资格预审阶段

资格预审阶段的主要目的是验证投标方的基本实力，保障进入后续阶段的投标方符合基本要求。

2. 询标阶段

询标阶段的主要工作是通过与各个投标方进行反复沟通，确认项目方案。需要特别强调的是，询标阶段是一个技术方案和经济价格相结合的过程，要求招标的项目能够尽可能的"完美"。询标阶段完成后招标项目的各种要求就基本确定了。

3. 竞标阶段

竞标阶段的主要目的是尽可能地降低投标方的利润。在竞标环节，往往需要采取适当的方式引起投标方的竞争，这个环节是招投标的核心环节，它往往直接决定招投标的效果。一般我们所指的招投标操作就是指这个环节。

4. 合同谈判阶段

合同谈判阶段的主要目的是落实招标项目的具体细节，为后续项目合同履行做充分准备。

1.4　招投标基础案例

❖ 案例一　程序不完备的招投标行为无效

1. 案情

2009年7月21日，餐饮管理公司发布某单位食堂租赁经营项目招标公告，上面载明：① 投标人资格：法人餐饮服务机构，注册资金达10万元以上，具有独立法人资格，能独立承担民事责任，经营业绩良好的餐饮经营户。② 报名时需提交资料：营业执照、税务登记证、卫生许可证复印件、押金5万元。

2009年7月23日，丁某到餐饮管理公司处缴纳报名资料费200元，押金5万元。

2009年8月3日，丁某参加投标，出具的投标一览表载明，投标人为丁某，并备注："① 如投标失败，可全额退还所交押金(无银行利息)；② 如中标，押金自动转为保证金(如自行放弃，不予退还)。"同日，丁某出具申请书一份，内容为"我自愿加入餐饮管理公司，申请做公司下属网点的管理部长"，餐饮管理公司盖章批准。之后餐饮管理公司通知丁某协商签订合同等相关事宜，由于双方对有关合同条款分歧很大，未能签订合同。丁某要求退还 5 万元押金未果，故成讼。

法院认为：本案中餐饮管理公司采取的是公开招标的方式，但纵观双方的招投标活动，并不符合《招标投标法》的相关规定，其招投标行为无效，理由如下：

第一，餐饮管理公司只发布了招标公告，没有编制招标文件，也没有向丁某发布相应的招标文件。

第二，餐饮管理公司发布的招标公告中明确了投标人资格为法人餐饮服务机构，注册资金 10 万元以上，具有独立法人资格，能独立承担民事责任，经营业绩良好的餐饮经营户，但在明知丁某是个人的情况下依然收取报名资料费和押金，并允许其参与所谓的招投标活动。

第三，餐饮管理公司没有依法进行开标和评标活动，该公司称在 2009 年 8 月 3 日通知报名者进行了公开招标，并当场口头通知丁某中标，但其没有提供相应的证据予以证实。该公司辩称，丁某出具的投标一览表就是投标文件，丁某出具的申请书就是对中标者的通知。但餐饮管理公司没有向丁某发布相应的招标文件，投标一览表和申请书均是餐饮管理公司事先印好的格式文本，也没有列明拟签订合同的主要条款，不符合《招标投标法》规定的投标文件和中标通知书的要件。从实质上看，该申请书只是一份意向性的文件，并不具有中标通知书的效力。双方也没有就承包食堂事宜签订具体的协议。

综上，餐饮管理公司所进行的招投标行为是无效的，双方没有就承包食堂事宜达成具体协议，餐饮管理公司所谓的投标文件即投标一览表中规定的条款对双方没有法律约束力，其辩称押金 5 万元是履约保证金的理由不成立，收取丁某押金 5 万元不予退还也没有相应的法律依据。故法院判决餐饮管理公司返还丁某押金 5 万元。

2. 分析

招投标有完备严格的程序规定，不符合程序规定的招投标行为是无效的。采购方式多种多样，常见的除了招标，还有竞争性谈判、竞争性磋商、单一来源采购、询价采购、反向竞拍等方式。与其他采购方式相比，《招标投标法》对招投标设置了详尽完备、严格规范的程序性规定，对招标公告与招标文件的内容与发布、投标文件的编制与递交，开标、评标、定标程序及签订合同等关键程序都作出了明确具体的规定，严格履行这些法定的程序才是完整、合法的招投标行为。但从本案例来看，只有招标人发布招标公告、投标人递交投标文件等环节，但招标人没有发售招标文件，没有依法组织开标、评标、定标等活动，未发出中标通知书，也就是说并没有履行完整的招投标程序，故实质上并无合法的招投标行为存在。押金是中标人向招标人提供的确保依法全面履约的担保，既然不存在合法的招投标活动，无双方合同存在，也就失去提交押金的前提条件。基于此，本案例中餐饮服务公司扣留丁某的押金的做法没有法律依据，应当退还。

除科技项目外，自然人个人一般不得作为适格的投标人参与投标。根据《招标投标法》第二十五条规定："投标人是响应招标、参加投标竞争的法人或者其他组织。依法招标的科研项目允许个人参加投标的，投标的个人适用本法有关投标人的规定。"根据《中华人民共和国民法通则》第三十六条、《民法总则》第五十七条规定，法人是具有民事权利能力和民事行为能力，依法独立享有民事权利和承担民事义务的组织。法人分为企业法人、机关法人、事业单位法人、社会团体法人(《民法总则》将法人分为有限责任公司、股份有限公司和其他企业法人等营利法人，包括事业单位、社会团体、基金会、社会服务机构等非营利法人和机关法人、农村集体经济组织法人、城镇农村的合作经济组织法人、基层群众性自治组织法人等特别法人)。参加投标竞争的法人应为企业法人或事业单位法人。法人以外的其他组织，即经合法成立、有一定的组织机构和财产，但又不具备法人资格的组织，如经依法登记领取营业执照的个人独资企业、合伙企业，法人依法设立并领取营业执照的分支机构等。个人，即《中华人民共和国民法通则》所讲的自然人(公民)。(若本案例发生在 2017 年 10 月 1 日以后，则应根据《民法总则》的相关规定处理。)个人作为投标人，只限于科研项目依法进行招标的情形。本案例中，招标公告明确规定投标人资格条件为法人餐饮服务机构，具有独立法人资格，能独立承担民事责任，经营业绩良好的餐饮经营户，也就是投标人必须是企业法人。因此，作为个人的丁某不具备适格的投标人资格条件，其投标行为无效。

3. 启示

(1) 完整的招投标活动包括招标、投标、开标、评标、定标和商签合同等环节。在每一个环节，《招标投标法》都作出一系列系统完整的强制性规定，如招标文件的内容、投标人的资格条件、投标文件的编制、评标标准和方法、开标时间和地点、评标程序、定标原则以及中标通知书的送达等环节，都有具体的行为规范。招标虽然不是任何采购都必选的采购方式，但是一旦选择招标方式进行采购，就应严格依照《招标投标法》的规定依法合规履行全部程序，才能是实质性的招标投标活动。

(2) 招标投标活动中，对于工程建设项目施工而言，根据《工程建设项目施工招标投标办法》第十五条规定，对招标文件所附的设计文件，招标人可以向投标人酌收押金，开标后投标人退还设计文件时招标人应当退还押金。除此之外，一般不能以任何名义收取押金，以减少投标人的负担。

❖ 案例二 自愿招标项目通过资格预审的申请人只有两家的情形

1. 案情

某企业因扩大产能需新增一条生产线，生产线相关设备采用公开招标方式对外采购。该项目采用资格预审方式招标，经组织有关专业人士进行资格预审，只有两家供应商通过资格审查。资格预审结束后，采购人对如何开展下一步的工作产生了分歧，共有三种意见。

第一种意见认为，应继续本次招标程序，向通过资格预审的两家单位发售招标文件，等投标截止时间到达后，根据《招标投标法》第二十八条"投标人少于三个的，招标人应当依照本法重新招标"的规定，宣布招标失败然后重新组织招标。

第二种意见认为，为提高工作效率，该项目应立即宣布招标失败。根据《中华人民共和国招标投标法实施条例》（简称《招标投标法实施条例》）第十九条第二款"通过资格预审的申请人少于 3 个的，应当重新招标"的规定，不得改用其他采购方式，只能重新组织招标。

第三种意见认为，该项目不属于依法必须进行招标的项目，招标失败以后，项目业主可自主决定重新招标或改用其他方式进行采购。建议与通过资格审查的两家供应商进行磋商谈判，最终从质量、报价和供货方案更优的供应商中确定成交单位。

2. 分析

在上述三种处理方式中，第三种意见更为符合立法本意。

第一种意见属于适用法条错误，在资格预审结束后出现合格申请人少于 3 个的，应当引用《招标投标法实施条例》第十九条第二款的规定进行处理，不能引用《招标投标法》第二十八条的规定处理。

第二种意见对法规条款的理解不太全面，其不足在于未能全面理解和领悟《招标投标法》及其实施条例中贯穿的"差别化管理原则"的精神，孤立地从法规条款字面表述中断定其适用前提。

的确，《招标投标法实施条例》第十九条第二款在表述时，未区分该款是适用于自愿招标项目还是依法必须进行招标的项目，从法规条款的字面表述来看，似乎不论招标项目的性质如何，只要采用招标方式进行采购的，一旦出现通过资格预审的单位不足 3 家时，都必须重新组织招标，而不得改用其他采购方式。

从法理上看，这一观点存在偏颇之处：对于不属于依法必须进行招标的项目而言，采购人享有充分的采购方式自主选择权，采购人既可以选择招标方式进行采购，也可以选择其他方式进行采购，甚至可以直接与供应商签订采购合同。采购人的这一权利不仅在首次采购时享有，而且在首次采购失败须组织二次采购时依然享有，采购人的这一权利，不因其选择过招标方式而被剥夺。因此，采购人在选择招标方式进行采购后，如第一次招标失败须组织二次采购时，采购人依然享有采购方式的选择权，这一权利不会因为该项目曾经选用过招标方式而丧失。

此外，从《招标投标法实施条例》第十九条第二款的立法目的来看，并非是为"限制自愿招标项目采购人在特定情形下的采购方式选择权"而设，并非是要表达"自愿招标项目的采购人一旦选择了招标方式进行采购，即使是在招标失败须组织二次采购时也丧失了采购方式的选择权"这一层意思，该条款所述的内容，只是对资格预审失败以后该如何开展下一步工作的泛指，并不排斥采购人可以进行其他选择的权利。因此该条款并无特指意义，不能理解为"采购人只要选择了招标方式，就丧失了二次采购时采购方式的选择权"。从这个意义上看，该条款虽未明示其适用前提是自愿招标项目还是依法必须进行招标的项目，但从法规条款的立法本意来看，其所表述的必须重新招标的情形，应当是针对依法必须进行招标的项目而言。

综上分析，第三种意见更符合立法本意。

3. 启示

(1) 对于自愿招标项目，招标人可以采用招标方式，也可以采用其他方式采购。

(2) 对于依法必须招标的项目，一旦出现通过资格预审的单位不足 3 家时，招标人应当重新组织招标，但对于自愿招标项目，招标人可以自主决定重新招标还是改用其他采购方式。

1.5 招投标流程实训

1.5.1 招标人准备工作

1. 项目立项

1) 提交项目建议书

项目建议书的主要内容有：投资项目提出的必要性，拟建规模和建设地点的初步设想，资源情况、建设条件、协作关系的初步分析，投资估算和资金筹措设想，项目大体进度安排，经济效益和社会效益的初步评价等。

2) 编制并提交项目可行性研究报告

可行性研究报告的主要内容有：国家、地方相应政策，单位的现有建设条件及建设需求，项目实施的可行性及必要性，市场发展前景，技术上的可行性，财务分析的可行性，效益分析(经济、社会、环境)等。

2. 建设工程项目报建

招标人持立项等批文向工程交易中心的建设行政主管部门登记报建。

3. 建设单位招标资格

(1) 建设单位有从事招标代理业务的营业场所和相应资金。

(2) 建设单位有能够编制招标文件和组织评标的相应专业力量。

(3) 建设单位如果没有资格自行组织招标，建设单位(招标人)有权自行选择招标代理机构，委托其办理招标事宜。任何单位和个人不得以任何方式为招标人指定招标代理机构。

4. 办理交易证

招标人持报建登记表在工程交易中心办理交易登记证。

1.5.2 编制资格预审、招标文件

1. 编制资格预审文件

资格预审文件的内容有：资格预审申请函、法定代表人身份证明、授权委托书、申请人基本情况表、近年财务状况表、近年完成的类似项目情况表、正在施工的和新承接的项目情况表、近年发生的诉讼及仲裁情况、其他材料等。

2. 编制招标文件

1) 招标文件内容

一般招标文件主要包括：招标公告、投标邀请书、投标人须知、评标办法、合同条款及格式、工程量清单、图纸、技术标准及要求、投标文件格式。

2) 编制招标文件的注意事项

编制招标文件时要明确文件编号、项目名称及性质、投标人资格要求、发售文件时间、提交投标文件的方式以及地点和截止时间。

3. 投标文件的编制内容及编制要求

投标文件的编制内容主要包括：投标函及投标函附录、法定代表人身份证明或授权委托书、投标保证金、已标价工程量清单、施工组织设计、项目管理机构、其他材料、资格审查资料。投标文件的编制要求需明确如下内容：

(1) 投标的语言。

(2) 投标文件的构成。

(3) 投标文件的装订。

(4) 投标文件的式样和签署。

(5) 投标报价。

4. 投标有效期

招标文件应当根据项目的情况明确投标有效期，不宜过长或过短。如遇特殊情况，即开标后由于种种原因无法定标，执行机构和采购人必须在原投标有效期截止前要求投标人延长有效期。这种要求与答复必须以书面的形式提交。投标人可拒绝执行机构的这种要求，其保证金不会被没收。

5. 投标文件的密封递交

(1) 投标人应按招标文件的要求对投标文件进行密封和递交。譬如有时执行机构要求投标人将所有的文件包括"价格文件""技术和服务文件""商务和资质证明文件"密封在一起，有时根据需要也会分别单独密封文件并自行递交，这可以根据实际情况而定，但必须在招标文件中明确。

(2) 投标人应保证投标文件密封完好并加盖投标人单位印章及法人代表印章，以便开标前对文件密封情况进行检查。

6. 废标

属以下情形者投标文件将作废标处理：

(1) 投标文件送达时间已超过规定投标截止时间。

(2) 投标文件未按要求装订、密封。

(3) 未加盖投标人公章及法人代表、授权代表的印章，未提供法人代表授权书。

(4) 未提交投标保证金或金额不足，投标保证金形式不符合招标文件要求及保证金、汇出行与投标人开户行不一致的。

(5) 投标有效期不足的。

(6) 资格证明文件不全的。

(7) 超出经营范围投标的。

(8) 投标货物不是投标人自己生产的且未提供制造厂家的授权和证明文件的。

(9) 采用联合投标时，未提供联合各方的责任义务证明文件的。

(10) 不满足技术规格中主要参数和超出偏差范围发布招标公告的。

1.5.3　资格预审

资格预审，是指投标前对获取资格预审文件并提交资格预审申请文件的潜在投标人进行资格审查的一种方式。《招标投标法实施条例》规定，招标人采用资格预审办法对潜在投标人进行资格审查的，应当发布资格预审公告、编制资格预审文件。招标人应当合理确定提交资格预审申请文件的时间。依法必须进行招标的项目提交资格预审申请文件的时间，自资格预审文件停止发售之日起不得少于 5 日。

1. 资格预审的目的

资格预审是指在投标前对潜在投标人进行的资质前提、业绩、信誉、技术、资金等多方面情况进行资格审查，其目的是排除那些不合格的投标人，进而降低招标人的采购成本，提高招标工作的效率。

2. 资格预审公告

资格预审公告包含招标条件、项目概况与招标范围、资格预审、投标文件的递交、招标文件的获取、投标人资格要求等。发布的媒介有《中国日报》《中国经济导报》《中国建设报》和《中国采购与招标网》。招标公告在媒体或网站发布的有效时间为 5 个工作日。

3. 资格预审的内容分类

资格预审包括基本资格审查和专业资格审查两部分。基本资格审查是指对申请人合法地位和信誉等进行的审查；专业资格审查是对已具备基本资格的申请人履行拟定招标采购项目能力的审查。具体而言，投标申请人应该符合下列前提：

(1) 拥有独立订立合同的权利。

(2) 拥有履行合同的能力，包括专业、技术资格和能力，资金、设备和其他设施状况，管理能力，经验、信誉和相应的从业人员。

(3) 没有处于被责令停业，投标资格被取消，财产被接管、冻结，破产状态。

(4) 在最近三年内没有骗取中标和严重违约及重大工程质量问题。

(5) 具有法律、行政法规规定的其他资格。

1.5.4　发售招标文件及答疑、补遗

1. 发售招标文件

向资格审查合格的投标人发售招标文件、图纸、工程量清单等材料。自发售招标文件、图纸、工程量清单等资料之日起至停止发售之日止，为 5 个工作日。招标人应当给予投标人编制投标文件所需的合理时间，最短不得少于 20 日，一般为了保险，自招标文件发出之日起至提交投标文件截止之日止为 25 日。

2. 开标前工程项目现场踏勘和标前会议

招标人统一组织各投标单位现场踏勘，不得单独或分别组织一个投标人进行现场踏勘。标前会议是所有投标人对招标文件中以及在现场踏勘的过程中存在的疑问进行答疑的过程。

招标人对已发出的招标文件进行必要的澄清或者修改的,应当在招标文件要求提交投标文件截止时间至少 15 日前,以书面形式通知投标人,澄清或修改的内容为招标文件组成部分。

3. 接收投标文件

接收投标人的投标文件及投标保证金,保证投标文件的密封性。

4. 抽取评标专家

在开标前两个小时内,在相应的专业专家库随机抽取评标专家,同时招标人派出代表(一般应具有中级以上相应的专业技术职务)参与评标。

1.5.5　开标

开标是指在招投标活动中,由招标人主持,所有投标人和行政监督部门或公证机构人员参加的情况下,在招标文件预先约定的时间和地点当众对投标文件进行开启的法定流程。

1. 开标时间

开标时间应与提交投标文件的截止时间相一致。将开标时间规定为提交投标文件截止时间的同一时间,目的是防止招标人或者投标人利用提交投标文件的截止时间以后与开标时间之前的这段时间间隔做手脚,进行暗箱操作。比如,有些投标人可能会利用这段时间与招标人或招标代理机构串通,对投标文件的实质性内容进行更改等。

2. 开标地点

为了使所有投标人都能事先知道开标地点,并能够按时到达,开标地点应当在招标文件中事先确定,以便使每一个投标人都能事先为参加开标活动做好充分的准备,如根据情况选择适当的交通工具,并提前做好机票、车票的预订工作等。招标人如果确有特殊原因,需要变动开标地点,则应当按照《公证暂行条例》第二十三条的规定对招标文件作出修改,作为招标文件的补充文件,书面通知每一个提交投标文件的投标人。

3. 参会人员签到

招标人、投标人、公证处、监督单位、纪检部门等与会人员均需签到。

4. 开标程序

(1) 开标时由投标人或者其推选的代表检查投标文件的密封情况,也可以由招标人委托的公证机构检查并公证。

所谓公证,是指国家专门设立的公证机构根据法律的规定和当事人的申请,按照法定的程序证明法律行为、有法律意义的事实和文书的真实性、合法性的非诉讼活动。公证机构是国家专门设立的,依法行使国家公证职权,代表国家办理公证事务,进行公证证明活动的司法证明机构。按照《公证暂行条例》的规定,公证处是国家公证机关,是否需要委托公证机关到场检查并公证,完全由招标人根据具体情况决定。招标人或者其推选的代表或者公证机构经检查发现密封被破坏的投标文件,应当拒收。

(2) 经确认无误的投标文件,由工作人员当众拆封。投标人或者投标人推选的代表或者公证机构对投标文件的密封情况进行检查以后，确认密封情况良好，没有问题，则可以由现场的工作人员在所有在场人的监督之下当众拆封。

(3) 宣读投标人名称、投标价格和投标文件的其他主要内容。投标文件拆封以后，现场的工作人员应当高声唱读投标人的名称、每一个投标的投标价格以及投标文件中的其他主要内容。

其他主要内容，主要是指投标报价折扣情况或者说明承诺情况等。如果招标方要求或者允许有替代方案的话，还应包括替代方案投标的总金额。比如，某一建设工程项目，其他主要内容还应包括工期承诺、质量承诺、投标保证金情况等。这样做的目的在于，使全体投标者了解各家投标者的报价和自己在其中的顺序，了解其他投标的基本情况，以充分体现公开开标的透明度。

1.5.6　投标文件评审

招标人应当向评标委员会提供评标所必备的信息，但不得明示或者暗示其倾向或者排斥特定投标人。招标人应当根据项目规模和技术复杂程度等因素合理确定评标时间。超过三分之一的评标委员会成员认为评标时间不够的，招标人应当适当延长评标时间。

评标委员会成员应当依照相关法律、法规和招标文件规定的评标标准和办法，客观、公正地对投标文件提出评审意见。招标文件没有规定的评标标准和方法不得作为评标的依据。

1. 评标委员会的组建

评标委员会由专家和招标人代表组成，一般由招标人代表担任委员会主任，其中的专家是在开标前由招标人在专家库抽取，且专家信息需保密。

2. 评标准备

工作人员向评委们发放招标文件和评标有关表格，评委们应熟悉招标项目概况、招标文件主要内容和评标办法及标准等内容并明确招标目的、项目范围和性质以及招标文件中的主要技术要求和标准以及商务条款等。

3. 初步评审

初步评审主要是进行符合性审查，包括：

(1) 投标文件的符合性鉴定，主要从投标文件的有效性、投标文件的完整性及其与招标文件的一致性等三个方面进行鉴定。

(2) 对投标文件的质疑，以书面方式要求投标人给予解释、澄清。

(3) 废标的有关情况需与招标文件和国家有关规定相符。

4. 详细评审

详细评审是指评标委员会根据招标文件确定的标准和方法，对经过初步评审的投标文件进行评审和比较，确定投标文件的竞争性的评审工作。评审程序主要包括：

(1) 技术评估。技术评估的主要内容是对施工方案的可行性、施工进度计划的可靠性、施工质量的保证性进行评估，对工程材料和机械设备所提供的技能是否符合设计技术要求进行评估，并对于投标文件中按照招标文件规定提交的建议方案做出技术评审。

（2）商务评估。商务评估的主要内容包括审查全部报价数据计算的正确性，分析报价数据的合理性、对建议方案进行商务评估。

（3）投标文件的澄清。评标委员会可以约见投标人对其投标文件予以澄清，评标人以口头或书面形式提出问题，要求投标人回答，随后在规定的时间内投标人以书面形式正式答复，澄清和确认的问题必须由授权代表正式签字，并作为投标文件的组成部分。

5. 评标报告

评标报告主要包含基本情况和数据表、评标委员会成员名单、开标记录、符合要求的投标一览表、废标情况说明、评标标准、评标方法或者评标因素一览表、评分比较一览表、经评审的投标人排序以及澄清说明补正事项纪要等内容。

评标报告必须由评标委员会成员签字，提交书面评标报告后，评标委员会可以解散。

6. 举荐中标候选人

评标委员会推荐的中标候选人应当限定在 1～3 位，并标明人员排序。

1.5.7　定标及合同

1. 定标公示

对评标结果在政府工程交易中心网站进行公示，公示时间不得少于 3 个工作日。

2. 发出建设工程中标通知书

中标通知书的发出主要包括以下主要环节：

（1）发出中标通知书。

（2）组建谈判团队。

（3）注重相关项目的资料收集工作。

（4）对谈判主体及其情况的具体分析，明确谈判的内容，对于合同中既定的，没有争议、歧义、漏洞和有关缺陷的条款，任何一方没有讨价还价的余地。

（5）拟订谈判方案。

3. 签约前合同谈判及签约

（1）签约前合同谈判。在约定地点进行谈判，在谈判过程中要把主动权争取过来，不要过于保守或激进，注意肢体语言和语音、语调，正确驾驭谈判过程，站在对方的角度讲问题，贯彻利他原则。

（2）签约。招标人与中标人在中标通知书发出 30 个工作日之内签订合同，并交履约担保。

4. 退还投标保证金

招标人与中标人签订合同后 5 个工作日内，应当向中标人和未中标人的投标人退还投标保证金。

第二章 招标管理

2.1 招标项目的审批

2.1.1 审批内容

不同的招标项目，其审批手续不尽相同，此处主要介绍政府采购和工程施工的招标审批手续。

1. 政府采购的招标审批手续

政府采购的招标审批手续一般为：

(1) 采购人编制计划，报财政厅政府采购办审核；

(2) 采购办与招标代理机构办理委托手续，确定招标方式；

(3) 进行市场调查，与采购人确认采购项目后，编制招标文件；

(4) 发布招标公告或发出招标邀请函。

2. 工程施工的招标审批手续

工程施工的招标审批手续一般为：

(1) 建设工程项目报建；

(2) 审查建设单位资质；

(3) 招标申请；

(4) 资格预审文件、招标文件的编制和送审；

(5) 工程标底价格的编制；

(6) 发布招标通告。

3. 审批手续的法律规定

依据《招标投标法实施条例》第七条按照国家有关规定需要履行项目审批、核准手续的依法必须进行招标的项目，其招标范围、招标方式、招标组织形式应当报项目审批、核准部门审批、核准。项目审批、核准部门应当及时将审批、核准确定的招标范围、招标方式、招标组织形式通报有关行政监督部门。

2.1.2 确定招标方式

1. 招标方式

招标方式主要包括以下几种:

(1) 公开招标:招标人以招标公告的方式邀请不特定的法人或其他组织投标,适用一切采购项目,是政府采购的主要方式。

(2) 邀请招标:招标人以投标邀请书的方式邀请特定的法人或者其他组织投标。

(3) 竞争性谈判:采购人邀请特定的对象谈判,并允许谈判对象二次报价确定签约人的采购方式。

(4) 单一来源采购:采购人与供应商直接谈判确定合同的实质性内容的采购方式。

(5) 询价采购:采购人邀请特定的对象一次性询价确定签约人的采购方式。

2. 邀请招标

在必须进行招标的项目中,满足以下条件经过核准或备案可以采用邀请招标:

(1) 施工(设计、货物)技术复杂或有特殊要求的,符合条件的投标人数量有限。

(2) 受自然条件,地域条件约束的;如采用公开招标所需费用占施工(设计、货物)比例较大的。

(3) 涉及国家安全、秘密不适宜公开招标的。

(4) 法律规定其他不适宜公开招标的。

3. 竞争性谈判

竞争性谈判需满足下述四个条件:

(1) 招标后没有供应商投标或者没有合格的供应商或者重新招标未能成立的。

(2) 技术复杂或者性质特殊,不能确定详细规格的。

(3) 采用招标所需时间不能满足用户需求的。

(4) 不能事先计算出价格总额的。

4. 单一来源采购

单一来源采购需满足下述三个条件:

(1) 只能从唯一供应商处采购的。

(2) 发生了不可预见的紧急情况不能从其他供应商处采购的。

(3) 必须保证原有采购项目一致性或服务配套的要求。

5. 询价采购

采购的货物规格、标准统一,现货货源充足且价格变化幅度小的政府采购,可采用询价方式招标。

2.2 招标业务开展形式

2.2.1 委托代理机构

1. 概述

招标代理机构是指依法设立、受招标人委托代为组织招标活动并提供相关服务的社会中介组织。中国是从 80 年代初开始出现招投标活动招标代理机构的，最初主要是运用于利用世界银行贷款进行的项目招标中。由于一些项目单位对招投标知之甚少，缺乏专门人才和技能，从而产生了一批专门从事招标业务的机构。1984 年成立的中技国际招标公司(原中国技术进出口总公司国际金融组织和外国政府贷款项目招标公司)是中国第一家招标代理机构。

2. 设立条件

招标代理机构设立条件如下：

(1) 无论是哪种组织形式的代理机构都必须有固定的营业场所，以便于开展招标代理业务。

(2) 有与其所代理的招标业务相适应的能够独立编制有关招标文件、有效组织评标活动的专业队伍和技术设施，包括有熟悉招标业务所在领域的专业人员，有提供行业技术信息的情报手段以及具有一定的招标代理业务工作经验等。

(3) 应当备有依法可以作为评标委员会成员人选的专家库，其中技术、经济等方面的专家不得少于成员总数的三分之二，所储备的专家均应当从事相关领域工作 8 年以上并具有高级职称或者具有同等专业水平。

3. 设立意义

招标是一项复杂的系统化工作，有完整的程序，环节多，专业性强，组织工作繁杂，招标代理机构专门从事招投标活动，在人员力量和招标经验方面具有得天独厚的条件，因此国际上一些大型招标项目的招标工作通常由专业招标代理机构代为进行。近年来，中国的招标代理工作有了长足的发展，相继出现了机电设备招标公司、国际招标公司、设备成套公司等专业招标代理机构，这些机构的出色工作对保证招标质量，提高招标效益起到了积极的作用。

但是招标代理工作中也存在着一些不容忽视的问题，特别是招标代理机构的法律性质不明确，长期政企不分、处于无序竞争的状态。一些招标代理机构为承揽项目无原则地迁就招标人的无理要求，从而损害了投标人的合法权益，违反了招标的公正性原则，影响了招标的质量，甚至给国家和集体财产造成了一定的损失。

4. 工作程序

中国的招标代理机构从无到有，业务从小到大，累计完成了上百万个招标项目。这些机构经过长期的招标实践，总结和积累了丰富的招标经验。在编制招标文件、审查投标人资格、评估最佳投标商能力等操作方面，形成了较系统的规程和技巧，在代理招标活动中发挥着重要作用。其工作程序如下。

1) 获得采购人合法授权

由于招标代理机构是受采购人委托，以采购人名义组织招标，因此，在开展招标活动之前，必须获得采购人的正式授权，这是招标代理机构开展招标业务的法律依据。授权的范围由采购人确定，招标代理机构也应根据工作的需要提出相应的要求。经采购人和招标代理机构协商一致后，双方签订委托招标合同(或协议)。其主要内容包括：采购人和招标代理机构各自的责权利、委托招标采购的标的和要求、采购的周期、定标的程序和招标代理机构收费办法等。这里特别强调的是定标程序问题，这关系到赋予招标代理机构的权限范围和招标代理机构所承担的责任。

定标程序可分为以下几种主要方式：

委托招标机构评出优选方案，排出前三名的顺序，由采购人最终确定中标商；

采购人委托评标委员会负责定标；

采购人委托招标机构负责定标。

招标代理机构提出中标的意见，经采购人同意后报有关主管机关最终确定中标商。由于不同的定标程序授权的范围不同，有关各方承担责任的大小也不一样。因此，委托方和招标代理机构在开始招标前，就应商定定标程序。

2) 为采购人编制招标文件

招标文件(或称标书)是整个招标过程所遵循的法律性文件，是投标和评标的依据，而且是构成合同的重要组成部分。一般情况下，招标人和投标人之间不进行或进行有限的面对面交流。投标人只能根据招标文件的要求，编写投标文件。因此，招标文件是联系、沟通招标人与投标人的桥梁。能否编制出完整、严谨的招标文件，直接影响招标的质量，也是招标成败的关键。

因此，有人把招标文件比作各方遵循的"宪法"，由此可见招标文件的重要性。由于招标代理机构专门从事招标业务，他们拥有较丰富的经验和大量的投标商信息，可以编制更加完善的招标文件。一是可以对投标人作出严格的限制，在保证充分竞争的前提下，尽量使合格的供应商和承包商参加投标，以避免投标人过多，给各方造成不必要的负担。这项工作建立在掌握投标商大量信息的基础上，而专业招标代理机构有条件做到这一点。二是对招标文件的制作作出详细的规定，使投标人按照统一的要求和格式编写投标文件，达到准确响应招标文件要求的目的。三是为采购人当好技术规格和要求的参谋，使采购者获得合乎要求和经济的采购品。四是保证招标文件的科学性、完整性，防止漏洞，不给投标人以可乘之机。

3) 严格按程序组织评标

一般情况下，采购人与一些供应商和承包商有各种业务往来，难以超脱者的身份组织评标，且容易被投标者误会。专业招标代理机构比较超脱，可以较好地避免问题的发生，并严格按招标文件要求和评标标准组织评标，以维护招标的公正性，保证招标的效果。

做好采购人与中标人签订合同的协调工作。由于采购人处于主动的地位，容易将招标以外的一些条件强加给中标人，产生不平等的协议，使招标流于形式。有时中标者也找各种理由拒绝或拖延签订合同。上述问题如果没有一个中间人从中协调是很难解决的。由于招标代理机构是招标的组织者,承担此角色最为适宜。

4) 监督合同的执行,协调执行过程中的矛盾

有些招标合同执行需要较长的时间,在执行合同过程中,当事人双方难免遇到一些纠纷,不愿意诉诸法律,希望有一个中间人从中协调解决。在实际工作中,招标代理机构组织签订合同后,可以说已经完成了招标代理工作,但在执行合同过程中当双方出现矛盾时,往往需要求助于招标代理机构来解决。招标代理机构出于对双方负责和提高自身信誉的目的,会尽最大努力进行协调以使矛盾得到解决。

2.2.2　自行招标

1. 概念

自行招标是指招标人具有编制招标文件和组织评标的能力,依法可以自行办理招标事宜。

2. 条件

招标人自行办理招标事宜应当具备的条件如下:

(1) 具有项目法人资格(或者法人资格)。

(2) 具有与招标项目规模和复杂程度相适应的工程技术、概预算、财务和工程管理等方面的专业技术力量。

(3) 有从事同类工程建设项目招标的经验。

(4) 拥有 3 名以上取得招标职业资格的专职招标业务人员。

(5) 熟悉和掌握《招标投标法》及有关法律规章。

此外,《招标投标法》还规定,依法必须进行招标的项目,招标人自行办理招标事宜的,应当向有关行政监督部门备案。

2.3　编制招标文件

2.3.1　招标文件的主要内容

招标文件是招标工程建设的大纲,是建设单位实施工程建设的工作依据,是向投标单位提供参加投标所需要的一切情况的文书。

招标文件的组成内容包括招标公告或投标邀请书、投标人须知、评标办法、合同条款及格式、工程量清单、图纸、技术标准和要求、投标文件格式和投标人须知前附表规定的其他材料(招标人根据项目具体特点来判定,投标人须知前附表中载明需要补充的其他材料)。

根据《政府采购货物和服务招标投标管理办法》(财政部令第 87 号)第二十条,采购人或者采购代理机构应当根据采购项目的特点和采购需求编制招标文件。招标文件应当包括以下主要内容:

(1) 投标邀请。

(2) 投标人须知(包括投标文件的密封、签署、盖章要求等)。

(3) 投标人应当提交的资格、资信证明文件。

(4) 为落实政府采购政策，采购标的需满足的要求，以及投标人须提供的证明材料。

(5) 投标文件编制要求、投标报价要求和投标保证金交纳、退还方式以及不予退还投标保证金的情形。

(6) 采购项目预算金额，设定最高限价的，还应当公开最高限价。

(7) 采购项目的技术规格、数量、服务标准、验收等要求，包括附件、图纸等。

(8) 拟签订的合同文本。

(9) 货物、服务提供的时间、地点、方式。

(10) 采购资金的支付方式、时间、条件。

(11) 评标方法、评标标准和投标无效情形。

(12) 投标有效期。

(13) 投标截止时间、开标时间及地点。

(14) 采购代理机构代理费用的收取标准和方式。

(15) 投标人信用信息查询渠道及截止时点、信用信息查询记录和证据留存的具体方式、信用信息的使用规则等。

(16) 省级以上财政部门规定的其他事项。

对于不允许偏离的实质性要求和条件，采购人或者采购代理机构应当在招标文件中规定，并以醒目的方式标明。

2.3.2　招标程序的通用内容

招标程序是指招标单位或委托招标单位开展招标活动全过程的主要步骤、内容及其操作顺序。已经具备招标资格和一定招标条件的招标单位，可按下列的工作程序进行招标：

(1) 投标人员提交项目标书，并填写投标文件签收表。

(2) 评标人员入场，截止投标时间前 5 分钟填写评标人员签到表。

(3) 公布接收投标文件情况(主持人宣布投标截止时间前递交投标文件的投标人名称、时间)。

(4) 宣布与会有关人员姓名(主持人宣布招标人代表、开标人、记录人、监督人等人员姓名)。

(5) 检查投标文件的密封情况(由监督人代表进行或指定评标代表人员进行)。

(6) 宣布投标文件开标顺序(招标文件若未约定开标次序，可以按投标文件递交顺序唱标或者抽签决定)。

(7) 投标人员离场并按照开标顺序逐个进入会场进行现场开标。

(8) 开标(按宣布的开标顺序逐个厂家进行开标，同时开标人按招标文件约定首先开启投标一览表/报价表，其次拆封其它投标文件)。

(9) 投标人员确认投标文件无误后填写开标记录签字表(由记录人如实记录开标会全部内容，包括开标时间、地点、程序、出席开标会的单位代表、招标人代表、监督人、记录)后离开会场，由主持人召唤下一个厂家入场开标。

(10) 完成所有投标厂家投标文件开标后，由主持人宣布开标结束并通知投标厂家离场及保持通信联络，有需要时进行相关技术澄清。

(11) 评标人员按照评分表对已开标标书进行评审及打分。如需要投标厂家进行技术澄清的问题，经过讨论后由主持人以邮件方式发给相应厂家，投标厂家进行书面答复或者邮件回复，邮件回复时必须由法定代表人或授权人员进行署名回复。

(12) 评分结束后由主持人收起评分表进行汇总统计并提交公司管理层进行最终评标。同时，宣布评标结束，评标人员离场。

(13) 由投标主持部门根据中标情况给中标公司签发中标通知书。

(14) 开标过程中，投标人对开标记录提出异议，开标人员应立即核对投标附录(正本)的内容与唱标记录，并决定是否应该调整唱标记录。开标时，开标工作人员应认真核验并如实记录投标文件的密封、标识以及投标报价等开标情况，发现投标文件存在问题或投标人提出异议的，特别是涉及影响评标委员会对投标文件评审结论的，应如实记录在开标记录上。但招标人不应在开标现场对投标文件是否有效作出判断和决定，应递交评标委员会评定。

2.3.3 采购需求的相关内容

采购需求应当符合法律、法规以及政府采购政策规定的技术、服务、安全等要求。政府向社会公众提供的公共服务项目，应当就编制采购需求征求社会公众的意见。除因技术复杂或者性质特殊，不能确定详细规格或者具体要求外，采购需求应当完整、明确。必要时，应当就编制采购需求征求相关供应商、专家的意见。

合规、完整、明确是编制采购需求的三个基本要求。

1. 合规

合规是指在编制采购需求时要将国家利益和公共利益放在首位，确定的采购需求必须符合国家法律、法规以及政府采购政策规定的技术、服务、安全等要求，促进供应商依法合规生产，发挥政府采购导向作用，维护国家利益和公共利益。

2. 完整

完整是指采购需求应全面包括供应商需具备的资格条件及满足政府所需或公共服务的全部要求，特定情况下还需包括技术保障或服务人员组成方案等要求。

3. 明确

明确是指采购需求应当准确明了、规范，不能模棱两可，似是而非。具体要求如下：

(1) 采购人应当对采购标的的市场技术或服务水平、供应、价格等情况进行市场调查，根据调查情况科学、合理地确定采购需求，进行价格测算。

(2) 采购人确定的采购需求应当符合国家相关法律法规和政府采购政策的规定。采购需求的内容应当完整、明确，主要包括：

① 采购标的执行的国家相关标准、行业标准、地方标准或者其他标准、规范；

② 采购标的所要实现的功能或目标，以及需落实的政府采购政策；

③ 采购标的需满足的质量、安全、节能环保、技术规格、服务标准等性能要求；

④ 采购标的的物理特性，如尺寸、颜色、标志等要求；

⑤ 采购标的的数量、采购项目交付或执行的时间和地点，以及售后服务要求；

⑥ 采购标的的验收标准；

⑦ 采购标的的其他技术、服务等要求。

2.3.4　投标标底及限价

招标人为了有效控制招标项目在预算和预期价位范围内，在招投标活动中往往采用标底或最高投标限价，来对投标报价施加影响。《招标投标法实施条例》第二十七条规定："招标人可以自行决定是否编制标底。一个招标项目只能有一个标底。标底必须保密"。同时又规定："招标人设有最高投标限价的，应当在招标文件中明确最高投标限价或者最高投标限价的计算方法。招标人不得规定最低投标限价"。

标底是由招标人为准备的招标项目编制一个合理的基本价格，它不等于项目的概(预)算，也不等于合同价格。在以往的招标实务中，均以标底上下的一个幅度作为判断投标是否合格的条件，是评标的重要依据。但随着《招标投标法实施条例》的颁布，标底的作用也随之发生了变化，其第五十条规定："招标项目设有标底的，招标人应当在开标时公布。标底只能作为评标的参考，不得以投标报价是否接近标底作为中标条件，也不得以投标报价超过标底上下浮动范围作为否决投标的条件。"这一规定颠覆了原先的做法，实际上已不再将编制标底作为招标必备程序，减少人为对价格控制，而更注重市场价格的变动。《招标投标法》第五十二条订立了罚则："依法必须进行招标的项目的招标人向他人透露已获取招标文件的潜在投标人的名称、数量或者可能影响公平竞争的有关招标投标的其他情况的，或者泄露标底的，给予警告，可以并处一万元以上十万元以下的罚款；对单位直接负责的主管人员和其他直接责任人员依法给予处分；构成犯罪的，依法追究刑事责任。"

最高投标限价越来越多地被招标人使用。首先，允许招标人在招标文件中设定最高投标价的目的在于对投标价格的控制，避免由于投标报价高于项目预算或估算价、招标人不能支付而流标。《建设工程工程量清单计价规范》(GB 50500—2013)中 5.1.1 条规定国有资金投资的建设工程招标，招标人必须编制招标控制价。其次，如果允许招标人设定最低投标限价，既限制了投标人之间的竞争，又损害了招标人自身的利益。禁止招标人设定最低投标限价，并不意味对于投标人低价竞标不予限制，《招标投标法》第三十三条规定："投标人不得以低于成本的报价竞标"。

所以，投标人报价应在市场价格的基础上充分竞争，但不得进行不正当竞争。

2.3.5　评标标准及评标办法

评标应由招标人依法组建的评标委员会负责，即由招标人按照法律的规定，挑选符合条件的人员组成评标委员会，负责对各投标文件的评审工作。

评标委员会须由下列人员组成：

(1) 招标人的代表。招标人的代表参加评标委员会，以在评标过程中充分表达招标人的意见，与评标委员会的其他成员进行沟通，并对评标的全过程实施必要的监督。

(2) 相关技术方面的专家。由招标项目相关专业的技术专家参加评标委员会，对投标文件所提方案的技术上的可行性、合理性、先进性和质量可靠性等技术指标进行评审比较，以确定在技术和质量方面能满足招标文件要求的投标。

(3) 经济方面的专家。由经济方面的专家对投标文件所报的投标价格、投标方案的运营成本、投标人的财务状况等投标文件的商务条款进行评审比较，以确定在经济上对招标人最有利的投标。

(4) 其他方面的专家。根据招标项目的不同情况，招标人还可聘请除技术专家和经济专家以外的其他方面的专家参加评标委员会。比如，对一些大型的或国际性的招标采购项目，还可聘请法律方面的专家参加评标委员会，以对投标文件的合法性进行审查把关。

对于依法必须进行招标的项目即法定强制招标的项目，评标委员会的组成必须符合以上人员组成规定；对法定强制招标项目以外的自愿招标项目的评标委员会的组成，本法未作规定，招标人可以自行决定。招标人组建的评标委员会应按照招标文件中规定的评标标准和方法进行评标工作，对招标人负责，从投标竞争者中评选出最符合招标文件各项要求的投标者，最大限度地实现招标人的利益。一般有以下三种方法。

1. 最低评标价法

最低评标价法，是指投标文件满足招标文件全部实质性要求，且投标报价最低的投标人为中标候选人的评标方法。技术、服务等标准统一的项目，适合采用最低评标价法。

2. 综合评标法

综合评标法俗称"打分法"，是指把涉及投标人的各种资格资质、技术、商务以及服务的条款，都折算成一定的分数值，总分为100分，评标时对投标人的每一项指标进行符合性审查、核对并给出分值，最后汇总比较，取分值最高者为中标人。评标时各个评委独立打分，互相不商讨，最后汇总分数。招标文件应制定具体项目的评标标准，评标时，评委容易对照标准打分。

3. 合理最低投标价法

合理最低投标价法，是指能够满足招标文件的实质性要求，并且是经评审的投标价格最低，但投标价格低于企业自身成本的除外。此种评标方法的主要难点在于确定本项目合理的成本价，低于成本价的不合理价格应该被淘汰。

在这三种评标方法中，前两种可统称为综合评标法。

2.4 发布招标公告

2.4.1 招标公告的内容

招标公告是指招标单位或招标人在进行科学研究、技术攻关、工程建设、合作经营或大宗商品交易时，公布标准和条件，提出价格和要求等项目内容，以期从中选择出合适的承包单位或承包人参与招标活动的一种文书。

在市场经济条件下，招标有利于促进竞争，加强横向经济联系，提高经济效益。对于招标者来说，通过招标公告择优而取，可以节约成本或投资，降低造价，缩短工期或交货期，确保工程或商品项目质量，促进经济效益的提高。根据国家相关法律规定，招投标的过程及招投标文件公告必须要满足国家相关法律条文的规定。下面节选了部分重要的招投标法的相关内容。

1. 《中华人民共和国招标投标法》

第十六条　招标人采用公开招标方式的，应当发布招标公告。依法必须进行招标的项目的招标公告，应当通过国家指定的报刊、信息网络或者其他媒介发布。

招标公告应当载明招标人的名称和地址、招标项目的性质、数量、实施地点和时间以及获取招标文件的办法等事项。

第十八条　招标人可以根据招标项目本身的要求，在招标公告或者投标邀请书中，要求潜在投标人提供有关资质证明文件和业绩情况，并对潜在投标人进行资格审查；国家对投标人的资格条件有规定的，依照其规定。招标人不得以不合理的条件限制或者排斥潜在投标人，不得对潜在投标人实行歧视待遇。

2. 《房屋建筑和市政基础设施工程施工招标投标管理办法》

第十三条　依法必须进行施工公开招标的工程项目，应当在国家或者地方指定的报刊、信息网络或者其他媒介上发布招标公告，并同时在中国工程建设和建筑业信息网上发布招标公告。招标公告应当载明招标人的名称和地址，招标工程的性质、规模、地点以及获取招标文件的办法等事项。

第十五条　招标人可以根据招标工程的需要，对投标申请人进行资格预审，也可以委托工程招标代理机构对投标申请人进行资格预审。实行资格预审的招标工程，招标人应当在招标公告或者投标邀请书中载明资格预审的条件和获取资格预审文件的办法。资格预审文件一般应当包括资格预审申请书格式、申请人须知，以及需要投标申请人提供的企业资质、业绩、技术装备、财务状况和拟派出的项目经理与主要技术人员的简历、业绩等证明材料。

3. 《工程建设项目货物招标投标办法》

第十二条　采用公开招标方式的，招标人应当发布招标公告。依法必须进行货物招标的招标公告，应当在国家指定的报刊或者信息网络上发布。采用邀请招标方式的，招标人应当向三家以上具备货物供应的能力、资信良好的特定的法人或者其他组织发出投标邀请书。

第十三条　招标公告或者投标邀请书应当载明下列内容：

(1) 招标人的名称和地址；

(2) 招标货物的名称、数量、技术规格、资金来源；

(3) 交货的地点和时间；

(4) 获取招标文件或者资格预审文件的地点和时间；

(5) 对招标文件或者资格预审文件收取的费用；

(6) 提交资格预审申请书或者投标文件的地点和截止日期；

(7) 对投标人的资格要求。

4. 《工程建设项目施工招标投标办法》

第十四条　招标公告或者投标邀请书应当至少载明下列内容：

(1) 招标人的名称和地址；

(2) 招标项目的内容、规模、资金来源；

(3) 招标项目的实施地点和工期；

(4) 获取招标文件或者资格预审文件的地点和时间；

(5) 对招标文件或者资格预审文件收取的费用；

(6) 对投标人的资质等级的要求。

5.《政府采购货物和服务招标投标管理办法》

第十三条 公开招标公告应当包括以下主要内容：

(1) 采购人及其委托的采购代理机构的名称、地址和联系方法；

(2) 采购项目的名称、预算金额，设定最高限价的，还应当公开最高限价；

(3) 采购人的采购需求；

(4) 投标人的资格要求；

(5) 获取招标文件的时间期限、地点、方式及招标文件售价；

(6) 公告期限；

(7) 投标截止时间、开标时间及地点；

(8) 采购项目联系人姓名和电话。

2.4.2 招标公告的发布方式

招标公告的发布分为两种情况，分别是政府采购和非政府采购。不同的情况对应的法律要求不同。

1. 政府采购项目的公告发布规定

(1)《政府采购法》第十一条规定，政府采购的信息应当在政府采购监督管理部门指定的媒体上及时向社会公开发布，但涉及商业秘密的除外。

(2)《招标公告和公示信息发布管理办法》(国家发改委令第 10 号)第八条规定，依法必须招标项目的招标公告和公示信息应当在"中国招标投标公共服务平台"或者项目所在地省级电子招标投标公共服务平台发布。

2. 非政府采购项目的公告发布规定

《招标公告和公示信息发布管理办法》第八条规定，依法必须招标项目的招标公告和公示信息应当在"中国招标投标公共服务平台"或者项目所在地省级电子招标投标公共服务平台发布。

2.4.3 投标邀请书

一份完整的投标邀请书格式如下：

致：_____

1. _____(招标人)_____的工程，已由_____批准兴建。现决定对该项目的工程施工进行邀请招标择优选定承包人。

2. 本次招标工程项目的概况如下：

(1) 招标工程项目的规模_____、结构类型_____、招标范围：_____。

(2) 工程建设施工地点为_____。

(3) 计划开工日期为_____年___月___日，工期___日历天。

3. 被邀请参加本次招标项目投标的投标人必须具备建设行政主管部门核发的_____级及以上和具有足够资产及能力来有效地履行合同的施工企业或自愿组成的联合体(联合体各方均应当具备规定的相应资格条件。由同一专业的施工企业组成的联合体，按照资质等级低的单位确定资质等级)。

4. 如你方对工程上述_____招标项目感兴趣，可向招标人提出资格预审申请，只有资格预审合格，才有可能被邀请参加投标。

5. 请你方按本邀请书后所附招标人或招标代理机构地址从招标人或招标代理机构处获取资格预审文件，时间为_____年___月___日至_____年___月___日，每天上午___时___分至___时___分，下午___时___分至___时___分(公休日与节假日除外)。

6. 资格预审文件每套售价_____元人民币，售后不退，如欲邮购，可以书面形式通知招标人，并另加邮费每份___元人民币，招标人将立即以航空挂号方式向投标人寄送资格预审文件，但在任何情况下，如寄送的文件迟到或丢失招标人均不对此负责。

7. 资格预审申请书必须经密封后，在_____年___月___日___时以前送至招标人。申请书封面上应清楚地注明_____(招标工程项目和标段名称)资格预审申请书字样。

8. 迟到的申请书(以申请书送到招标人的时间为准)将被拒绝。

9. 招标人及时将申请评审结果通知投标申请人。并预计于_____年___月___日发出资格预审合格通知书。

10. 凡资格预审合格被邀请参加投标的投标申请人，请按照资格预审合格通知书中通知的时间、地址和方式向投标人购取招标文件及有关资料。

11. 有关本项目投标的其他事宜，请与招标人或招标代理机构联系。

招标人或招标代理机构(盖章)：_____

办公地址：_____

邮政编码：_____　　　　联系电话：_____

传真：_____　　　　联系人：_____

日期：_____年___月___日

2.5　发售招标文件

2.5.1　发售招标文件

参加工程投标的人都要购买招标文件(招标代理单位收回招标文件成本费、制作费)，对于招标代理单位来说就是发售招标文件。招标人或招标代理机构向潜在投标人发放招标文件，可以向投标人收取一定的费用，但仅限于补偿招标文件印刷、邮寄成本。如果招标文件售价过高，则有可能影响投标人参加投标的积极性，削弱投标竞争。

《招标投标法》第二十四条规定："招标人应当确定投标人编制投标文件所需要的合理时间；但是，依法必须进行招标的项目，自招标文件开始发出之日起至投标人提交投标文件截止之日止，最短不得少于二十日"。

在实践操作中，也有一些业主苦心设计规避法律和法规的限制，以抢时间为名，不顾实际工作要求，故意缩短购买标书或投标截止的日期，将购买标书截止的时间安排在公告的次日，使大多数有竞争力的投标人无法参与购买。只有那些与业主有关系的投标人因事先获得消息，可以应对自如。这都是严重违规的行为。

2.5.2 资格预审

资格预审，是指投标前对获取资格预审文件并提交资格预审申请文件的潜在投标人进行资格审查的一种方式。《招标投标法实施条例》规定，招标人采用资格预审办法对潜在投标人进行资格审查的，应当发布资格预审公告、编制资格预审文件。招标人应当合理确定提交资格预审申请文件的时间。依法必须进行招标的项目提交资格预审申请文件的时间，自资格预审文件停止发售之日起不得少于 5 日。

1. 工程项目总体描述

工程项目总体描述使潜在投标人能够理解本工程项目的基本情况，做出是否参加资格预审和投标的决策。

(1) 工程内容介绍：详细说明工程的性质、工程数量、质量要求、开工时间、工程监督要求、竣工时间。

(2) 资金来源：是政府投资、私人投资，还是利用国际金融组织贷款，资金落实程度。

(3) 工程项目的当地自然条件：包括当地气候、降雨量(年平均降雨量、最大降雨量、最小降雨量)发生的月份、气温、风力、冰冻期、水文地质方面的情况。

(4) 工程合同的类型：是单价合同还是总价合同，或是交钥匙合同，是否允许分包工程。

2. 简要合同规定

简要合同规定对潜在投标人提出具体要求和限制条件，对关税、当地材料和劳务的要求，外汇支付的限制等。

(1) 潜在投标人的合格条件。潜在投标人的资格必须符合该组织的要求。如利用世界银行或亚洲开发银行贷款的工程，投标人必须是来自世界银行或者亚洲开发银行的会员国。

(2) 进口材料和设备的关税。潜在投标人应调查和了解工程项目所在国的海关对进口材料和设备的现有法律和规定及应交纳关税的细节。

(3) 当地材料和劳务。潜在投标人应调查和了解工程项目所在国的海关对当地材料和劳务的要求、价格和比例等情况。

(4) 投标保证和履约保证。业主会对潜在投标人提出提交投标保证和履约保证的要求。

(5) 支付外汇的限制。业主应向潜在投标人明确支付外汇的比例限制、外汇的兑换率，这个兑换率在合同执行期间是否保持不变等。

(6) 优惠条件。业主应明确是否给予本国潜在投标人价格优惠。

3. 联合体资格认定

联合体的投标是被允许的，如果某项工程，过于复杂或者工作量过大，可以在招标文件里注明，允许联合体投标。如招标文件标明，不接受联合体投标，则联合体投标文件会被认定是无效投标文件。

联合体资格预审的申请可以由各公司单独提交，或两个或多个公司作为合伙人联合提交，两个或多个公司联合提交的资格预审申请，如不符合对联合体的有关要求，其申请将被拒绝。任何公司可以单独、同时又以联合体的一个合伙人的名义申请资格预审。

联合体所递交的申请必须满足下述要求：

(1) 联合体的每一方必须递交自身资格预审的完整文件。

(2) 资格预审申请中必须确认，联合体各方对合同所有方面所承担的各自和连带责任。

(3) 资格预审申请中必须包括有关联合体各方所拟承担的工程部分及其义务的说明。

(4) 申请中要指定一个合伙人为牵头方，由他代表联合体与业主联系。

资格预审后联合体的任何变化都必须在投标截止日期之前得到业主的书面批准，如果业主认为后组建的或有变化的联合体可能导致下述情况之一者，将不予批准和认可：① 从实质上削弱了竞争，其中一个公司没有预先经过资格预审(不管是单独的还是作为联合体的一个合伙人)；② 联合体的资格经审查低于资格预审文件中规定的可以接受的最低标准。

4. 资格预审文件说明

准备申请资格预审的潜在投标人(包括联合体)必须回答资格预审文件所附的全部提问，并按资格预审文件提供的格式填写。

业主将对潜在投标人提供的资格申请文件依据下列五个方面来判断潜在投标人的资格能力：

(1) 财务状况。潜在投标人的财务状况将依据资格预审申请文件中提交的财务报告，以及银行开具的资信情况报告来判断。

(2) 施工经验与过去履约情况。投标人要提供过去几年中令业主满意的、完成过相似类型和规模以及复杂程度相当的工程项目的施工情况，最好提供工程验收合格证书或业主方对该项目的评价。

(3) 人员情况。潜在投标人应填写拟选派的主要工地管理人员和监督人员的姓名及有关资料供审查，要选派在工程项目施工方面有丰富经验的人员，特别是负责人的经验、资历非常重要。

(4) 施工设备。潜在投标人应清楚地填写拟用于该项目的主要施工设备，包括设备的类型、制造厂家、生产年份、型号、功率，设备是自有的还是租赁的，设备存放地点，哪些设备是新购置的等。

(5) 诉讼史。有些业主为了避免授标给那些过度提出工程索赔而又在以前的仲裁或诉讼中失败的承包商，有时会在资格预审文件中规定，申请人需要提供近几年所发生的诉讼材料，并依据某些标准来拒绝那些经常陷于诉讼或者仲裁且败诉的承包商通过资格预审。

潜在投标人对资格预审申请文件中所提供的资料和说明要负全部责任。如果提供的情况有假，或在审查时对提出的澄清要求不能提供令业主满意的解释，业主将保留取消其资格的权力。

2.5.3　现场踏勘

根据《招标投标法》第二十一条规定，招标人根据招标项目的具体情况，可以组织潜在投标人踏勘项目现场。

踏勘现场是指招标人组织投标人对项目的实施现场的经济、地理、地质、气候等客观条件和环境进行的现场调查。

通过对工程现场的仔细踏勘，可以对工程周边道路交通、用水、用电、运输、场地等施工条件进行充分了解，也能对工程周边地方材料、人工成本等进行了解，更能对招标人提供的图纸是否与工程现场情况相一致进行核实，若发现不符可及时向招标人要求澄清答疑，进而对施工企业编制投标文件、确定投标价格起着重大作用。

如果不进行现场踏勘，可能出现投标报价不准备、无法发现招标文件中的问题等，若出现工程造价与投标价格出入较大的情形，施工企业将面临较大损失。

招标人应主动向潜在投标人介绍所有现场的有关情况，潜在投标人对影响供货或者承包项目的现场条件进行全面考察，包括经济、地理、地质、气候、法律环境等情况，对工程建设项目一般应至少了解以下内容：

(1) 施工现场是否达到招标文件规定的条件。

(2) 施工的地理位置和地形、地貌。

(3) 施工现场的地址、土质、地下水位、水文等情况。

(4) 施工现场的气候条件，如气温、湿度、风力等。

(5) 现场的环境，如交通、供水、供电、污水排放等。

(6) 临时用地、临时设施搭建等，即工程施工过程中临时使用的工棚、堆放材料的库房以及这些设施所占地方等。

2.5.4　标前答疑会

在具体的工作中，通过标前答疑会，能够确保技术参数和商务条款设定得科学、合理，消除歧视性和排他性因素，减少质疑、投诉案件，加大监督力度，充分体现竞争与公平，增加公正透明度。在具体的实践中应注意的事项有以下方面。

1. 召开的时间

充分考虑到招标文件规定的供应商领取招标文件截止时间后(可提出疑问或咨询截止时间之后)，招标文件澄清或修改截止时间前，招标采购单位可通知所有接受招标文件的供应商参加标前集体答疑活动，也可在招标文件中注明集体答疑的时间。

2. 所应包含的人员

所有不确定的潜在投标供应商，主要指已取得招标文件的供应商；负责答复的一方包括咨询专家、采购人代表和代理机构项目负责人；对于重大采购项目，招标采购单位可邀请监督人员和公证员参加答疑活动，由专人负责记录。

3. 会议沟通方式

无论是供应商提出疑问，还是招标方答复问题，均以书面形式为佳。投标人在参加标前会议之前应把招标文件中存在的问题整理为书面文件，传真、邮寄或送到招标文件中指定的地址。

招标人收到各个投标人的问题后，可随时予以解答，也可在标前会上集中解答，但不应搞点对点式的答疑，对某一供应商某一问题的解答应让所有参加答疑的供应商都知晓。也允许投标人在标前会现场口头提问。但是，招标人的解答一定要以书面内容为准，不能仅凭招标人的口头解答编制报价和方案。

4. 重大调整事项

涉及到需对招标文件做出澄清或修改的，招标采购单位应发布变更公告，并将调整事项以书面形式通知到已领取招标文件的供应商。负责答疑的专家不得参与评审工作，涉及其他供应商商业秘密的事项不予答复。答疑活动形成的材料和记录应整理成档案资料保管。

2.5.5　澄清修改招标文件

1. 招标文件的澄清

招标人有必要在招标文件中规定招标文件的澄清与修改，以便招标人自身或投标人检查招标文件的全部内容，并对其中的错误、缺页、文件不全等问题进行及时处理。通常，对招标文件的澄清应遵循下列具体规定：

(1) 要求澄清的形式：投标人对招标文件有疑问，应在投标人须知前附表规定的时间前以书面形式(包括信函、电报、传真等可以有形地表现所载内容的形式，下同)，要求招标人对招标文件予以澄清。

(2) 澄清的时间限制：澄清的内容可能影响投标文件编制的，招标人应当在投标截止时间至少15日前，以书面形式通知所有获取招标文件的潜在投标人；不足15日的，招标人应当顺延提交投标文件的截止时间。

(3) 收到澄清的确认：投标人在收到澄清后，应在投标人须知前附表规定的时间内以书面形式通知招标人，确认已收到该澄清。

2. 招标文件的修改

在投标截止期前的任何时候，无论出于何种原因，采购单位均可主动地或在解答投标人提出的澄清问题时对招标文件进行修改。

招标文件的修改应以书面形式，包括传真和电传，通知所有购买招标文件的投标人，并对其具有约束力。投标人应立即以传真或电报形式回复采购中心，确认已收到修改文件，没有回复，视同已收到修改文件。

2.6 招标启动案例

1. 案情

20××年3月28日，Z招标公司接受采购人委托，就该单位"物业消防运行服务项目"组织公开招标工作。自4月4日发布招标公告开始，招标过程历经了发售招标文件、开标和评标，期间共有6家投标人参与投标活动，经评审B公司综合得分最高，被推荐为第一中标候选人。采购人确认评标结果后，Z招标公司发布了中标公告。随后，投标人F公司向财政部门提出举报称，招标公告供应商的资质条件中，设置了"自20××年至20××年三年内须具有1个(含)以上，合同金额在200万元(含)以上物业管理服务业绩"的条件，属于以不合理的条件对供应商实行差别待遇或者歧视待遇。

2. 分析

1) 调查情况

本案争议的焦点是，采购文件将特定金额的合同业绩作为供应商的资格条件是否构成以不合理的条件对供应商实行差别待遇或歧视待遇。因此，财政部门依法调取了本项目的招标公告、招标文件、投标文件等相关材料。调查发现，Z招标公司于4月4日在中国政府采购网发布招标公告，该公告第11条第5款对供应商资格设置了"自20××年至20××年三年内须具有1个(含)以上，合同金额在200万元(含)以上物业管理服务业绩"的条件。

在调查取证阶段，采购人和Z招标公司答复称：本项目的业绩要求是从项目的专业特点和实际需要出发作出的规定；同时，其所要求的合同业绩金额低于本项目的招标预算金额，不属于以不合理的条件对供应商实行差别待遇或者歧视待遇。

2) 问题分析与处理

本案反映了政府采购活动中出现的几个相关问题：

一是采购文件将特定金额的合同业绩作为投标人资格条件是否合法合规的问题。本案中，招标公告对供应商200万元合同业绩的资格条件要求不具有合理性：其一，采购方对200万元合同业绩的限定无法提供合法有效的依据，虽然200万元的要求低于项目的预算金额，但该限定与项目本身的预算金额并无直接关联性，采购方提出的该合同业绩金额限定低于项目招标预算金额的说法无法证明该200万元合同业绩要求的合理性；其二，采购人和代理机构有多种方式可以实现对供应商履约能力的考核，将特定金额的合同业绩设定成资格条件并非是唯一不可替代的方式，而这种方式会构成"以不合理的条件对供应商实行差别待遇或者歧视待遇"，违反《政府采购法》第二十二条的相关规定；其三，合同金额的限定虽然不是直接对企业规模的限定，但由于合同金额与营业收入直接相关，实质是对中小企业营业收入的限制，构成对中小企业实行差别待遇或者歧视待遇。

二是采购文件编制中违法行为的法律责任问题。在政府采购活动中，虽然采购人委托了代理机构从事政府采购代理活动，但招标文件的编制是由采购人和代理机构共同完成的，且最终需经采购人书面确认。所以，采购人和代理机构须对采购文件编制中的违法行为共同承担责任。

因此，财政部门认为该项目招标文件将供应商具有特定金额的合同业绩作为资格条件，违反了《政府采购法》第二十二条关于"采购人可以根据采购项目的特殊要求，规定供应商的特定条件，但不得以不合理的条件对供应商实行差别待遇或者歧视待遇"的规定，以及《政府采购促进中小企业发展暂行办法》(财库〔2011〕181 号)第三条"任何单位和个人不得阻挠和限制中小企业自由进入本地区和本行业的政府采购市场，政府采购活动不得以注册资本金、资产总额、营业收入、从业人员、利润、纳税额等供应商的规模条件对中小企业实行差别待遇或者歧视待遇"的规定。

综上，财政部门作出处理决定如下：根据《政府采购法》第三十六条、第七十一条，以及《中华人民共和国政府采购法实施条例》(简称《采购法实施条例》)第七十一条第一款第(二)项的规定决定该项目中标无效，责令采购单位重新开展采购活动，并对采购人和招标公司作出警告的行政处罚。

第三章 投 标 管 理

3.1 组建评标委员会

　　评标是对投标文件进行审查、评审和比较的活动，其所有活动、行为的发生均依据法定原则和招标文件的规定及要求，这是确定中标人的必经程序，也是保证招标获得有效成果的关键环节。评标应当有专家和相关人员参加，而不能只由招标人独自进行，以确保有足够的知识、经验进行判断，力求客观公正。为此，这就需要由一个群体来进行，即依法组成一个评标委员会负责其事，而这个委员会应当由招标人依法组建。所以，《招标投标法》规定，评标由招标人依法组建的评标委员会负责。

3.1.1 组建规则

　　为了保证评标委员会的公正性、权威性，尽可能地有合理的知识结构和高质量的组成人员，因此，法律规定，评标委员会由招标人代表和有关技术、经济等方面的专家组成，成员人数为五人以上单数，其中技术、经济等方面的专家不得少于成员总数的三分之二；参加评标委员会的专家应当具有较高的专业水平，并依照法定的方式确定；与投标人有利害关系的人不得进入相关项目的评标委员会。

　　专家应当从事相关领域工作满八年并具有高级职称或者具有同等专业水平，由招标人从国务院有关部门或者省、自治区、直辖市人民政府有关部门提供的专家名册或者招标代理机构的专家库内的相关专业的专家名单中确定；一般招标项目可以采取随机抽取方式，特殊招标项目可以由招标人直接确定。

　　与投标人有利害关系的人不得进入相关项目的评标委员会，已经进入的应当更换。评标委员会成员的名单在中标结果确定前应当保密。同时，评标必须按法定的规则进行，这是公正评标的必要保证，因此在评标过程中，法律规定：

　　(1) 招标人应当采取必要措施，保证评标在严格保密的情况下进行。这是要求评标在封闭的状态下进行，使评标过程免受干扰。

　　(2) 任何单位和个人不得非法干预、影响评标的过程和结果。这是以法律形式排除在现实中经常会出现的非法干预，排除从外界施加的压力，也是在法律上保证公正评标，维护招标人、投标人的合法权益。

　　(3) 评标委员会应当按照招标文件确定的评标标准和方法对投标文件进行评审和比较。这既明确了评标的原则，也是为了保证评标的公平性和公正性，在评标中不应采用招标文件中未列明的标准和方法，也不应改变招标文件中已列明的标准和方法，否则将失去衡量评标是否公平、公正的依据。

(4) 评标委员会成员应当客观、公正地履行职责，遵守职业道德，对所提出的评审意见承担个人责任。这是保证公正评标的必要条件，评标委员会成员的工作必须是合乎招投标制度本质要求的，体现维护公平竞争的原则，并对自己的工作负个人责任，这就不但有规范，而且有责任，要求具有强烈的责任感。

(5) 评标委员会成员不得私下接触投标人，不得收受投标人的财物或者其他好处。这是由于评标委员会成员享有评标的重要权力，因而必须保证他们是廉洁公正的，要求他们个人的行为绝对是严格地杜绝与投标人的任何利益联系，所以对其个人行为作出了禁止性的规定。

(6) 参与评标的人员包括评标委员会的成员和有关工作人员，都不得透露评标情况，也就是对评标情况负有保密义务。这是保证评标工作正常进行，并使评标工作有公正结果，防止参与评标者牟取不正当利益的必要措施。

以上关于评标的若干规则，是《招标投标法》的重要内容，尤其是对评标委员会有严格的要求，这都是非常必要的，因为能否在评标环节上，对投标文件作出公正、客观、全面的评审和比较，正是招标能否成功的一个关键，也是能否公正地推荐和确定中标人的必要前提。

3.1.2　负责人及专家

1. 评标负责人的选择

俗话说，要想火车跑得快，全靠车头带。任何一个临时组建的团体都需要确定一个负责人，便于管理和集中意见。那么，评标委员会也需要确定一个负责人，以便高质、高效地完成评标工作。虽然这个评标委员会的负责人也是临时的，但是却起着重要的作用。评标委员会负责人由评标委员会成员推举产生或者由招标人确定，评标委员会负责人与评标委员会的其他成员有同等的表决权。

在实际评标过程中，推选评标委员会负责人常常存在着随意性。有的是任意指定一位，致使在评审过程中，担任评标委员会负责人的角色只是一个摆设，根本起不到应有的作用；有的是由行政领导担任，致使在评标中，将工作中的行政上下级关系带到评标中，造成唯领导意图是从的局面。

为了更好地评标，有效杜绝上述可能出现的问题，评标委员会负责人应该由熟悉招投标法律、法规，评标程序，专业水平知识扎实，具有综合协调、组织能力的成员担任。评标委员会负责人的主要职责有：

(1) 主持评标工作。

(2) 组织评标委员会成员进行有关评标问题的讨论和表决。

(3) 代表评标委员会负责审核评标澄清的问题，澄清的内容应符合招标文件的相关规定。评标澄清由评标委员会负责人签字发出。

(4) 组织评标委员会独立评分。

(5) 起草否决投标决议、评标报告等评标记录；否决投标决议要求理由充分、依据充足,评标报告要求结论明确。

评标委员会在评标中,难免会在一些问题上发生争议。某些专家因为招标文件没有明确要求,在审查投标文件是否符合招标文件实质性要求时,出现争议。比如,在某次招评标中,招标文件并没有要求阀门的产地必须是原产地的评标标准和方法,某些专家就提出必须是原产地而不接收全球化生产,对在其他地方生产的阀门投标厂商应该扣分,引起争执。在评标过程中,就投标文件中属于重大偏差还是细微偏差的判断方面,某些专家还存在模糊现象。在解决这些争议的时候,评标委员会负责人,应该更多地从专业角度进行判断,并有理有据地做好解释,在统一评标委员会各成员的思想和认识的过程中起到关键作用。

评标委员会负责人在整个评标过程中同时肩负着权利和义务,所谓权利,是对评审委员会其他成员因带有明显倾向性或不按规定程序和标准进行的评审、计分所出具的书面澄清和说明提出审核意见;所谓义务则是制止和纠正评审委员会其他成员在工作中的违法违纪行为,并及时向招标人和监管部门报告。总之,评标委员会负责人的存在,抑制了评标委员会群龙无首、评标专家一盘散沙的局面,保证了评标工作的公平、公正。

2. 评标委员会的专家

评标委员会成员人数须为 5 人以上单数。评标委员会成员人数过少,不利于集思广益,从经济、技术各方面对投标文件进行全面地分析比较,以保证评审结论的科学性、合理性。当然,评标委员会成员人数也不宜过多,否则会影响评审工作效率,增加评审费用。要求评审委员会成员人数须为单数,以便于在各成员评审意见不一致时,可按照多数通过的原则确定评标委员会的评审结论,推荐中标候选人或直接确定中标人。

参加评标委员会的专家应当同时具备以下条件:

(1) 从事相关领域工作满 8 年。

(2) 具有高级职称或者具有同等专业水平。具有高级职称,即具有经国家规定的职称评定机构评定,取得高级职称证书的职称。包括高级工程师,高级经济师,高级会计师,正、副教授,正、副研究员等。对于某些专业水平已达到与本专业具有高级职称的人员相当的水平,有丰富的实践经验,但因某些原因尚未取得高级职称的专家,也可聘请作为评标委员会成员。

招标人在直接确定专家时,应当优先从评标专家库内选择,只有在现有评标专家库内没有能够满足要求的专家的情况下,招标人才可以从库外邀请专家,且受邀请的专家应当满足担任评标专家的所有资格条件,包括不存在应当回避的情形。直接确定的评标专家参与评标的权利、义务与其他随机抽取的专家完全一致,不存在任何特权。

与投标人有利害关系的人不得进入相关项目的评标委员会。与投标人有利害关系的人,包括投标人的亲属、与投标人有隶属关系的人员或者中标结果的确定涉及其利益的其他人员。与投标人有利害关系的人已经进入评标委员会,经审查发现以后,应当按照法律规定更换,评标委员会的成员自己也应当主动退出。

评标委员会成员的名单在中标结果确定前应当保密,以防止有些投标人对评标委员会成员采取行贿等手段,谋取中标。

关于评标专家抽取时间，《招标投标法》《招标投标法实施条例》均未作明确规定。《评标委员会和评标方法暂行规定》第八条规定，评标委员会成员名单一般应于开标前确定。而《机电产品国际招标投标实施办法(试行)》(商务部令 2014 年第 1 号)规定："抽取评标所需的评标专家的时间不得早于开标时间 3 个工作日"，《政府采购评审专家管理办法》(财库〔2016〕198 号)也规定："除采用竞争性谈判、竞争性磋商方式采购，以及异地评审的项目外，采购人或者采购代理机构抽取评审专家的开始时间原则上不得早于评审活动开始前 2 个工作日"。另外，很多地方性法规对评审专家的抽取时间也都有类似规定，招标人抽取专家时应遵照执行相关规定。关于评标专家的具体抽取及通知工作，目前随着 IT 技术的发展，已经可以实现计算机自动抽取、通知功能。例如，有的单位的招投标管理系统已经开发出评标专家自动抽取、通知模块，抽取专家时，只需工作人员按照事先确定的抽取方案进行简单设置，就可以实现计算机自动抽取，自动语音或短信通知，并且可根据被抽中专家回复情况实时自动补抽。抽取完成后，抽取结果对招标人及抽取人员保密，只有在开标前半小时才对抽取人员予以解密。通过计算机自动抽取和通知评委，可以极大限度地降低抽取评委的泄密风险，同时也有利于节省人力资源、提高抽取效率，建议有条件的招标人或代理机构抽取专家尽量使用计算机自动抽取、通知系统。

在实际操作中，地方政府的招标，一般在评标前一天才从专家库里确定相应的专家和评标人。

总体上看，无论是国家法律、法规，还是各有关部门、地方政府规定，都对评标委员会的组建提出了非常详细的要求，这充分体现了组建评标委员会工作的重要性。但同时应看到，不同专业领域，不同行政区域对评标委员会的组建还存在不一致的规定。这就要求招标人必须全面掌握相关领域或所在区域组建评标委员会的各项具体要求，并在具体操作时结合项目属性做到分类适用，只有这样才能确保评标委员会组建得合法合规。

3.2　编制投标文件

一般来说，一份标准的投标文件，包括商务部分、技术部分、价格部分、资信部分等四个方面的内容。

3.2.1　商务部分

编制投标的商务部分文件需要根据招标单位所要求的招标文件来进行，其内容主要包含招标文件的所有要求，并根据投标企业自身的经验增加有利于参与商务评审的相关内容。

投标商务部分文件编制的重要性要求其在编制过程中严格按照招标文件规定的投标文件格式进行填写，不得有任何不同，应认真研究与领会招标文件中所提出的要求，对文件中提出的实质性要求与条件作出相应的判断与回应。

　　由于投标的商务部分文件是根据招标单位的要求进行编制的，其目的是中标，所以要求其不仅能反映投标单位的财务能力和设备情况，还要能反映投标单位的人员素质以及相关的施工经验，同时还涉及到投标单位的施工内容及报价，使招标单位可以从中对投标单位有全方位的了解。招标单位在投标文件的商务资料中就能对投标单位进行合理的评估与评价，从而决定是否与该投标单位建立合作关系。因此，投标文件的商务部分文件是投标企业综合能力的体现。

　　招标单位在准备投一个项目时都要对投标单位进行编制资格预审，只有预审通过后才能参与投标，资格预审是投标的第一关，如果未能通过资格预审就代表该投标单位失去了参与此次投标的资格。因此，投标单位的商务工作人员需细心、认真、负责地编制投标文件，使招标单位从其中全面了解投标单位，从而获取项目投标的资格。预审通过后，招标单位会对投标文件进行技术及商业评审，评审的分值直接影响投标文件的总分。商务部分文件的重要性在于一个签字或盖章的遗漏就足以使得投标文件作废。一旦出现这种情况，投标单位的施工及报价再精准也于事无补，由此可见商务文件在投标文件中至关重要的作用。

　　作为投标文件中的重要组成部分，商务部分文件在投标有效期内以及中标后都具有一定的法律约束作用。当投标单位接到招标单位的中标通知书后，首先要将履约保障金按照招标单位所提供的要求及时交给招标单位，然后需与业主依照商务部分文件的合同范本签订施工协议，同时，根据商务资料所编制的内容进行操作。为了使标书更加美观，商务部分文件编制人员不仅要提高自身专业素质，而且要掌握电脑方面的相关知识，熟练使用图片处理等软件，从根本上提高工作效率，进而加快工程投标工作进度。

　　在商务部分文件编制工作开展时，编制人员首先要进行全面商务资料整合，然后把资料适当归类，保证其使用时的高效性，提高编制效率。同时，编制工作人员还要不断地对商务资料库进行完善，及时输入最新的信息资料和变更资料，这样才能保证商务资料库发挥价值，为商务部分文件编制提供更好的资源保障。

　　一个好的制度可以使工作更加规范化和精准化，只有保证商务部分文件编制足够完善和细化，才能让商务部分文件编制人员按照编制规范制度开展相关工作，让工程投标整体进程顺利进行。在商务部分文件编制规范制度时，应规定投标所需要遵守的准则，这样才能保证投标单位的公平竞争。

　　综上所述，商务部分文件编制在整个工程投标中十分重要，相关单位要按照工程投标实际情况编定合理的商务部分文件，只有这样才能保证投标单位符合工程要求。此外，在商务部分文件编制的工作中要精益求精，避免出现低级错误，让投标企业可以在一个公平公正的环境下中标，也为工程项目选择优质企业提供良好保障。

3.2.2　技术部分

　　在编制技术标书之前，必然有一个准备阶段。准备阶段就是在开展技术标书编制之前搜集必要的参考数据及编制依据构思技术方案框架，踏勘施工现场的三通一平条件等，比如市政、轨道交通工程的技术标编制之前，要充分考虑现场平面布置条件，拟采用的施工方案、机械设备在施工过程中是否具有足够的施工场地，水文地质条件是否对施工有影响，拟采取的地表及地下水排水方案,地下管线分布情况可从管线产权部门获取相关资料,并适当结合部分低成本实勘手段。对施工现场的实际踏勘是不可缺失的。一方面是核对招标人提供的现场情况是否与实际相符,对于实勘与招标人提供资料不一致的地方应及时沟通,获取准确的现场资料;另一方面有利于合理地布置临时设施、选择适用的施工方案,结合现场实际情况编制更符合实际、准确指导施工的技术标书。

技术标书在编制过程中,应突出展示以往具有代表性的工程建设案例中应用的具体技术方案、管理成果等。比如在公路项目的技术标书编制过程中,可以充分借鉴同类工程的施工案例,往往实际施工中所获取的技术参数,比理论计算获取的参数更加可靠,因为公路工程建设在确定了具体的技术类型方案之后,除施工准备、路基地基处理等工作外,路基土石方、基层、面层、附属等分部分项工程施工技术基本是一致的,借助实际的工程建设施工技术能够更加贴近自身的项目管理及成本控制水平,充分把握相关分部分项工程的施工技术水平优势,着重描述施工技术,形成自身鲜明的技术优势,围绕项目施工全过程、全要素编制,内容突出全面性和合理性。在提升技术标书编制效率方面,通过借鉴以往类似项目的施工管理经验提高编制效率,同时能够发挥在成本控制、施工管理等方面的经验优势。

技术标书编制不仅需要良好的标书编制能力和技术管理水平作为有效支撑,同时需要技术人员在每个项目投标结束后不断总结,根据标书评分结果,不断分析标书编制过程中存在的问题,归纳总结出精湛的技术标编制方式方法,不断提高技术标的科学合理性,提升企业中标几率。

技术标的投标文件编制既要考虑投标单位自身的施工技术管理水平能力,又要兼顾投标报价优势,增加中标几率,同时也要考虑中标后是否能够实现企业相应的盈利目标,在同等资源占用条件下的经济效益及社会效益等问题,盲目中标并不利于投标企业的长期稳定发展。

3.2.3　价格部分

随着国家经济体制改革的不断深化,全国统一市场基本形式,公平竞争环境逐步建立,招投标活动在我国的工程建设中日益成为了不可或缺的一环。施工单位通过投标报价赢得工程施工,并取得最大利润,才能使企业得到持续发展,为此必须科学合理地确定工程报价,正确分析工程招标文件,针对招标文件采取相应的报价策略和措施来赢得中标,最终取得尽可能大的利润,目前招投标大都采用工程量清单报价。

投标报价是进行工程投标的核心,工程量清单报价的综合单价结算时原则上是不能调整的,综合单价过高导致超出限价会失去承包机会;而综合单价过低,则结算时会带来亏损的风险。因此,在进行相关工作时,应着力满足以下几个条件:

(1) 编制投标报价之前要认真研究招标文件,完全响应招标文件,最大限度地满足招标文件中规定的各种综合评价标准,全部满足招标文件的实质性要求。

(2) 加强投标编制人员与技术人员的沟通,使编制投标报价符合自身企业施工水平,能够以自身企业施工方案、技术措施等套用定额,合理确定投标报价。

(3) 要注意掌握本单位承包的实际情况,充分进行现场考察、投标信息的研究、市场信息和行情资料的分析。

(4) 投标报价编制人员应具备相应的专业编制资格，在投标报价封面加盖执业专用章。

投标报价编制应灵活运用工程造价知识，每次投标都要详细分析招标文件，考虑保证质量、工期等的必要费用，并充分合理地组合到所列出的工程量清单项目中，最终争取获得最大的经济利益。

3.2.4 资信部分

资信文件(资信标)是对投标企业的资格及信用程度审查的资料内容。主要包括企业的基本信息，机械设备情况、人员及财务情况业绩和获奖情况等。在大部分一般的招标中，资信文件与商务文件不会分开。某些招标项目，因考虑到竞标方过多，或者对资质、信用、资金等有较高的要求，要求招标方单独提供资信文件，用于招标方资格审查。

编制资信文件，是企业参与项目投标的重要步骤，更是企业核心竞争力的具体体现。通过资信文件将企业的各项情况，向招标方进行真实全面地展示。不仅能够加深招标方对投标方的印象，增大项目中标的概率，还可以提升企业的商业形象，起到良好的宣传效果。但是在编制资信文件的过程中，由于文件搜集不完整、部门协调能力差和投标报价错误等原因，导致资信文件编制水平的大幅下降，严重影响了企业的日常经营，甚至会错失一个优良的发展机遇。增强资信文件的编制能力，已成为企业发展过程中亟待解决的重要问题。

1. 资信文件的主要内容

资信标作为企业资质水平的重要证明文件，在投标文件中占据着极高的地位。

1) 企业信誉

企业在参与项目投标的过程中，需要向招标方递交投标文件，并在投标文件中表明企业自身的资质水平、技术水平和相关报价。按照文件内容的不同，可以将投标文件划分为资信标、技术标和商务标三种。资信标通常又被称为资信文件，主要由企业信誉、经营状况和人员配备三方面组成。

企业信誉，不仅仅指的是企业的商业形象和可信度，更多的是指企业的内部情况介绍，以及与投标项目相关的资质证件。通过对资质证件和企业内部情况的全面展示，能够向招标单位证明企业有能力完成项目的施工建设，并提高招标单位对企业的认可度，为项目中标单位的筛选，做好充足的铺垫工作。

2) 经营状况

除了向招标单位展现企业的自身资质水平，企业还应将以往的经营状况，真实完整的编制在资信文件中，进一步提高招标方对企业的关注度，为中标增加更大的概率。在编制企业经营状况的过程中，通常会按照招标单位的要求，将企业以往的年度、季度和月度报表，进行统一的整理与汇总，并以简洁明了的方式，向投标方进行全面完整的展示，从而证明企业能够在项目中标以后，按照相关的标准要求，在指定时间内部完成项目的施工建设。使招标方更加深入地了解企业的经营状况，为企业参与的项目投标工作提供良好助力。

3) 人员配备

人员的配备情况,是企业核心竞争力的重要体现,在项目投标的过程中也发挥着重要作用。当企业内部的专业人才数量占比较高时,能够在众多同行业竞争者里脱颖而出,引起招标方的重点关注,为项目投标工作增添亮点。而且,管理人员的综合能力,也是项目正常运转的重要保障。通过筛选与委派相结合的方法,选定技能水平和职业素养较高的工作人员,既能更好地展现企业的综合实力,也为企业资信文件的编制工作,提供了重要的参考信息。

2. 企业资信文件的编制要点及注意事项

企业资信文件的编制流程,主要分为准备阶段、编制阶段、审稿阶段和定稿阶段四个环节。

1) **准备阶段**

准备阶段是资信标编制的首要环节,也是最重要的一项工作步骤。因为在资信标编制的准备阶段,工作人员需要先对项目的招标文件,进行全面完整的详细阅读与分析。在这个过程中,不仅要求工作人员具备极强的知识储备能力,还要具有一丝不苟的工作态度。

若工作人员未同时具备相关的综合能力,便会在后续的编制工作中与招标方的具体要求形成偏差,导致资信标评审过程中出现扣分的现象,严重阻碍项目投标工作有序开展。甚至会造成废标的情况,令企业错失一次发展机会。所以,在资信标编制工作的准备阶段,企业工作人员既要反复阅读投标文件的每段语句,深入领会招标方的具体要求,也要对招标文件阅读过程中的各项疑问,进行着重标记与详细分析,为后续资信标的编制工作,奠定坚实的基础。

在企业资信标的准备阶段,工作人员除了要对招标文件进行全面分析,还应完成资信标的大纲编制、人员初选和业绩筛选工作。编制大纲的主要目的,就是为了使资信标的各项内容,更加具有条理性和连贯性,给招标方提供更好的阅读体验。同时,使招标方的各项要求,都能够在大纲中得到体现,避免丢项和漏项的情况发生。而通过目录的编制,能够使招标方从中初步了解资信标的大体内容,为后续内容的阅读提供便利。在资信标人员的配备过程中,不仅要考虑初选人员的技能水平和职业素养,使其能够满足项目施工建设的具体需求,还要着重分析人员的工作现状,是否处于在建工程的管理工作中,并将初选人员的以往业绩尽可能多地填入资信文件中,使其成为企业资信标的加分项,以供招标单位后续进行分析与参考。

在企业以往业绩的筛选过程中,工作人员应根据招标单位的要求,全面完整地提供业绩的发生时间、具体情况和证明文件,使招标单位能够深入了解企业的业绩信息,提升资信标的编制水平。将精细化理念融入企业业绩筛选工作中,能够使业绩的各项内容变得更加清晰明确,为招标单位阅读资信标提供更大的便利。工作人员在选择业绩的证明文件时,不仅要提供以往项目的中标通知书和中标合同,还要准备工程的验收证书,确保业绩证明文件的齐全。通常情况下,企业业绩的发生时间,可以分为中标日期、工程竣工日期与合同签订日期三种。

无论业绩的发生日期选择哪种形式,工作人员都应该对其进行明确标注,使招标单位能够一目了然,降低企业资信标的阅读难度。当招标单位对于企业业绩与个人业绩有特殊要求时，工作人员应将两者相互匹配。这样既能够满足招标单位的具体要求，又可以彰显管理人员的个人能力，为企业资信标的整体编制水平，起到良好的推动作用。

2) 编制阶段

资信标编制阶段的工作内容，主要是围绕企业资质证件、投标保证金、投标函及附录四个方面开展。

企业资质证件的编制工作，要遵循真实性、完整性和实时性的原则，为项目投标工作提供良好的助力。当企业在项目投标过程中，出现任何资质变动时，应及时与招标单位进行沟通。避免因信息不符而导致废标的现象，为企业参与项目投标工作，提供有力的保障。

投标保证金属于资信标编制工作的重要组成部分，在实际的编制过程中，需要企业内部财务人员与编标人员的相互协作。工作人员应将投标保证金的数额、递交截止时间和对方账户信息以及汇款方式，告知给企业财务人员。确保投标保证金能够在递交截止时间内，顺利完成缴纳工作，避免废标现象的发生。当投标保证金缴纳完成后，企业工作人员应及时向财务部门索要相关凭证，并在资信标中详细记录缴纳金额、项目名称和标段名称，严格遵循资信标编制工作的完整性和真实性。

在投标函以及附录的编制过程中，工作人员需要按照招标单位的规格要求进行编写，并明确标注工期和质量等适应性内容。

同时，工作人员还应关注投标报价的数额，一方面编标人员要与报价人员进行沟通，确保投标报价数额的准确性；另一方面编标人员应对报价数额的填写状况，进行严格仔细地审核与复查。确保报价数额的大小写一致，降低资信标编制过程中错误问题的发生概率。

除此之外，在企业资信标编制过程中，工作人员应对企业和个人资质证书相关原件的有效期，进行严格的审查与推算，确保实际情况与资信标编制内容相符，并在项目开标时，准备齐全所有的资质原件，以供招标单位工作人员的查阅与核对。

3) 审稿与定稿阶段

当企业资信标编制工作完毕后，工作人员需要再次将招标文件和答疑文件进行对比，确保文件中的每条疑问都已经成功解决，避免问题遗漏现象的发生。企业资信标编制工作结束后，通常会按照招标单位的具体要求，将资信文件交由企业的相关负责人签字或盖章，确保资信文件的准确性和合法性。

当企业资信标的签字盖章环节出现差错，不仅会导致企业资信标编制水平的大幅度下降，还会严重影响项目投标工作的开展，甚至会出现废标的情况，极大阻碍了企业的经营与发展。所以，在资信标签字盖章的过程中，工作人员需要先深入了解招标单位的要求，理清相关的负责人是企业的法人，还是委托代理人。并且对签字和盖章的标准也要详细地确认，避免缺字少章和未按规定签字盖章的情况发生，确保企业资信标的编制水平。

在企业资信标的装订环节，工作人员也应深入了解招标单位的具体要求，严格按照规范化的流程进行操作。在企业资信标的装订过程中，工作人员应对资信标的内容详细核对，避免漏页、前后颠倒和不牢固现象的发生，为招标单位的后续阅读提供便利。通常情况下，企业资信标的包封分为两种情况：

一种是采用单独包封，另一种是将资信标与商务标、技术标合并包封。而企业资信标具体的包封种类，需要根据招标单位的要求进行选择。通过对招标单位各项需求的深入研究，使企业资信标的装订和包封工作，能够完全满足招标单位的要求，确保企业资信标的整体编制水平得到显著的提升。

在企业资信标包封工作结束后，工作人员仍需要对包封表面的信息内容，进行真实完整地填写，保障包封表面的各项信息与企业的实际情况相符，为项目投标工作提供良好的助力。

通过对企业资信标编制内容的深入了解与分析，可以发现资信标编制工作的特点，以及资信标编制过程中的常见问题。而通过各部门工作人员之间的相互协作，不仅能够加快企业资信标的编制效率，缩短整体的编制时长，还可以使企业资信标编制的工作质量，得到有效地提升。对于企业资信标的编制流程与各项要点，工作人员采用反复核查招标文件的方法，可以有效降低编制工作中的错误，保障企业资信标编制工作的质量，为企业长远有序地经营，创造良好的发展环境，促进我国经济的平稳增长。

3.2.5　编制投标报价文件的关键环节

投标报价文件的编制有几个关键环节：一是投标公告；二是投标人须知；三是发包人要求；四是投标文件格式；五是严格按招标文件中的工程量清单项目及工程量清单填报价格。

1. 投标公告

主要看清最高限价，投标报价决不能超过最高限价，否则成废标。

2. 投标人须知

主要是要区分清楚投标报价中的金额单位元或万元，开标文件中的金额与报价文件中金额必须一致，严格响应招标文件的要求；招标人供应的设备、材料不计入投标报价，若由投标人负责安装，则仅计取安装费用；

由投标人采购的设备、材料费用列入投标报价；投标人应考虑自项目开工至竣工验收为止期间物价上涨、政策性调整及一般设计变更等诸多因素以及由此引起的费用变动并计入综合单价承包中，综合单价承包部分的价差计入综合单价，仅可计取税金。

投标人应按招标文件的要求递交已标价工程量清单报价文件，否则其投标将被否决。

3. 发包人要求

(1) 招标人还会明确要求工程所用设备、材料由发包人提供，详见招标人采购范围，这里主要是要区分开招标人与投标人的物资采购范围，一般原则是招标人提供设备，此外要明确招标人采购的材料，但不同批次招标会有些不同，每次投标都要仔细区分以便决定如何计入报价。

(2) 发包人要求的材料最高限价一般都列有材料最高限价表，投标人对钢筋、商品混凝土、接地材料、插入式角钢的报价不得超过材料最高限价表中的限价。

(3) 发包人要求的建设场地占用及清理项目一般也都列有建设场地占用及清理项目表，投标人不得超过表中的限价。

4. 投标文件格式

每次投标都要按对应的招标文件中的投标文件格式编制。

5. 严格按招标文件中的工程量清单项目及工程量清单填报价格

严格按要求完成报价书的编制，这样就形成了一份合格的投标报价书，但工程量清单报价的质量好坏决定着竣工后的结算，所以在满足完成报价的前提下逐步运用投标策略、投标技巧赢得最大的利润，比如预计工程清单数量给得大，可能实际会变小的数量，组合单价一定要就低，相反则相应单价就高。

3.3 投 标 前 咨 询

3.3.1 模糊内容确认

在投标有效期内，投标人找招标人澄清问题时要注意质询的策略和技巧，注意礼貌，不要让招标人为难，不要让对手摸底。对于模糊内容的确认，尽可能地做到以下几点：

(1) 对招标文件中对投标人有利之处或含糊不清的条款，不要轻易提请澄清。

(2) 不要让竞争对手从己方提出的问题中窥探出己方的各种设想和施工方案。

(3) 对含糊不清的重要合同条款、工程范围不清楚、招标文件和图纸相互矛盾、技术规范中明显不合理等，均可要求招标人澄清解释，但不要提出修改合同条件或修改技术标准，以防引起误会。

(4) 请招标人或咨询工程师对问题所作的答复发出书面文件，并宣布与招标文件具有同样的效力，或是由投标人整理一份谈话记录送交招标人，由招标人确认签字盖章送回。千万不要以口头答复为依据来修改投标报价。

3.3.2 商务标评估

通常，商务标包括报价及价格组成两大部分，投标人要紧紧围绕评标办法，综合考虑成本、市场等因素，确定投标报价策略。在报价时要注意以下几点。

1. 慎用低价竞标策略

根据相关规定，投标人不得以低于成本的报价竞标。在评审过程中，评标委员会发现投标人的报价明显低于其他投标报价，或明显低于标底的，使得其投标报价可能低于其个别成本的，应当要求投标人作出书面说明，并提供有关证明材料。投标人不能提供合理说明，或不能提供相关证明材料的，由评标委员会认定其低于成本报价竞标，其投标作废标处理。因此，投标人要慎用低价竞标策略。如确因个别成本低于社会平均成本的，要在投标文件中有合理的说明，提供相关证明资料，并充分做好应对评审委员会质疑澄清的准备，否则有可能被作废标处理。

2. 严格对照招标清单报价

投标人应严格对照招标人提供的招标内容清单进行报价，不要耍小聪明。有的投标人故意制造"数量×单价＞合价""分项合计＞总计"之类的算术错误，以提高分项报价，企图既得高分，又提高报价，但往往是偷鸡不成蚀把米。《评审委员会和评审方法暂行规定》明确规定，单价报价与合价报价不一致的，以单价金额为准；大小写金额不一致的，以大写金额为准。同时评审委员会可以要求投标人对文字和计算错误按以上原则进行澄清，投标人澄清不符合上述规定，或拒绝澄清的，可以否决其投标。

3. 足额计取行政相关费用

为防止无序压价，有的地方规定安全施工费、环境保护费、文明施工费、定额测定费、税金等费用应按法定标准计取，不得参与让利，否则作废标处理。

3.4　投 标 案 例

某管道工程采用工程量清单招标，其制定的招标策略为低价优先。招标文件中提供的工程量为估算量，工程结算以实际完成工程量结算。现有两种综合单价，如表 3-1 所示：

表 3-1　招投标单价表

分项工程名称	招标文件工程量	实际完成工程量	方案 1 单价/元	方案 2 单价/元
黏土开挖/m³	9 000	18 000	5.4	2
岩石开挖/m³	2 800	2 800	26	25
7 寸钢管铺设/m	800	800	16	18
级配砂石回填/m³	3 600	3 600	21	20
3：7 灰土回填/m³	5 600	7 000	13	20
表层土回填/m²	500	500	5	6

问题：

(1) 计算方案 1 和方案 2 在招标阶段和工程结算阶段的工程总价。

(2) 分析哪一种单价在招标阶段占优势，哪一种单价在结算上占优势。

(3) 经过以上分析，你认为招标人在招标阶段应注意哪些问题才能保证中标价与工程结算价水平一致？

第四章 开标管理

4.1 开标基本流程

4.1.1 开标的概念

开标是指在投标人提交投标文件后，招标人依据招标文件规定的时间和地点，开启投标人提交的投标文件，公开宣布投标人的名称、投标价格及其他主要内容的行为。

开标应当按招标文件规定的时间、地点和程序，以公开方式进行。开标时间与投标截止时间应为同一时间。唱标内容应完整、明确。只有唱出的价格优惠才是合法、有效的。唱标及记录人员不得将投标内容遗漏不唱或不记。

既然开标是公开进行的，就应当有一定的相关人员参加，这样才能做到公开，让投标为各投标人及有关方面所共知。一般情况下，开标由招标人主持，在招标人委托招标代理机构代理招标时，开标也可由该代理机构主持。主持人按照规定的程序负责开标的全过程，其他开标工作人员办理开标作业及制作记录等事项。邀请所有的投标人或其代表出席开标，可以使投标人得以了解开标是否依法进行，有助于使他们相信招标人不会随意做出不适当的决定；同时，也可以使投标人了解其他投标人的投标情况，做到知己知彼，从而能够大致衡量出自己中标的可能性，这对招标人的中标决定也将起到一定的监督作用。此外，为了保证开标的公正性，一般还邀请相关单位的代表参加，如招标项目主管部门的人员，监察部门代表等。有些招标项目，招标人还可以委托公证部门的公证人员对整个开标过程依法进行公证。

4.1.2 标前工作

(1) 招标代理机构落实投标单位及查询保证金，及时向招标人汇报情况(提前一天完成)，对未缴纳保证金的供应商及时进行保证金催缴，并随时查询；如果需要进行资格审查，那么要提前通知招标人及投标单位，告知资格审查的时间及所需资料，只有三家投标单位时更要注意。报名截止后招标代理机构要整理好报名登记表，如需网上报名的项目，网上报名单位需与实际领取文件的单位相对照。

(2) 准备开标表格及物资。包括准备电脑、打印机、打印纸、签字笔、纸杯、信封、印台、绳子、刀子、插排、招标文件、清单、控制价、图纸、开标所需表格及供应商资格审查资料、电源线、U盘、计算器、水、现金、摄像机、投影仪等，开标表格要严格按照开标项目招标文件评标办法规定的格式制作，做完之后检查一遍，发给同事互审。

(3) 录入项目信息，抽取评委。提前半天抽取，企业项目需提前半天通知评审专家，录入项目信息时规避单位，含投标单位、招标人、论证专家、联合体投标成员。

(4) 工作计划每周都要通报，请大家及时关注并对项目名称及开标时间等信息做好登记。开标之前互相提醒，准备充分。

(5) 核对单位名称。单位名称是否简写，与公章、营业执照中的单位名称是否相符。

(6) 借钥匙。在公司开标时，去办公室借开、评标室钥匙，对于政府采购项目借政府采购交易部钥匙(需提前半天落实好钥匙所在地)。

4.1.3　开标过程

1. 分工

分工明确，开标过程需明确自己需要做什么，按照程序有条不紊地进行。(项目负责人负责统筹管理开、评标现场程序，操作人员负责电脑的操作，工作人员负责为评委收、发投标文件(多标段)，收、发打分表格，唱标一览表中数据与投标文件正本核对、核算评委打分及所有打分表格分数，澄清答疑，二轮报价时负责通知投标单位进入评标室及表格签字确认是否盖章，为评委添茶倒水等)

开评标室需将物资摆放好。开标室的相关物料有：供应商签到表、投标文件递交记录表、开标会议程序、验标记录表、唱标一览表、刀子，并由专人负责供应商的签到及标书摆放；如有资格审查，需将审查表给投标单位后，另将其表格中供应商的基本资料填写完整并根据表格内容、顺序将资料准备齐全进行审查。评标室的相关物料有：专家签到表、抽取表、评标委员会组长推举表、招标文件、签字笔、白纸、电脑、连接好的打印机，如有现场演示的项目需提早将投影仪接好。提前 10～20 分钟将水烧开，打开空调，评委入座后组织其签到并将手机、身份证或专家证收起来，手机统一存放保管，证件需复印留存。

2. 衣着

开标现场衣着需统一工装，无工装时需着正装。

3. 介绍主要与会人员

主要与会人员包括到会的招标人代表、招标代理机构代表、各投标人代表、公证机构公证人员、见证人员及监督人员等。

4. 开标会纪律

主持人宣布开标会程序、开标会纪律和当场废标的条件，开标会纪律一般包括：场内严禁吸烟；凡与开标无关人员不得进入开标会场；参加会议的所有人员应关闭手机；开标期间不得高声喧哗；投标人代表有疑问应举手发言；参加会议人员未经主持人同意不得在场内随意走动。

投标文件逾期送达的或未送达指定地点的、未按招标文件要求密封的，应当场宣布为废标。

5. 核对投标人授权代表的相关资料

核对投标人授权代表的身份证件、授权委托书及出席开标会人数。

招标人代表出示法定代表人委托书和有效身份证件，同时招标人代表当众核查投标人的授权代表的授权委托书和有效身份证件，确认授权代表的有效性，并留存授权委托书和身份证件的复印件；法定代表人出席开标会的要出示其有效证件。主持人还应当核查各投标人出席开标会代表的人数，无关人员应当退场。

6. 招标人领导发言

有此项安排的招标人领导发言，按正常流程邀请发言即可。

7. 投标人确认

主持人介绍招标文件、补充文件或答疑文件的组成和发放情况，投标人确认。主要介绍招标文件组成部分、发标时间、答疑时间、补充文件或答疑文件组成、发放和签收情况。可以同时强调主要条款和招标文件中的实质性要求。

8. 宣布投标文件截止和实际送达时间

宣布招标文件规定的递交投标文件的截止时间和各投标单位实际送达时间。在截标时间后送达的投标文件应当场废标。

9. 代表共同检查各投标书密封情况

招标人和投标人的代表(或公证机关)共同检查各投标书密封情况。

密封不符合招标文件要求的投标文件应当场废标，不得进入评标。密封不符合招标文件要求的，招标人应当通知招标办监管人员到场见证。

10. 主持人宣布开标和唱标次序

一般按投标书送达时间的早晚，逆顺序开标、唱标，即送达标书最早的投标单位，最后被唱标。

开标由指定的开标人在监督人员及与会代表的监督下当众拆封，拆封后应当检查投标文件组成情况并记入开标会记录，开标人应将投标书和投标书附件以及招标文件中可能规定需要唱标的其他文件交唱标人进行唱标。

唱标内容一般包括：投标报价、工期和质量标准、质量奖项等方面的承诺、替代方案报价、投标保证金、主要人员等，在递交投标文件截止时间前收到的投标人对投标文件的补充、修改，在递交投标文件截止时间前收到投标人撤回其投标的书面通知的投标文件不再唱标，但须在开标会上说明。

11. 开标会记录签字确认

开标会记录应当如实记录开标过程中的重要事项，包括开标时间、开标地点、出席开标会的各单位及人员、唱标记录、开标会程序、开标过程中出现的需要评标委员会评审的情况，有公证机构出席公证的还应记录公证结果，投标人的授权代表应当在开标会记录上签字确认，投标人对开标有异议的，应当在开标现场提出，招标人应当场作出答复，并制作记录。投标人基于开标现场事项质疑或投诉的，应当先行提出异议。

12. 公布标底

招标人设有标底的，标底必须公布，由唱标人公布标底。

13. 送封闭评标区封存并宣布开标会结束

投标文件、开标会记录等送封闭评标区封存。实行工程量清单招标的，招标文件约定在评标前先进行清标工作的，封存投标文件正本，副本可用于清标工作。与此同时，主持人可宣布开标会结束。

4.2　开标注意事项

招标人在招标文件要求提交投标文件的截止时间前收到的所有投标文件，开标时都应当众拆封，不能遗漏，否则就构成对投标人的不公正对待。如果是招标文件所要求的提交投标文件的截止时间以后收到的投标文件，则应不予开启，原封不动地退回。按照《招标投标法》的规定，对于截止时间以后收到的投标文件应当拒收。如果对于截止时间以后收到的投标文件也进行开标的话，则有可能造成舞弊行为，不仅造成不公正，而且也是一种违法行为。

开标过程应当记录，并存档备查。这是保证开标过程透明和公正，维护投标人利益的必要措施。要求对开标过程进行记录，可以使权益受到侵害的投标人行使要求复查的权利，有利于确保招标人尽可能自我完善，加强管理，少出漏洞。此外，还有助于有关行政主管部门进行检查。对开标过程进行记录，要求对开标过程中的重要事项进行记载，包括开标时间、开标地点、开标时具体参加单位、人员、唱标的内容、开标过程是否经过公证等。记录以后，应当作为档案保存起来，以备查询。

任何投标人要求查询，都应当允许。对开标过程进行记录、存档备查，是国际上的通行做法，《联合国公共采购示范法》《世界银行采购指南》《亚洲开发银行贷款采购准则》(简称《亚行采购准则》)以及瑞士和美国的有关法律都对此作了规定。

4.2.1　开标会议

1. 组织开标

采购人或采购代理机构应当在投标截止时间的同一时间和招标文件规定的开标地点组织公开开标。应邀请所有投标人参加开标会议，也可邀请纪律检查机关和审计部门的人员到场进行检查监督。

投标人不参加开标，将被视为其放弃对开标活动和开标记录行使确认和监督的权利。一般招标不强制要求所有投标人派代表参加，但是在装备采购中会要求所有投标人代表参加开标，具体应执行招标文件的规定。

2. 开标签字

投标人代表在开标记录上签字确认不是强制性要求。投标人未派代表出席的，视为其认同记录内容。

3. 错误及更正

唱标过程中如果投标文件中的报价出现算术错误，按照以下方法更正：

(1) 开标唱读内容与投标文件不一致的，均以公开唱标为准。

(2) 投标文件的大小写金额不一致的，以大写金额为准。

(3) 总价金额与单价汇总金额不一致的，以单价金额计算结果为准。

(4) 单价金额小数点有明显错位的，应以总价为准，并修改单价。

(5) 未宣读的投标价格评标时不予承认，对不同语言文本投标文件的解释发生异议的，以中文文本为准。唱标时出现的异常情况，应交由项目评标委员会评定。

4.2.2　开标异议处理

投标人对开标有异议的，应当场提出，采购人应当场核实并予以答复，如发生工作人员或其他失误，应当场纠正。采购人及监管机构代表等不应在开标现场对投标文件是否有效作出判断，应提交评标委员会评定。开标会议应全程录音录像，音像资料应当清晰可辨，并作为采购文件一并存档。

4.2.3　开标时间

1. 事先确定

开标时间应当在提供给每一个投标人的招标文件中事先确定，以使每个投标人都能事先知道开标的准确时间，以便准时参加，确保开标过程的公开、透明。

2. 时间一致

开标时间应与提交投标文件的截止时间相一致。将开标时间规定为提交投标文件截止时间的同一时间，目的是防止招标人或者投标人利用提交投标文件的截止时间以后与开标时间之前的一段时间间隔做手脚，进行暗箱操作。比如，有些投标人可能会利用这段时间与招标人或招标代理机构串通，对投标文件的实质性内容进行更改等。关于开标的具体时间，实践中可能会有两种情况，如果开标地点与接受投标文件的地点相一致，则开标时间与提交投标文件的截止时间应一致；如果开标地点与提交投标文件的地点不一致，则开标时间与提交投标文件的截止时间应有一合理的间隔。关于开标时间的规定，与国际通行做法大体是一致的。如《联合国公共采购示范法》规定，开标时间应为招标文件中规定作为投标截止日期的时间。《世界银行采购指南》规定，开标时间应该和招标通告中规定的截标时间相一致或随后马上宣布。其中"马上"的含义可理解为需留出合理的时间把投标书运到公开开标的地点。

3. 开标公开进行

所谓公开进行，就是开标活动都应当向所有提交投标文件的投标人公开。应当使所有提交投标文件的投标人到场参加开标。通过公开开标，投标人可以发现竞争对手的优势和劣势，可以判断自己中标的可能性大小，以决定下一步应采取什么行动。法律这样规定，是为了保护投标人的合法权益。只有公开开标，才能体现和维护公开透明、公平公正的原则。

4.2.4　开标地点

为了使所有投标人都能事先知道开标地点，并能够按时到达，开标地点应当在招标文件中事先确定，以便使每一个投标人都能事先为参加开标活动做好充分的准备，如根据情况选择适当的交通工具，并提前做好机票、车票的预订工作等。招标人如果确有特殊原因，需要变动开标地点，则应当按照《招标投标法》第二十三条的规定对招标文件作出修改，作为招标文件的补充文件，书面通知每一个提交投标文件的投标人。

4.2.5　如何开标

开标应当在招标文件确定的提交投标文件截止时间的同一时间公开进行；开标地点应当为招标文件中预先确定的地点。开标由招标人主持，邀请所有投标人参加。

开标时，由投标人或者其推选的代表检查投标文件的密封情况，也可以由招标人委托的公证机构检查并公证；经确认无误后，由工作人员当众拆封，宣读投标人名称、投标价格和投标文件的其他主要内容。

招标人在招标文件要求提交投标文件的截止时间前收到的所有投标文件，开标时都应当众予以拆封、宣读，开标过程应当记录，并存档备查。

4.3　评标基本原则

评标是指评标委员会和招标人依据招标文件规定的评标标准和方法对投标文件进行审查、评审和比较的行为。评标是招标投标活动中十分重要的阶段，评标是否真正做到公开、公平、公正，决定着整个招投标活动是否公平和公正；评标的质量决定着能否从众多投标竞争者中选出最能满足招标项目各项要求的中标者。

4.3.1　法律规定

《招标投标法》第五条规定，招标投标活动应当遵循公开、公平、公正和诚实信用的原则。《评标委员会和评标方法暂行规定》第三条规定，评标活动遵循公平、公正、科学、择优的原则。第十七条规定，招标文件中规定的评标标准和评标方法应当合理，不得含有倾向或者排斥潜在投标人的内容，不得妨碍或者限制投标人之间的竞争。为了体现公平和公正的原则，招标人和招标代理机构应在制作招标文件时，依法选择科学的评标方法和标准；招标人应依法组建合格的评标委员会；评标委员会应依法评审所有投标文件，择优推荐中标候选人。

4.3.2　严格保密

《招标投标法》第三十八条规定，招标人应当采取必要的措施，保证评标在严格保密的情况下进行。严格保密的措施涉及多方面，包括：评标地点保密；评标委员会成员的名单在中标结果确定之前保密；评标委员会成员在封闭状态下开展评标工作，评标期间不得与外界有任何接触，对评标情况承担保密义务；招标人、招标代理机构或相关主管部门等参与评标现场工作的人员，均应承担保密义务。

4.3.3　独立评审

《招标投标法》第三十八条规定，任何单位和个人不得非法干预、影响评标的过程和结果。《招标投标法实施条例》第四十八条规定，招标人应当向评标委员会提供评标所必需的信息，但不得明示或者暗示其倾向或者排斥特定投标人。评标是评标委员会受招标人委托，由评标委员会成员依法运用其知识和技能，根据法律规定和招标文件的要求，独立对所有投标文件进行评审和比较，以评标委员会的名义出具评标报告，推荐中标候选人的活动。评标委员会虽然由招标人组建并受其委托评标，但是，一经组建并开始评标工作，评标委员会即应依法独立开展评审工作。不论是招标人，还是有关主管部门，均不得非法干预、影响或改变评标过程和结果。

4.3.4　*严格遵守评标方法*

《招标投标法》第四十条规定，评标委员会应当按照招标文件确定的评标标准和方法，对投标文件进行评审和比较；设有标底的，应当参考标底。《招标投标法实施条例》第四十九条规定，评标委员会成员应当依照招标投标法和本条例的规定，按照招标文件规定的评标标准和方法，客观、公正地对投标文件提出评审意见。招标文件没有规定的评标标准和方法不得作为评标的依据。

评标方法按照定标所采用的排序依据，可以分为四类，即分值评审法(以分值排序，包括综合评分法、性价比法)、综合评议法(以总体优劣排序)、价格评审法(以价格排序，包括价分比法、最低投标价法、最低评标价法等)、分步评审法(先以技术分和商务分为衡量标准确定入围的投标人，再以他们的报价排序)。具体如下：

综合评分法：是指在满足招标文件实质性要求的条件下，依据招标文件中规定的各项因素进行综合评审，以评审总得分最高的投标人作为中标(候选)人的评标方法。

性价比法：是指在满足招标文件实质性要求的条件下，依据招标文件中规定的除价格以外的各项因素进行综合评审，以所得总分除以该投标人的投标报价，所得商数(评标总得分)最高的投标人为中标(候选)人的评标方法。

综合评议法：是指在满足招标文件实质性要求的条件下，评委依据招标文件规定的评审因素进行定性评议，从而确定中标(候选)人的评审方法。

价分比法：是指在满足招标文件实质性要求的条件下，依据招标文件中规定的除价格以外的各项因素进行综合评审，以该投标人的投标报价除以所得总分，所得商数(评标价)最低的投标人为中标(候选)人的评标方法。

最低投标价法：是指在满足招标文件实质性要求的条件下，投标报价最低的投标人作为中标(候选)人的评审方法。经评审的最低投标价法：是指在满足招标文件实质性要求的条件下，评委对投标报价以外的价值因素进行量化并折算成相应的价格，再与报价合并计算得到折算投标价，从中确定折算投标价最低的投标人作为中标(候选)人的评审方法。

最低评标价法：是指在满足招标文件实质性要求的条件下，评委对投标报价以外的商务因素、技术因素进行量化并折算成相应的价格，再与报价合并计算得到评标价，从中确定评标价最低的投标人作为中标(候选)人的评审方法。

4.3.5　评标标准

评标标准一般包括价格标准和价格标准以外的其他有关标准(又称非价格标准)，以及如何运用这些标准来确定中选的投标。价格标准好理解，就是能以货币单位直接表现的内容，比如设备单价等。通常来说，在货物评标时，价格标准主要有运费和保险费、付款计划、交货期、运营成本、货物的有效性和配套、零配件和服务的供给能力、相关的培训、安全性和环境效益等。在服务评标时，非价格标准主要有投标人及参与提供服务的人员的资格、经验、信誉、可靠性、专业和管理能力等。在工程评标时，非价格标准主要有工期、质量、施工人员和管理人员的素质、以往的经验等。非价格标准应尽可能客观和定量化，并按货币额表示，或规定相对的权重(即系数或得分)。

4.4　监督部门审查

4.4.1　开评标监督部门权利

《国家重大建设项目招标投标监督暂行办法》第十条规定：稽察人员对国家重大建设项目贯彻执行国家有关招标投标的法律、法规、规章和政策情况以及招标投标活动进行监督检查，履行下列职责：

(1) 监督检查招标投标当事人和其他行政监督部门有关招标投标的行为是否符合法律、法规规定的权限、程序。

(2) 监督检查招标投标的有关文件、资料，对其合法性、真实性进行核实。

(3) 监督检查资格预审、开标、评标、定标过程是否合法以及是否符合招标文件、资格预审文件规定，并可进行相关的调查核实。

(4) 监督检查招标投标结果的执行情况。

4.4.2　交易监督制度

各行政监督部门行使本部门对公共资源交易活动的监督管理职责，对交易活动履行监督管理、受理投诉，对违反法律法规的行为进行处理和处罚。

交易平台运行服务机构工作人员负责维护交易场所秩序，运用电子监控手段适时记录交易现场音像实况，配合行政监督部门和公共资源交易管理委员会办公室现场监督管理、受理、移送并协助行政主管部门和公共资源交易管理委员会办公室查处交易现场问题及其他违反交易现场管理制度的行为。

现场监督人员实行凭证上岗，参加现场监督时，须持有交易平台运行服务机构制作的现场监督证，现场监督应采用视频、音频等电子化监管方式。

1. 现场监督人员的主要职责

监督开标时间、地点和程序是否符合招标文件的规定；监督评标委员会是否符合招标文件和法律、法规的规定，是否遵守评标纪律，有无影响独立公正履职的行为；负责协调处理突发和应急事件，并及时请示上报；监督参与交易活动的人员是否廉洁自律、遵守工作纪律，是否客观公正履行自己的职责，并对发现的违法违纪行为进行及时上报；现场其他人员是否存在影响评标活动的行为；其他需要监督的有关事项。

2. 开标监督

开标应在规定地点和时间按招标文件规定的程序进行。投标人对开标过程有异议的，招标人应现场解答。开标现场的监督人员应在监督席就位，对开标过程，资料的密封和移送进行全程监督，对现场的违法违规行为进行制止，并做好工作记录。

3. 专家抽取监督

招标人应在开标前按招标文件要求随机抽取评标专家，组建评标委员会。评标专家应在规定的时间内到达指定地点，将随身物品及通信工具存入指定地点，按照身份认证系统的指令进入评标室，不得随意与外人接触。

4. 评标监督

现场监督人员应在指定席位就座，宣布评标纪律以及评标专家应注意的事项。

5. 现场监督人员的工作纪律

不得对评标工作发表任何倾向性意见、不得向专家评委明示或者暗示自己的意见及其他干预评标工作的行为；不得向外透露对投标文件的评标、比较和中标候选人推荐情况以及有关评标情况及其他信息；不得擅自离开电子监督室；不得私自记录、复制、销毁或带走任何评标资料；不得私下接触投标人，接受利害关系人的财物，宴请或其他好处等。

6. 对评标现场发生的突发事件的处理

招标人、现场监督人员应当依法迅速作出应对处理，尽量保障交易项目评标工作顺利进行。不影响交易结果公开、公平、公正的，可以继续开展评审活动；存在影响交易结果公开、公平、公正的，应暂停评审活动，封存相关文件和资料，做好书面记录，写明暂停评审的原因，在场有关人员签字，并及时报告。

7. 评标结束活动

现场监督人员应按要求填写公共资源交易项目评审活动评价表，对本次活动进行记录及评价。

4.5　公证部门公证

招投标公证，是指公证机关根据招标方的申请，对于招标方、投标方及评标委员会在招标、投标、开标、评标过程中所有行为的真实性与合法性予以证明的活动。它体现了国家对招投标活动的法律监督，其目的在于确保整个招投标活动严格依法进行，保护当事人合法权益，维护社会经济秩序。一般来说，招标方应当在招标公告或招标邀请发出之前向公证机关提出申请；特殊情况下的申请时间不得迟于投标程序的开始时间。

随着我国经济体制改革与市场经济的发展，为促进竞争，形成良好的经济秩序，招标在城建、科研、机电设备引进、工业企业租赁经营等部门和行业中已广泛开展。对招标活动进行公证是完善招标体制，使之纳入社会主义法治轨道的一个重要措施。为此，司法部于 1992 年 10 月发布实施了《招标投标公证程序细则》，使公证机构在依法开展此项业务时，有章可循，在操作程序上也更加规范和严谨，以免公证监督流于形式。

4.5.1　招标、开标、评标公证程序

招标项目确定后，在招标文件公告前，由采购代理机构向公证处提出招标公证申请，公证处据此对需采购的招标项目进行公证。

采购代理机构提出公证申请后，填写公证处提供的有关表格，向公证处提交有关文件，办理公证手续。

公证处对招标文件进行审查，确认符合法律及有关规定后，采购代理机构方可向社会发布公告及出售招标文件。

采购代理机构须在开标日期前两日将确定的具体开标、评标日期及地点通知公证处。公证处指派两名以上公证员在开标时间前到达开标现场，作好公证前期的准备工作；公证员对整个开标、评标过程进行公证监督，在评标结束后，当场宣布开标、评标公证词；开标、评标过程合法，公证处应在评标结束后 5 个工作日内出具对招标、开标、评标现场公证的正式公证书。

4.5.2　采购合同及公证

1. 合同公证程序

中标的供应方持采购代理机构签发的中标(或成交)通知书、合同等材料到公证处办理政府采购合同公证；公证处对政府采购合同进行审查，经审查符合条件的，通知采购单位与供应方提供有关文件和材料；采、供双方确认签订合同日期后，双方到公证处或由公证处派公证员在确定的时间和地点在采、供双方人员参与下，对政府采购合同进行公证。

2. 采购单位应提供的文件

公证申请表、授权委托书(由公证处提供)；经办人员身份证及复印件；公证员认为需提供的其他有关材料。

3. 中标供应方应提供的文件

营业执照、纳税登记证、法定代表人证、相关资质证书(均需原件)；合同一式四份；公证申请表、授权委托书(由公证处提供)；经办人员身份证及复印件；公证员认为需提供的其他有关材料。

4. 采购代理机构应提供的文件

采购代理机构应提供的文件有，招标文件、中标(或成交)通知书、公证申请表、授权

委托书(由公证处提供)、公证员认为需提供的其他材料。

4.6　开标案例

❖ 案例一

1. 案情

某办公楼的招标人于 2000 年 10 月 11 日向具备承担该项目能力的 A、B、C、D、E 五家承包商发出投标邀请书,同时说明,10 月 17～18 日 9 时至 16 时在该招标人总工程师室领取招标文件,11 月 8 日 14 时为投标截止时间。五家承包商均接受邀请,并按规定时间提交了投标文件。但承包商 A 在送出投标文件后发现报价估算有较严重的失误,遂赶在投标截止时间前 10 分钟递交了一份书面声明,撤回已提交的投标文件。

开标时,由招标人委托的市公证处人员检查投标文件的密封情况,确认无误后。由工作人员当众拆封。由于承包商 A 已撤回投标文件,故招标人宣布有 B、C、D、E 四家承包商投标,并宣读四家承包商的投标价格、工期和其他主要内容。

评标委员会委员由招标人直接确定,共由 7 人组成,其中招标人代表 2 人,本系统技术专家 2 人、经济专家 1 人,外系统技术专家 1 人、经济专家 1 人。

在评标过程中,评标委员会要求 B、D 两投标人分别对其施工方案作详细说明,并对若干技术要点和难点提出问题,要求其提出具体、可靠的实施措施。作为评标委员的招标人代表希望承包商 B 再适当考虑一下降低报价的可能性。

按照招标文件中确定的综合评标标准,4 个投标人综合得分从高到低的依次顺序为 B、D、C、E,故评标委员会确定承包商 B 为中标人。由于承包商 B 为外地企业,招标人于 11 月 10 日将中标通知书以挂号方式寄出,承包商 B 于 11 月 14 日收到中标通知书。

由于从报价情况来看,4 个投标人的报价从低到高的依次顺序为 D、C、B、E,因此,从 11 月 16 日至 12 月 11 日招标人又与承包商 B 就合同价格进行了多次谈判,结果承包商 B 将价格降到略低于承包商 C 的报价水平,最终双方于 12 月 12 日签订了书面合同。

2. 问题

(1) 从招标投标的性质看,本案例中的要约邀请、要约和承诺的具体表现是什么?

(2) 从所介绍的背景资料来看,在该项目的招标投标程序中在哪些方面不符合《招标投标法》的有关规定?请逐一说明。

3. 分析

本案例考核招标投标程序从发出投标邀请书到中标之间的若干问题,主要涉及招标投标的性质、投标文件的递交和撤回、投标文件的拆封和宣读、评标委员会的组成及其确定、在评标过程中评标委员的行为、中标人的确定、中标通知书的生效时间、中标通知书发出后招标人的行为以及招标人和投标人订立书面合同的时间等。要求根据《招标投标法》和其他有关法律、法规的规定,正确分析本工程招标投标过程中存在的问题。因此,在答题时，要根据本案例背景给定的条件回答，不仅要指出错误之处，而且要说明原因。为使条理清晰，应按答题要求逐一说明，而不要笼统作答。

其中，特别要注意中标通知书的生效时间。从招标投标的性质来看，招标公告或投标邀请书是要约邀请，投标文件是要约，中标通知书是承诺。按《合同法》第二十条规定，承诺通知到达要约人时生效，这就是承诺生效的"到达主义"。然而，中标通知书作为《招标投标法》规定的承诺行为，与《合同法》规定的一般性承诺不同，它的生效不是采取"到达主义"，而是采取"投邮主义"，即，中标通知书一经发出就生效，就对招标人和投标人产生约束力。

还要注意中标人的确定。一般而言，评标委员会的工作是评标，其结果是推荐一至三人的中标候选人，并标明排列顺序；而定标是招标人的权力，按规定应在评标委员会推荐的中标候选人内确定中标人。但是，《招标投标法》规定，招标人也可以授权评标委员会直接确定中标人。

4. 处理

问题(1)：

在本案例中，要约邀请是招标人的投标邀请书，要约是投标人的投标文件，承诺是招标人发出的中标通知书。

问题(2)：

该项目招标投标程序中在以下几方面不符合《招标投标法》的有关规定，分述如下：

① 招标人不应仅宣布四家承包商参加投标。《招标投标法》规定：招标人在招标文件要求提交投标文件的截止时间前收到的所有投标文件，开标时都应当当众拆封、宣读。这一规定是比较模糊的，仅按字面理解，已撤回的投标文件也应当宣读，但这显然与有关撤回投标文件的规定的初衷不符。按国际惯例，虽然承包商 A 在投标截止时间前已撤回投标文件，但仍应作为投标人宣读其名称，而不宣读其投标文件的其他内容。

② 评标委员会委员不应全部由招标人直接确定。按规定，评标委员会中的技术、经济专家，一般由招标人通过在国务院有关部门或者省、自治区、直辖市人民政府有关部门提供的专家名册或者招标代理机构的专家库内的相关专业的专家库中随机抽取的方式确定，特殊招标项目可以由招标人直接确定。本项目显然属于一般招标项目。

③ 评标过程中不应要求承包商考虑降价问题。按规定，评标委员会可以要求投标人对投标文件中含义不明确的内容作必要的澄清或者说明，但是澄清或者说明不得超出投标文件的范围或者改变投标文件的实质性内容；在确定中标人前，招标人不得与投标人就投标价格、投标方案的实质性内容进行谈判。

④ 中标通知书发出后，招标人不应与中标人就价格进行谈判。按规定，招标人和中标人应按照招标文件和投标文件订立书面合同，不得再行订立背离合同实质性内容的其他协议。

⑤ 订立书面合同的时间过迟。按规定，招标人和中标人应当自中标通知书发出之日(不是中标人收到中标通知书之日)起30日内订立书面合同，而本案例为32日。

⑥ 对评标委员会确定承包商 B 为中标人要进行分析。如果招标人授权评标委员会直接确定中标人，由评标委员会定标是对的，否则，就是错误的。

❖ 案例二

1. 案情

某市越江隧道工程全部由政府投资。该项目为该市建设规划的重要项目之一，且已列入地方年度固定资产投资计划，设计预算已经主管部门批准，施工图及有关技术资料齐全。该项目拟采用 BOT 方式建设，市政府正在与有意向的 BOT 项目公司洽谈。为赶工期政府方决定对该项目进行施工招标。因估计除本市施工企业参加投标外，还可能有外省市施工企业参加投标，故招标人委托招标单位编制了两个标底，准备分别用于对本市和外省市施工企业投标价的评定。招标过程中，招标人对投标人就招标文件所提出的所有问题统一作了书面答复，并以备忘录的形式分发给各投标人，为简明起见，采用表格形式如表 4-1 所示。

表 4-1 质疑答复备忘录

序号	问题	提问单位	提问时间	答复
1				
...				
n				

在书面答复投标人的提问后，招标人组织各投标人进行了施工现场踏勘。在投标截止日期前 10 天，招标人书面通知各投标人，由于市政府有关部门已从当天开始取消所有市内交通项目的收费，因此决定将收费站工程从原招标范围内删除。

2. 问题

(1) 该项目的标底应采用什么方法编制？简述其理由。
(2) 该项目施工招标在哪些方面存在问题或不当之处？请逐一说明。
(3) 如果在评标过程中才决定删除收费站工程，应如何处理？

3. 分析

本案例考核建设工程施工招标的主体及施工招标在开标(投标截止日期)之前的有关问题，主要涉及招标方式的选择、招标需具备的条件、招标程序、标底编制的依据等。

需要特别说明的是，根据《招标投标法》的规定，在确定中标人前，招标人不得与投标人就投标价格、投标方案的实质性内容进行谈判。但这一规定是有前提的(《招标投标法》未明示)，即招标工程的内容、范围、标准未发生变化。如果这些方面发生了变化，价格当然要变化。这一点同样适用于中标通知书发出后。

4. 处理

问题(1)：
由于该项目的施工图及有关技术资料齐全，因而其标底可采用单价法进行编制。
问题(2)：
该项目施工招标存在 5 方面问题(或不当之处)，分述如下。

① 本项目尚处在与 BOT 项目公司谈判阶段，项目的实际投资、建设、运营管理方或实质的招标人未确定，说明资金尚未落实。项目施工招标人应该是政府通过合法的程序选择的实际投资、建设、运营管理方，政府方对项目施工招标有监督的权利。因而不具备施工招标的必要条件，尚不能进行施工招标。

② 不应编制两个标底，因为根据规定，一个工程只能编制一个标底，不能对不同的投标单位采用不同的标底进行评标。

③ 招标人对投标人的提问只能针对具体问题作出明确答复，但不应提及具体的提问单位(投标人)，也不必提及提问的时间(这一点可不答)，因为按《招标投标法》规定，招标人不得向他人透露已获取招标文件的潜在投标人的名称、数量以及可能影响公平竞争的有关招标投标的其他情况。

④ 根据《招标投标法》的规定，若招标人需改变招标范围或变更招标文件，应在投标截止日期至少 15 天(而不是 10 天)前以书面形式通知所有招标文件收受人；若迟于这一时限发出变更招标文件的通知，则应将原定的投标截止日期适当延长，以便投标单位有足够的时间充分考虑这种变更对报价的影响，并将其在投标文件中反映出来，本案例背景资料未说明投标截止日期已相应延长。

⑤ 现场踏勘应安排在书面答复投标单位提问之前，因为投标人对施工现场条件也可能提出问题。

问题(3):

如果在评标过程中才决定删除收费站工程，则在对投标报价的评审中，应将各投标人的总报价减去其收费站工程的报价后再按原定的评标方法和标准进行评审；而在对技术标等其他评审中，应将所有与收费站相关评分因素的评分去掉后再进行评审。

❖ 案例三

1. 案情

某承包商通过资格预审后，对招标文件进行了仔细分析，发现业主所提出的工期要求过于苛刻，且合同条款中规定每拖延 1 天工期处合同价的 1‰的罚金。若要保证实现该工期要求，必须采取特殊措施，从而大大增加了成本；还发现原设计结构方案采用框架剪力墙体系过于保守。因此，该承包商在投标文件中说明业主的工期要求难以实现，因而在工期方面按自己认为的合理工期(比业主要求的工期增加 6 个月)编制施工进度计划并据此报价；还建议将框架剪力墙体系改为框架体系，并对这两种结构体系进行了技术经济分析和比较，证明框架体系不仅能保证工程结构的可靠性和安全性、增加使用面积、提高空间利用的灵活性，而且可降低造价约 3%。

该承包商将技术标和商务标分别封装，在封口处加盖本单位公章，并经项目经理签字后，在投标截止日期前 1 天上午将投标文件报送业主。次日(即投标截止日当天)下午，在规定的开标时间前 1 小时，该承包商又递交了一份补充材料，其中声明将原报价降低 4%。

但是，招标单位的有关工作人员认为，根据国际上"一标一投"的惯例，一个承包商不得递交两份投标文件，因而拒收承包商的补充材料。

开标会由市招投标办的工作人员主持，市公证处有关人员到会，各投标单位代表均到场。开标前，市公证处人员对各投标单位的资质进行审查，并对所有投标文件进行审查，确认所有投标文件均有效后，正式开标。主持人宣读投标单位名称、投标价格、投标工期和有关投标文件的重要说明。

2. 问题

(1) 该承包商运用了哪几种报价技巧？其运用是否得当？请逐一说明。

(2) 招标人对投标人进行资格预审应包括哪些内容？

(3) 从所介绍的背景资料来看，在该项目招标程序中存在哪些问题？请分别简单说明。

3. 分析

本案例主要考核承包商报价技巧的运用，涉及多方案报价法，增加建议方案法和突然降价法，还涉及招标程序中的一些问题。多方案报价法和增加建议方案法都是针对业主的，是承包商发挥自己技术优势、取得业主信任和好感的有效方法。运用这两种报价技巧的前提均是必须对原招标文件中的有关内容和规定报价，否则，即被认为对招标文件未作出"实质性响应"，而被视为废标。突然降价法是针对竞争对手的，其运用的关键在于突然性，且需保证降价幅度在自己的承受能力范围之内。

本案例关于招标程序的问题仅涉及资格预审的内容和时间、投标文件的有效性和合法性、开标会的主持、公证处人员在开标时的作用。这些问题都应按照《招标投标法》和有关法规的规定回答。

4. 处理

问题(1)：

该承包商运用了三种报价技巧，即多方案报价法、增加建议方案法和突然降价法。

多方案报价法运用不当，因为运用该报价技巧时，必须对原方案(本案例指业主的工期要求)报价，而该承包商在投标时仅说明了该工期要求难以实现，却并未报出相应的投标价。

增加建议方案法运用得当，通过对两个结构体系方案的技术经济分析和比较(这意味着对两个方案均报了价)，论证了建议方案(框架体系)的技术可行性和经济合理性，对业主有很强的说服力。

突然降价法运用得当，原投标文件的递交时间比规定的投标截止时间仅提前1天多，这既是符合常理的，又为竞争对手调整、确定最终报价留有一定的时间，起到了迷惑竞争对手的作用。若提前时间太多，会引起竞争对手的怀疑，而在开标前1小时突然递交一份补充文件，这时竞争对手已不可能再调整报价了。

问题(2)：

招标人对投标人进行资格预审应包括以下内容：投标人组织与机构和企业概况、企业资质等级、企业质量安全环保认证、近3年完成工程的情况、目前正在履行的合同情况、资源方面，如财务、管理、技术、劳力、设备等方面的情况；其他资料(如各种奖励或处罚材料等)。

问题(3)：

该项目招标程序中存在以下问题：

① 招标单位的有关工作人员不应拒收承包商的补充文件，因为承包商在投标截止时间之前所递交的任何正式书面文件都是有效文件，都是投标文件的有效组成部分，也就是说，补充文件与原投标文件共同构成一份投标文件，而不是两份相互独立的投标文件。

② 根据《招标投标法》，应由招标人(招标单位)主持开标会，并宣读投标单位名称、投标价格等内容，而不应由市招投标办工作人员主持和宣读。

③ 资格审查应在投标之前进行(背景资料说明了承包商已通过资格预审)，公证处人员无权对承包商资格进行审查，其到场的作用在于确认开标的公正性和合法性(包括投标文件的合法性)。

④ 公证处人员确认所有投标文件均为有效标书是错误的，因为该承包商的投标文件仅有投标单位的公章和项目经理的签字，而无法定代表人或其代理人的签字或盖章，应作为废标处理。

4.7　开标模拟演练实训

4.7.1　模拟演练目的

通过招标投标模拟演练，使学生对工程招投标的全部过程有较全面的认识，初步了解招投标全过程的工作程序，基本掌握工程投标决策方法以及工程询价、报价的技巧，能比较完整的编制工程招标、投标文件、施工合同文件以及工程招投标过程中所需要的其他文件，增强学生对工程招投标工作的实际操作能力。

4.7.2　模拟演练程序

1. 招标模拟

按公开招标的要求，模拟业主进行招标文件的编制并设立招标小组，制定详细的评标办法进行模拟招标。

2. 投标模拟

模拟投标人进行投标竞标。要求每 3～4 人为一组，由指导教师选定一份招标书作为该组编写投标文件的依据；在编制投标书之前要认真研究招标文件，尤其是评标细则，并进行施工现场考察，分析施工条件；认真填写招标文件所附的各种投标表格，尤其是需要签章的，一定要按要求完成，否则有可能会因此导致废标；投标文件的封装。投标文件编写完成后要按照招标文件要求的方式进行分装、贴封、签章。

3. 开评标模拟

评标地点：工程招投标模拟中心。

每3～4人为一组，由指导教师选定7～9份投标书参加投标；一般由本标段招标文件的起草者作为招标人代表出席开标会；被选中投标书的同学在开标时以投标人的身份出席开标会；而在评标阶段则以书记员、公证员、政府监督部门的身份见证与监督评标的全过程；和课程团队教师作为评标专家，与招标人代表一同组成评标委员会(单数，5 或 7 人)参与评标。招标人代表介绍招标项目概况，指定书记员，并组织推荐评标委员会的组长，由评标组长主持开标评标工作。

4. 模拟演练总结

学生提交成果：招标文件、投标文件、评标记录、评标报告，总结报告。

指导教师总结：评价本课程设计中学生们的表现、评价招标文件、评价投标文件、点评开标与投标过程。

5. 成绩评定

课程设计中的工作态度占 30%，招标文件质量(规范性、完整性、科学性)占 30%，投标文件(有效性、规范性、完整性、精确性)占 30%，开标、评标(态度、角色的投入度)占 10%。

第五章　定 标 管 理

5.1　定标和中标人选择

在招投标项目中定标是指根据评标结果产生中标(候选)人的行为。

1. 定标途径

定标途径分为两种:

(1) 依据评分、评审结果或评审价格直接产生中标(候选)人。

(2) 经评审合格后以随机抽取的方式产生中标(候选)人,如固定低价评标法、组合低价评标法。

2. 定标模式

定标模式分为两种:

(1) 经授权,由评标委员会直接确定中标(候选)人。

(2) 未经授权,评标委员会向招标人推荐中标(候选)人。

3. 定标方法

定标时,评标委员会推荐的中标(候选)人为一至三人须排列顺序。科技项目、科研课题一般只推荐一名中标候选人。

对于法定采购项目,招标人应确定排名第一的中标候选人为中标人。若第一中标候选人放弃中标,因不可抗力提出不能履行合同,或招标文件规定应提交履约保证金而未在规定期限内提交的,招标人可以确定第二中标候选人为中标人。第二中标候选人因前述同样原因不能签订合同的,招标人可以确定第三中标候选人为中标人。

无论采用何种定标途径、定标模式、评标方法,对于法定采购项目(依据《政府采购法》或《招标投标法》及其配套法规、规章制度规定必须招标采购的项目),招标人都不得在评标委员会依法推荐的中标候选人之外确定中标人,也不得在所有候选人被评标委员会否决后自行确定中标人,否则中标无效,招标人还会受到相应处理。对于非法定采购项目,若采用公开招标或邀请招标,那么招标人在评标委员会依法推荐的中标候选人之外确定中标人的,也将承担法律责任。评标委员会按照招标文件确定的评标标准和方法对投标文件进行评审和比较;设有标底的,应当参考标底。评标委员会完成评标后,应当向招标人提出书面评标报告,并推荐合格的中标候选人。招标人根据评标委员会提出的书面评标报告和推荐的中标候选人确定中标人。招标人也可以授权评标委员会直接确定中标人。

5.1.1 中标人概述

中标人的投标应当符合下列条件之一：

(1) 能够最大限度地满足招标文件中规定的各项综合评价标准；

(2) 能够满足招标文件的实质性要求，并且经评审的投标价格为最低价格；但是投标价格低于成本的除外。

中标人在所有的投标人中产生。投标人是响应招标、参加投标竞争的法人或者其他组织。投标人应当具备承担招标项目的能力；国家有关规定对投标人资格条件或者招标文件对投标人资格条件有规定的，投标人应当具备规定的资格条件。

5.1.2 确定中标人的办法

1. 评标委员会推荐合格中标候选人

(1) 评标委员会推荐的中标候选人应当限定在一至三人，并标明排列顺序。

(2)《机电产品国际招标投标实施办法(试行)》规定，采用最低评标价法评标的，在商务、技术条款均满足招标文件要求时，评标价格最低者为推荐中标人；采用综合评价法评标的，综合得分最高者为推荐中标人。

(3)《政府采购货物和服务招标投标管理办法》规定，中标候选供应商数量应当根据采购需要确定，但必须按顺序排列中标候选供应商。

采用最低评标价法的，按投标报价由低到高顺序排列。投标报价相同的，按技术指标优劣顺序排列。评标委员会认为，排在前面的中标候选供应商的最低投标价或者某些分项报价明显不合理或者低于成本，有可能影响商品质量和不能诚信履约的，应当要求其在规定的期限内提供书面文件予以解释说明，并提交相关证明材料；否则，评标委员会可以取消该投标人的中标候选资格，按顺序由排在后面的中标候选供应商递补，以此类推。

采用综合评分法的，按评审后得分由高到低顺序排列。得分相同的，按投标报价由低到高顺序排列；得分且投标报价均相同的，按技术指标优劣顺序排列。

采用性价比法的，按商数得分由高到低顺序排列；商数得分相同的，按投标报价由低到高顺序排列；商数得分相同且投标报价也相同的，按技术指标优劣顺序排列。

2. 招标人自行或授权评标委员会确定中标人

使用国有资金投资或者国家融资的项目，招标人应当确定排名第一的中标候选人为中标人。排名第一的中标候选人放弃中标、因不可抗力提出不能履行合同，或者招标文件规定应当提交履约保证金而在规定的期限内未能提交的，招标人可以确定排名第二的中标候选人为中标人。排名第二的中标候选人因前款规定的同样原因不能签订合同的，招标人可以确定排名第三的中标候选人为中标人。招标人可以授权评标委员会直接确定中标人。

3. 招标人确定中标人的时限要求

1)《评标委员会和评标方法暂行规定》的有关要求

评标和定标应当在投标有效期结束日 30 个工作日前完成。不能在投标有效期结束日

30 个工作日前完成评标和定标的，招标人应当通知所有投标人延长投标有效期。拒绝延长投标有效期的投标人有权收回投标保证金。同意延长投标有效期的投标人应当相应延长其投标担保的有效期，但不得修改投标文件的实质性内容。因延长投标有效期造成投标人损失的，招标人应当给予补偿，但因不可抗力需延长投标有效期的除外。

2)《政府采购货物和服务招标投标管理办法》的有关要求

采购代理机构应当在评标结束后 5 个工作日内将评标报告送采购人。采购人应当在收到评标报告后 5 个工作日内，按照评标报告中推荐的中标候选供应商顺序确定中标供应商；也可以事先授权评标委员会直接确定中标供应商。采购人自行组织招标的，应当在评标结束后 5 个工作日内确定中标供应商。

5.2 评标结果公示

5.2.1 公示内容的规定

1. 发改委的规定

2018 年 1 月 1 日开始实施的《招标公告和公示信息发布管理办法》(发改委令第 10 号)规定，中标候选人应公示以下内容：

(1) 中标候选人排序、名称、投标报价、质量、工期(交货期)，以及评标情况。

(2) 中标候选人按照招标文件要求承诺的项目负责人姓名及其相关证书名称和编号。

(3) 中标候选人响应招标文件要求的资格能力条件。

(4) 提出异议的渠道和方式。

(5) 招标文件规定公示的其他内容。

注：依法必须对招标项目的中标结果进行公示时，应当公示中标人名称，中标候选人是否公示，不做强制性规定。

2. 财政部的规定

政府采购不需要公示中标候选人，只需要公告评标结果。根据《政府采购货物和服务招标投标管理办法》，中标结果公告内容应当包括：

(1) 采购人及其委托的采购代理机构的名称、地址、联系方式。

(2) 项目名称和项目编号。

(3) 中标人名称、地址和中标金额，主要中标标的的名称、规格型号、数量、单价、服务要求。

(4) 中标公告期限以及评审专家名单。

5.2.2 公示内容模板

一份典型的中标结果公示如下。

项 目 名 称
结果公示

(代理公司名称) 受 (业主名称) 的委托，就 (项目名称) 进行公开招标，按规定程序进行了开标、评标，现就本次招标的评标结果公示如下。

一、项目名称及编号

1. 项目名称：×××

2. 招标编号：×××

二、项目概况

1. 招标范围：工程量清单及施工图纸内的全部工程

2. 建设地点：×××

3. 计划工期：××日历天

三、公示日期

公示期：××××年××月××日至××××年××月××日

四、评标信息

1. 评标日期：××××年××月××日上午×时×分

2. 评标地点：×××

五、评标结果信息

第一中标候选人：

投标报价：

第二中标候选人：

投标报价：

第三中标候选人：

投标报价：

六、发布公示的媒体

本中标公示在《中国采购与招标网》《河南招标采购综合网》、地方网站名称同时发布。

七、联系方式

1. 招标人：×××

联系人：×××(先生/女士)

联系电话：137××××1078

2. 招标代理机构：×××

联系人：×××

联系电话：×××-××××173

3. ×××公共资源交易中心

联系人：×××

联系电话：×××-××××626

　　各有关当事人对评标结果有异议的，可以在评标结果公示发布之日起三个工作日内，以书面形式向招标人和招标代理机构提出质疑(法人签字并加盖单位公章)，由法定代表人或其授权代表携带本人身份证件(原件)，授权代表需出示授权委托书，一并提交(邮寄、传真件不予受理)，逾期将不再受理。

××××年××月××日

5.2.3　评标公示时间规定

1. 中标公示时间

工程招标公示不少于 2 天，国际招标公示不少于 7 天。

2. 发中标通知书的时间

工程招标：公示期结束且报告建设行政主管部门后 5 日内发出中标通知；

国际招标：公示期结束即发出中标通知；

政府采购招标：定标后即可发出中标通知。

3. 招标投标情况的报告

在确定中标人之后，招标人应在 15 日内向有关政府部门提交招投标情况报告。

招标公告资格预审公告时间不应少于 5 个工作日，政府采购采用邀请招标方式采购的，招标采购单位应当在省级以上人民政府财政部门指定的政府采购信息媒体上发布资格预审公告，公布投标人资格条件，资格预审公告的期限不得少于 7 个工作日，投标人应当在资格预审公告期结束之日起 3 个工作日前，按公告要求提交资格证明文件。

招标采购单位从评审合格投标人中通过随机方式选择 3 家以上的投标人，并向其发出投标邀请书。

5.2.4　中标候选人公示

　　在招投标过程中，评标结束后，招标人发布中标候选人公示，公示结束后发布中标公告。依据不同招投标项目的独特性，我国对于招投标中的中标候选人公示有多个法律规定。

5.3　中标通知书

　　中标通知书，是招标人在确定中标人后，向中标人发出的通知，通知其中标的书面凭证。中标通知书的内容应当简明扼要，只要告知招标项目已经由其中标，并确定签订合同的时间、地点即可。

中标通知书主要内容应包括：中标工程名称、中标价格、工程范围、工期、开工及竣工日期、质量等级等。对所有未中标的投标人也应当同时给予通知。投标人提交投标保证金的，招标人还应退还这些未中标投标人的投标保证金。

5.3.1　中标通知书的作用

中标人确定后，招标人应当向中标人发出中标通知书，并同时将中标结果通知所有未中标的投标人，中标通知书对招标人和中标人具有法律效力，中标通知书发出后，招标人改变中标结果，或者中标人放弃中标项目的，应当依法承担法律责任。中标人应当自中标通知书发出之日起三十日内，按照投标文件与招标人签订书面合同。

5.3.2　法律效力

依照我国《合同法》的规定，招标公告属于要约邀请。而招标文件实质上是招标公告内容的具体化，所以也属于要约邀请的范畴。所谓要约邀请，依照《合同法》第十五条的规定，是指希望他人向自己发出要约的意思表示。所谓要约，依照《合同法》第十四条的规定，是指希望和他人订立合同的意思表示。从合同法意义上讲，招标人的招标是指招标人采取招标公告或者投标邀请书的方式，向法人或者其他组织发出，以吸引其投标的意思表示，该意思表示属于要约邀请。投标是指投标人按照招标人的要求，在规定的期限内向招标人发出的包括合同主要条款的意思表示，该意思表示属于要约。

但招标文件又不同于合同法意义上的一般的要约邀请，《招标投标法》对招标文件的编制和内容等方面作了严格规定。招标文件应当包括招标项目的技术要求、投标报价要求和评标标准等所有实质性要求和条件以及拟签订合同的主要条款。招标人可以对招标文件进行必要的澄清或者修改。

投标人应当在招标文件要求提交的投标文件的截止时间前，将投标文件送达投标地点。《招标投标法》还规定了投标人对投标文件的补充、修改和撤回等问题。可见，《招标投标法》对作为要约邀请的招标和作为要约的投标规定了严格的限制条件，招标人和投标人的相关行为必须符合《招标投标法》的规定。

招标人经过评标委员会的评标确定中标人后，招标人应当向中标人发出中标通知书。中标通知书实质上就是招标人的承诺。所谓承诺，依照《合同法》第二十一条的规定，是指受要约人同意要约的意思表示。中标通知书发出后产生法律效力。本法规定中标通知书发出后便具有法律效力而不是以中标人收到中标通知书后才发生法律效力，是因为这样更适合招标投标的特殊情况。

如果中标通知书在中标人收到后产生法律效力，若招标人及时发出了中标通知书，但是中标书在传送过程中并非由于招标人的过错而出现延误、丢失或者错投，致使中标人没有在投标有效期终止前收到该中标通知书，招标人则丧失了对中标人的约束权。而规定中标通知书发出即产生法律效力，招标人的上述权利可以得到保护。如果非因招标人的原因在投标有效期终止前造成中标人可能并不知道该投标已被接受，在大多数情况下，这种后果并不像招标人丧失对中标人的约束权那么严重。这里所讲的法律效力，是指中标通知书对招标人和中标人发生法律约束力。

　　这里所说的法律效力具体体现在：中标通知书发出后，除不可抗力外，招标人改变中标结果的，如宣布该标为废标，改由其他投标人中标的，或者随意宣布取消项目招标的，招标人应当适用定金罚则双倍返还中标人提交的投标保证金，给中标人造成的损失超过适用定金罚则返还的投标保证金数额的，还应当对超过部分予以赔偿；未收取投标保证金的，招标人对中标人的损失承担赔偿责任。如果是中标人放弃中标项目，如声明或者以自己的行为表明不承担该招标项目的，则招标人对其已经提交的投标保证金不予退还，给招标人造成的损失超过投标保证金数额的，中标人还应当对超过部分予以赔偿；未提交投标保证金的，投标人对招标人的损失承担赔偿责任。

　　招标人和中标人承担的上述法律责任属于缔约过失责任。所谓缔约过失责任，依照《合同法》的规定，是指当事人在订立合同过程中，因违背诚实信用原则而给对方造成损失的损害赔偿责任。关于缔约过失责任，中标通知书发出后，招标人改变中标结果的，或者中标人放弃中标项目的行为的，都属于缔约过失行为，应当承担相应的责任。

5.3.3　中标通知书的性质

　　根据《招标投标法》规定，中标人确定后，招标人应当将中标结果通知中标人及所有未中标的投标人。中标通知书就是向中标的投标人发出的告知其中标的书面通知文件。但要确定中标通知书的性质还得结合我国《合同法》的相关规定进行分析确定。

　　《招标投标法》第十条规定，招标是指招标人采取招标通知书或者招标公告的方式邀请不特定的法人或者其他组织投标的活动，属于"希望他人向自己发出要约的意思表示"的要约邀请行为。《合同法》规定，订立合同采取要约和承诺的方式进行。要约是希望和他人订立合同的意思表示，该意思表示内容具体，且表明经受要约人承诺，要约人将受该意思表示的约束；承诺是受要约人同意要约的意思表示，应当以通知的方式作出，但根据交易习惯或者要约表明可以通过行为作出承诺的除外。据此能够确定，投标人提交的投标文件(俗称标书)属于一种要约，招标人的中标通知书则是对投标人要约的承诺。

5.3.4　中标通知书的发布

　　根据《政府采购货物和服务招标投标管理办法》(简称《办法》)第六十二条的规定，中标供应商确定后，中标结果应当在财政部门指定的政府采购信息发布媒体上发出公告。在发布公告的同时，招标采购单位应当向中标供应商发出中标通知书。因此，不少从业人员都认为，如果政府采购活动没有因投诉而被叫停，中标通知书应当在中标结果公示结束后一个工作日内发出。

　　2000 年 10 月 8 日起施行的《建筑工程设计招标投标管理办法》(中华人民共和国建设部令第 82 号)第二十条规定：招标人应当在中标方案确定之日起 7 日内，向中标人发出中标通知，并将中标结果通知所有未中标人。但 2017 年 5 月 1 日起施行的《建筑工程设计招标投标管理办法》(中华人民共和国住房和城乡建设部令第 33 号)，对原《建筑工程设计招标投标管理办法》进行了废除，并删除了这一规定。

　　根据《合同法》，承诺是指受要约人同意接受要约的全部条件的意思表示，而且承诺应以通知的方式作出。在政府采购活动中，中标通知书是在投标有效期内，由受要约人招标采购单位向要约人投标人作出，且中标通知书承诺的内容须与投标文件的内容一致。

中标通知书发出后须在规定的时间内签订政府采购合同，完全符合作为承诺的主要条件。因此，中标通知书产生的法律效力可以认定为承诺产生的效力，供采双方都将受其约束，承担相应义务，只不过是在政府采购活动中，为了更好地履行承诺，需要通过合同的形式对履约行为进一步确认。

因此，只要招标采购单位在投标有效期内发出中标通知书，招标采购单位和投标人都会受其约束，即便最终签订合同的时间超出了投标有效期。

据调查，在《办法》出台后的很长一段时间里，为了避免出现"中标通知书发出后有投标人质疑或者投诉后不得不撤回中标通知书"的情况出现，不少代理机构都没有严格按照"在发布中标公告的同时，应当向中标供应商发出中标通知书"的规定进行操作。而是先发布中标公告，七个工作日内如果没有供应商提出异议，再向中标供应商发出中标通知书。

这样做可以避免中标通知书所产生的法律效力给代理机构的操作带来困扰。采购中心应该采取更为稳妥的方式，先发预中标公告再发中标通知书。另外，如果不发布预中标公告，而直接发布中标公告和中标通知书，一旦给供应商和采购造成损失，将很难处理。

但随着从业人员法治意识的不断增强，越来越多的代理机构意识到了违反政府采购部门规章同样可能引发投诉。于是，便对中标通知书的发布做了一些调整。当然，具体的调整又存在不同。如有的地方是在评审结束后先发布预中标公告，如果没有人提出异议，再发中标通知书。

预中标公告的时间有三天，也有五天，最多七天。当然，有的地方是在采购结果出来后直接发布中标公告，与此同时发出中标通知书。如北京市的许多代理机构都是发中标公告的同时发中标通知书。在业界专家看来，中标通知书最好是在采购结果出来后发出。

5.3.5　中标通知书的法律责任

《招标投标法》第四十五条规定，中标人确定后，招标人应当向中标人发出中标通知书，并同时将中标结果通知所有未中标的投标人。中标通知书对招标人和中标人具有法律效力。中标通知书发出后，招标人改变中标结果的，或者中标人放弃中标项目的，应当依法承担法律责任。

《招标投标法》第六十条第一款规定，中标人不履行与招标人订立的合同的，履约保证金不予退还，给招标人造成的损失超过履约保证金数额的，中标人还应当对超过部分予以赔偿；没有提交履约保证金的，中标人应当对招标人的损失承担赔偿责任。《合同法》具体包括如下两种违约责任。

1. 定金处罚

定金是合同当事人为担保合同的履行，由一方合同主体按约定预先给付对方一定数额的资金(定金)，给付定金的一方将来不履行合同时无权要求返还定金，而接收定金的一方将来不履行合同时应当双倍返还定金。定金按其作用可分为五类：

(1) 立约定金。立约定金是指为担保将来签订正式合同的定金。交付定金的一方将来如果拒签合同，无权要求返还定金；接收定金的一方如果拒绝签订合同，则应双倍返还定金。

(2) 成约定金。成约定金是指以交付定金作为合同成立的要件，只有定金交付，合同才能成立。

(3) 证约定金。证约定金是指把定金作为订立合同的依据，定金具有证明合同成立的作用。

(4) 违约定金。违约定金，是将定金作为违约的处罚手段来加以运用。

(5) 解约定金。解约定金是指以定金作为解除合同的代价，交付定金的当事人可以放弃定金来行使合同解除权，而接收定金的一方也可以双倍返还定金以解除合同。虽然《招标投标法》没有明确对招标人悔标规定适用定金罚则，但根据《招标投标法》的公平原则，招标人悔标应当向投标人双倍返还履约保证金。因此可以认为，《招标投标法》第六十条第一款所规定的就是解约定金。

2. 赔偿损失

赔偿损失是违约责任中的一种重要形式。根据《合同法》第一百一十二条："当事人一方不履行合同义务或者履行合同义务不符合约定的，在履行义务或者采取补救措施后，对方还有其他损失的，应当赔偿损失"的规定，赔偿损失是指合同当事人由于不履行合同义务或者履行合同义务不符合约定，给对方造成财产上的损失时，由违约方以其财产赔偿对方所蒙受的财产损失的一种违约责任形式。根据《招标投标法》的规定，在首先适用"定金罚则"以后仍未能弥补守约方损失时，由违约方承担相应的赔偿责任，具有明显的补偿性质。

5.3.6 中标通知书的其他信息

《合同法》第二十六条规定，承诺通知到达要约人时生效，不需要通知的，根据交易习惯或者要约的要求作出承诺的行为时生效。这就是承诺生效的到达主义。然而，中标通知书作为《招标投标法》规定的承诺行为，与《合同法》规定的一般性的承诺不同，它的生效不能采取到达主义，而应采取发信主义，即中标通知书发出时生效，对中标人和招标人产生法律约束力。其理由是，按照到达主义的要求，即使中标通知书及时发出，也有可能在传送过程中并非因招标人的过错而出现延误、丢失或错投，致使中标人未能在投标有效期内收到该通知，招标人则丧失了对中标人的约束权。而按照发信主义的要求，招标人的上述权利可以得到保护。《合同法》规定，"中标通知书发出后，招标人改变中标结果的，或者中标人放弃中标项目的，应当依法承担法律责任"，表明《合同法》也采取发信主义。

《合同法》第二十五条规定，承诺生效时合同成立。因此，中标通知书发出时，即发生承诺生效、合同成立的法律效力。所以，中标通知书发生法律效力后，招标人不得改变中标结果，投标人不得放弃中标项目。招标人改变中标结果，变更中标人，实质上是一种单方面撕毁合同的行为；投标人放弃中标项目的，则是一种不履行合同的行为。两种行为都属于违约行为，所以应当承担违约责任。

《合同法》第一百零七条规定，"当事人一方不履行合同义务或者履行合同义务不符合约定的，应当承担继续履行、采取补救措施或者赔偿损失等违约责任"，第一百一十二条规定，"当事人一方不履行合同义务或者履行合同义务不符合约定的，在履行义务或者采取补救措施后对方还有其他损失的，应当赔偿损失。"赔偿额应当相当于因违约所造成的损失，包括合同履行后可以获得的利益，但不得超过违反合同一方订立合同时预见到或者应当预见到的因违反合同可能造成的损失。此外，《合同法》还规定可以对违约方追究行政法律责任。

5.3.7 中标通知书发出的注意事项

中标通知书发出后，对招标人和中标人均具有法律效力。如果招标人改变中标结果，或者中标人放弃中标项目，将依法承担法律责任。中标通知书发出应注意以下事项：

(1) 中标通知书应在投标有效期内发出。

(2) 中标通知书应载明签订合同的时间和地点。如需对合同细节进行谈判，中标通知书上需要载明合同谈判有关安排。

(3) 中标通知书可载明提交履约保证金等中标人需要注意或完善的事项。

(4) 中标人确定后，招标人应向中标人发出中标通知书，并同时将中标结果通知所有未中标的投标人。

5.4 终 止 招 标

5.4.1 终止招标要求

《招标投标法》第三十一条规定："招标人终止招标的，应当及时发布公告，或者以书面形式通知被邀请的或者已经获取资格预审文件、招标文件的潜在投标人。已经发售资格预审文件、招标文件或者已经收取投标保证金的，招标人应当及时退还所收取的资格预审文件、招标文件的费用，以及所收取的投标保证金及银行同期存款利息。"

也就是说，招标人可以决定终止招标，即取消招标活动，已经开展的招标投标程序都废止，不再继续进行。招标行为仅仅处于要约邀请阶段，对双方约束力弱，招标人决定终止招标程序的，应及时通知投标人，同时退还有关费用和投标保证金。

招标人不得随意终止招标程序，须有合适的理由。结合招标投标实践，一般可终止招标程序的情形主要有：

(1) 发现招标文件有重大错误，招标活动不能继续往下进行，必须终止后重新招标。

(2) 国家法律法规或政策变化调整后，原招标项目需要调整相关招标采购内容或技术要求，或者需要取消招标项目不再继续建设时，必须终止招标活动。

(3) 企业发生重大经营困难，无力继续维持该项目的投入。

(4) 招标人调整经营方向或生产任务，停止招标项目建设等。

在上述情形下，因招标人的原因或者外部环境政策因素变化导致招标项目必须进行调整后重新招标，或者招标项目取消的，招标人都可决定终止招标。

5.4.2　招标人不得擅自终止招标的原因

招标项目发布资格预审公告、招标公告或者发出投标邀请书，标志着招标程序正式启动。招标程序启动后，除非有正当理由，招标人不得擅自终止招标。主要原因在于：

(1) 招标人擅自终止招标不符合《招标投标法》规定的诚实信用原则。招投标的过程是形成和订立合同的过程，招标人启动招标程序意味着向潜在投标人发出了要约邀请，没有正当、合理的理由，招标人就应当依法完成招标工作。

(2) 允许招标人擅自终止招标难以保障招投标活动的公正和公平。如果允许招标人在没有正当理由的情况下擅自终止招标，招标人随时可以根据参与投标竞争的情况，通过决定是否终止招标来实现非法目的，为先定后招、虚假招标、排斥潜在投标人提供了便利。

(3) 允许招标人擅自终止招标将挫伤潜在投标人参与投标的积极性，最终削弱招标竞争的充分性。招标程序一旦启动，潜在投标人为响应招标即着手投标准备工作，产生相应的人力和物力的投入，终止招标对潜在投标人将造成损失。长此以往，必将打击潜在投标人参与投标的信心和积极性。

(4) 不允许招标人擅自终止招标有利于促使招标人做好招标前的计划和准备工作，提高工作效率。实践中比较常见的是招标人因重新调整标段划分、改变投标人资格条件或者招标范围、已发布的招标项目基本信息不准确等原因而终止招标，这些情形反映了招标准备工作的不充分。不允许招标人擅自终止招标，有利于督促招标人充分重视招标准备工作。

5.4.3　终止招标的特殊情况

招标过程中出现了非招标人原因无法继续招标的特殊情况的，招标人可以终止招标。这些特殊情况主要有：

(1) 招标项目所必需的条件发生了变化。《招标投标法》第九条规定："招标项目按照国家有关规定需要履行项目审批手续的，应当先履行项目审批手续，取得批准。招标人应当有进行招标项目的相应资金或者资金来源已经落实，并应当在招标文件中如实载明。"据此规定，招标人启动招标程序必须具备一定的先决条件。

需要审批或者核准的项目，必须履行了审批和核准手续；招标项目所需的资金是招标人开展招标并最终完成招标项目的物质保证，招标人必须在招标前落实招标项目所需的资金；在法定规划区内的工程建设项目，还应当取得规划管理部门核发的规划许可证。上述这些条件具备后，招标人才能够启动招标工作。在招标过程中，上述条件可能因国家产业政策调整、规划改变、用地性质变更等非招标人原因而发生变化，导致招标工作不得不终止。

(2) 因不可抗力取消招标项目，否则继续招标将使当事人遭受更大损失。比如自然因素包括地震、洪水、海啸和火灾；社会因素包括颁布新的法律、政策和行政措施等。

(3) 招标人的原因导致招标项目必须进行调整后重新招标或者招标项目取消的，招标人可终止招标。

5.5 重新招标

重新招标，是指招标人对招标项目招标失败后依法对招标项目进行重新招标的活动。

5.5.1 重新招标相关规定

在下列情况下，招标人应当依法重新招标：

(1) 资格预审合格的潜在投标人不足 3 个的。

(2) 在投标截止时间前提交投标文件的投标人少于 3 个的。

(3) 所有投标均被废标处理或被否决的。

(4) 评标委员会界定为不合格标或废标后，因有效投标不足 3 个使得投标明显缺乏竞争力，评标委员会决定否决全部投标的。

(5) 同意延长投标有效期的投标人少于 3 个的。

5.5.2 重新招标的其他注意事项

废标是指政府采购中出现报名参加或实质性响应的供应商不足 3 家，存在影响采购公正性的违法违规行为、投标报价均超过预算、因重大变故采购任务取消的情形时，招标采购单位作出全部投标无效的处理。

《政府采购法》《评标委员会和评标方法暂行规定》《工程建设项目勘察设计招标投标办法》《建筑工程设计招标投标管理办法》和《工程建设项目施工招标投标办法》均对废标判定有详细的条款。

重新招标是终止或者否决已经进行的招标投标活动，对同一项目开始新的招标投标的行为。《招标投标法》《招标投标法实施条例》和《政府采购法》均对废标后需要重新招标的情形有详细的条款。

公开招标第一次流标后，招标人要总结招标失败的原因，按实际情况合理调整招标文件中的投标人资格、价格、评标办法及合同等实质性条款，重新开展第二次招标。

在投标报名截止时间，投标报名单位不足 3 家的，第二天可以发第二次招标公告。

在评审中有废标条款，在评审废标条款后，投标人已经不足 3 家，投标报价不具竞争性，招标投标评审失败的，第二天可以发第二次招标公告。

招标文件的发售期不得少于 5 日，第二次购买招标文件原则上不再收取费用。

招标人应当确定投标人编制招标文件所需要的合理时间，依法必须进行招标的项目，自招标文件开始发出之日起至投标人提交投标文件截止之日止，最短不得少于 20 日。

5.6　定 标 案 例

❖ 案例一

1. 案情

某水电站工程需要大批钢板，型号规格比较复杂，没有哪个钢厂能全部提供。为了降低采购成本，采用集中打包招标采购。即由集成商按需配货，集中对工程公司供货。共有15家投标人按要求提供了投标文件，每家的商务报价清单都有42页、830多项。在三天时间内评标委员会完成了评标工作，编制完成评标报告，15家投标人都通过了技术评审和商务评审，推荐价格最低的A投标商为中标候选人。

2. 招标文件中规定的评标方法

发生以下情况之一者，投标保证金将不予返还：

(1) 投标人在投标截止日期后的投标有效期内撤回其投标或不按时递交报价。

(2) 投标人在投标截止日期后的投标有效期内对投标文件作实质性修改。

(3) 投标人不接受招标文件中有关价格计算错误的修正。

(4) 投标人在投标中违反纪律与保密之规定(即存在腐败和欺诈行为)。

(5) 投标人接到中标通知后，拒绝签订合同或不按中标时规定的技术方案、供货范围和价格等签订合同。

(6) 投标人没有按照招标文件和合同的规定提交履约保证金(函)。

3. 最低评标价法

在满足标书规定的各项评标因素后，采用最低评标价法。

1) 计算评标价格

以投标人的报价为根底，计算出评标价格。

(1) 币种的调整：投标人必须按人民币进行报价，假设投标人自负汇率风险以其他货币报价，那么按开标当日中国银行公布的中间价折算。

(2) 交货地点的调整：以标的物到达交货地点为基准折算各投标人的运输、保险、仓储、税费等其他费用。

(3) 供货范围的调整：对于投标人的分项报价表，投标人漏报的供货范围的材料分项价格按本次招标其他有效投标人相应工程的最高报价或最新一样或类似材料合同价格或估价折算，调整其投标价格。

(4) 支付比例的调整：投标人要求提前付款按年利率8%折算的费用，增加评标价格。

(5) 其他工程的调整：按照招标文件的规定，计算其他需要调整的工程。

2) 技术评审

技术评审采取定性评审方式，对各个评标因素进行评审，满足招标文件要求即视为通过。

3) 商务评审

对投标人的资质、业绩、商业信誉和其他的商务条件采取定性评审方式，对各个评标因素进行评审，满足招标文件要求即视为评审通过。

4) 报价评审

对通过资格审查、初步评审、技术评审、商务评审的投标文件进行报价评审，按经算术复核的投标报价低者排序靠前，评标委员会推荐综合评价排序靠前的投标人作为中标候选人推荐中标顺序。

4. 评标情况

以一份工程钢板招标为例，评标委员会最终评标结果如表 5-1 所示。

表 5-1 评标委员会最终评标结果

XXXX 工程钢板招标价格汇总表				
序号	投标商	投标价/万元	评标价/万元	价格排序
1	A	3 320	3 320	1
2	B	3 425	3 420	2
3	C	3 438	3 445	3
4	D	3 480	3 480	4

开标 5 天后，A 投标人发现其投标中某型号钢板综合单价漏算运费，总价应调高 80 万元，工程经理给招标代理机构发来书面说明，承认自己的错误，要求将投标价调整为 3 400 万元。招标代理工程经理复核了投标报价书，证实了上述问题，并将有关资料提交给评标委员会主任。

在随后召开的评标委员会定标会议上，评标委员会主任如实汇报了上述情况。

(1) 评标委员会审查了评标过程，审阅了相关招标文件，包括投标文件和评标过程文件，一致认为整个招标评标过程符合《招标投标法》的规定，同意评标委员会推荐的 A 投标人为第一中标人。

(2) 招标人按照评标委员会的决定与 A 投标人进行合同谈判，中标价按 3 320 万元计。A 投标人承认自己在报价中存在错误，希望招标人能高抬贵手，适当调整合同价，愿意按 3 370 万元签订合同。招标人坚持按中标价即按 3 320 万元签订合同，双方僵持不下。

(3) 在拖延二十多天后，招标人和 B 投标人进行了合同谈判，按 3 420 万元签订了合同，并没收了 A 投标人的投标保证金 10 万元。

❖ 案例二

某 2 500 万元的环境自动监测系统项目招标。据了解，国内具有潜在资质的供应商至少有 5 家(领导意向是最好本地的一家企业能够中标)。鉴于该项目采购金额大、覆盖地域广、技术参数复杂、服务要求特殊等，采购人在招标文件中对定标条款作了特别说明：本次招标授权评标委员会推荐 3 名中标候选人(排名不分先后),由采购人代表对中标候选人进行现场考察后,最终确定一名中标者。招标结果,那家本地企业按得分高低排名第三。经现场考察,采购人选定了那家本地企业作为唯一的中标人。

法理评析:考察定标在法律上并无禁止性条款。就采购人而言,要把一个采购金额比较大且自己从未建设过的环境自动监测系统项目托付给一个不熟悉的供应商确实有点不放心,单从这个心理层面上讲,对中标候选人进行现场考察定标,是无可非议的,也是合情合理的。问题是,本案出现的情况有点不正常。领导意向是最好本地的企业中标,这就等于排斥了外地的 4 家潜在投标人;考察定标的标准没有在标书中阐明,所以人为定标的成分很大;采购人授权评标委员会推荐 3 名中标候选人,以排名不分先后的名义,不按得分高低定标,似乎失之偏颇。按照现有制度规定,评标委员会推荐的 3 名中标候选人,应当按得分高低进行排序,若无特殊情况,原则上必须将合同授予第一中标候选人。

❖ 案例三

某单位设备招标,评标委员会由选定和抽取的共 7 位专家组成,评标结束后评标专家上交的技术对比表中各项参数标准多是"满足要求""符合要求""比较全面""基本全面"等字眼,没有列出投标文件中各项参数标准、产品特点,也没有对比出各投标人技术上的优劣,评审意见过于简单且无实质内容,导致领导小组无法通过评标报告判定中标候选人的优劣,无法定标。

法理评析:《评标委员会和评标法暂行规定》明确规定评标委员会应当根据招标文件规定的评标标准和方法,对投标文件进行系统的评审和比较。《评标因素对比表》是评标专家根据各投标人递交的投标文件中企业实力、技术水平、产品质量、投标响应、技术应答、投标偏差等内容编制的,是反映投标人情况的重要文件资料;其中填写的数据和文字描述是最终评审打分的重要依据,应该真实地反映出本次评标的结果,是评标报告最重要的组成部分。所以作为评标专家应该充分认识到《评标因素对比表》的重要性,在评标过程中要仔细填写对比表,列出数据、突出特点,真实清晰地对比出各投标人的投标响应情况。

《评标因素对比表》和中标候选人排序推荐意见一起报送至招标领导小组,成为定标的指向性文件,是定标的主要依据。

❖ 案例四

某单位设备采购招标,预算金额为 120 万元。某投标人以最低报价 65 万元中标。在商谈合同时,中标人代表以向项目负责人支付 2 万元回扣为条件,要求降低质量标准供货并无条件通过验收。遭到拒绝后,中标人一直拖延,拒签合同,影响项目施工进度,招标人蒙受了重大损失。

法理评析:恶意低价投标通常是投标人低价中标、高价索赔投标策略的应用,投标人先以低价作为诱饵和手段,抢夺中标机会,在中标后的合同履行期间,中标人以各种理由强调其履约困难,要求追加合同价款,以弥补其不合理低价的损失。如果业主单位不能满足中标人的要求，中标人通常会采用以下应对措施：

(1) 偷梁换柱、以次充好，提供伪劣货物、服务和工程，以牺牲工程质量的方式降低工程成本，创造盈利空间。

(2) 故意拖延工程进度或者供货、服务时间，恶意增加业主单位的进度压力，迫使业主单位妥协。

(3) 创造解除合同的条件，人为恶意地提前终止合同，以减小其履约成本，迫使业主单位重新选择施工单位，严重影响工程进度。

在评标过程中发现恶意低价投标现象时，招标人要依靠评标委员会的评审工作予以处理。具体做法如下：

(1) 如果经分析认为投标报价是合理的，投标报价明显低于标底是因招标原因造成的，或者投标报价虽然较低但是投标人的报价并不低于成本价，招标人可以接受的，建议由评标委员会按照正常程序继续进行评审，不必采取其他的特别应对措施。

(2) 如果经分析后发现投标报价明显低于其他投标报价或者明显低于标底报价，使得其投标报价可能低于其成本价，存在恶意报价可能性的，根据《评标委员会和评标法暂行规定》，应当由评标委员会要求该投标人作出书面说明并提供相关证明材料，投标人不能合理说明或者不能提供相关证明材料的，由评标委员会认定该投标人以低于成本报价竞标，对其投标作否决投标处理。

(3) 如果出现大面积、多家投标人以不合理的低价投标时，评标委员会应当严格审查被怀疑的每一份投标文件，查找投标文件中或者多份投标文件之间是否存在"异常一致"或者"投标报价呈规律性差异"等串通投标的情形(具体情形和认定标准，详见《招标投标法实施条例》第三十九条和第四十条)。发现存在串通投标情况的，评标委员会应当认定其为串通投标行为，否决所有涉及的投标文件。

在上述第(2)种和第(3)种情况中，投标人的投标文件被做否决投标处理后，将不再对评标活动产生影响，有效解除了恶意低价投标对评标活动的干扰。

对于第(3)种情况，投标人被认定为串通投标的，招标人或者行政监督部门还可以将其报告给相关主管部门，列入投标人黑名单中，取消投标人在一定期限参加必须招标项目的投标人资格。情节严重的，招标人或者行政监督部门可以申请工商行政管理机关吊销其营业执照。

5.7　定标实训

5.7.1　实训性质、目的与任务

工程招投标模拟实训是整个工程造价专业教学过程中不可缺少的环节。通过实训，以实际施工图纸为例，进行工程施工招标、投标模拟演练，学生能了解投标报价的基本程序

和技巧，使所学的知识融会贯通，更好地了解和掌握本专业所学的专业课程知识，提高理论结合实际的能力。

5.7.2　实训基本要求

通过定标实训，使学生能熟练掌握招标文件的编制，投标文件的编制，对技术标和商务标进一步加以掌握，并能够根据教师给出的背景、图纸和工程量清单进行招标标底和投标报价的计算。具体的实训目的和要求是：

(1) 根据公开发布的××工程项目招标公告，由各投标小组参与投标。

(2) 对各投标小组进行资格预审。

(3) 通过资格预审的小组领取招标文件。

(4) 各投标小组在规定的时间内编制投标文件。

(5) 开标、评标、决标。

5.7.3　实训内容与学时分配

1. 投标准备工作

1) 信息的收集与整理

准确、全面、及时地收集各项技术经济信息是投标成败的关键。需要收集的信息涉及面广，其主要内容可以概括为以下几方面：

(1) 招标信息。通过各种途径，尽可能在招标公告发出前获得建设项目信息。所以必须熟悉当地政府的投资方向、建设规划，综合分析市场的变化和走向。

(2) 招标项目所在地的信息。这里所说的信息包括当地的风土人情、自然条件、交通运输条件、价格行情等，国外工程还需了解当地的政治环境、宗教信仰等。

(3) 施工技术发展的信息。这里所说的信息包括新规范、新标准、新结构、新技术、新材料、新工艺的有关情况。

(4) 招标单位的情况。必须清楚招标项目是否已经当地政府批准，招标单位的资金状况、社会信誉以及对招标工程的工期、质量、费用等方面的要求。

(5) 其它投标单位的情况。及时了解有哪些竞争者，分析他们的实力、优势、在当地的信誉以及对工程的兴趣、意向。

(6) 有关报价的参考资料。收集项目当地近几年类似工程和施工方案、报价、工期及实际成本等资料。

(7) 投标单位内部资料。收集整理能反映本单位技术能力、信誉、管理水平、工程业绩的各种资料，总结近年来的投标经验，汲取已往教训。

2) 投标资格审查资料

投标工作机构日常要做好投标资格审查资料的准备工作，资格审查资料不仅起到后面顺利通过资格预审、资格后审的作用，而且还是施工企业重要的宣传材料。

2. 研究招标文件

单位报名参加或接受邀请参加某一项目的投标，通过资格审查并取得招标文件后，首先要认真仔细地研究招标文件，充分了解其内容和要求，以便统一安排投标工作，并发现应提请招标单位予以澄清的疑点。招标文件的研究工作包括以下几方面：

(1) 研究招标项目综合说明，熟悉建设项目全貌。

(2) 研究设计文件，为制定报价或制定施工方案提供确切的依据。要认真阅读设计图纸，详细弄清楚各部分的做法及对材料品种规格的要求，发现不清楚或互相矛盾之处，可在招标答疑会上提请招标单位解释或更正。

(3) 研究合同条款，明确中标后的权利与义务。需要搞清楚的主要内容有：承包方式、开竣工时间、工期奖罚、材料供应方式、价款结算办法、预付款及工程款支付与结算方法、工程变更及停工、窝工损失处理办法、保险办法、政策性调整引起价格变化的处理办法等。这些内容直接影响施工方案的安排、施工期间的资金周转，最终影响施工企业的获利，因此应在标价上有所反映。

(4) 研究投标单位须知，提高工作效率，避免造成废标。

3. 调查投标环境

招标建设项目的社会、自然及经济条件，会影响项目成本，因此在报价前应尽可能了解清楚。需要调查的主要内容有：

(1) 社会经济条件。如劳动力资源、工资标准、专业分包能力、地产材料的供应能力等。

(2) 自然条件。如影响施工的天气、山脉、河流等。

(3) 施工现场条件。如场地地质条件、承载能力、地上及地下建筑物、构筑物及其他障碍物、地下水位、道路、供水、供电、通讯条件、材料及配件堆放场地等。

4. 确定投标策略

竞争的胜负不仅取决于参与竞争单位的实力，而且取决于竞争者的投标策略是否正确，研究投标策略的目的是为了取得竞标的胜利。

5. 施工组织设计或施工方案

施工组织设计是用以指导施工组织与管理、施工准备与实施、施工控制与协调、资源的配置与使用等全面性的技术、经济文件，是对施工活动的全过程进行科学管理的重要手段。通过编制施工组织设计文件，可以针对工程的特点，根据施工环境的各种具体条件，按照客观的规律施工。

施工方案是根据一个施工项目制定的实施方案。其中包括组织机构方案(各职能机构的构成、各自职责、相互关系等)、人员组成方案(项目负责人、各机构负责人、各专业负责人等)、技术方案(进度安排、关键技术预案、重大施工步骤预案等)、安全方案(安全总体要求、施工危险因素分析、安全措施、重大施工步骤安全预案等)、材料供应方案(材料供应流程、接保检流程、临时或急发材料采购流程等)，此外，根据项目大小还有现场保卫方案、后勤保障方案等。施工方案是根据项目确定的，有些项目简单、工期短就不需要制订复杂的方案。

施工组织设计与施工方案的区别如下：

(1) 编制目的不同。施工组织设计是一个工程的战略部署，是工程全局全方位的纲领性文件，要求具有科学性和指导性，突出"组织"二字；施工方案是依据施工组织设计关于某一分部、分项工程的施工方法而编制的具体的施工工艺，它将对此分部、分项工程的人、材、机及工艺进行详细的部署，保证质量要求和安全文明施工要求，应具有可行性、针对性，符合施工规范、标准。

(2) 编制内容不同。施工组织设计编制的对象是工程整体，可以是一个建设项目或一个单位工程。

(3) 侧重点不同。施工组织设计侧重决策，强调全局规划；施工方案侧重实施，讲究可操作性，强调通俗易懂，便于指导局部施工。

(4) 出发点不同。施工组织设计从项目决策层的角度出发，是决策者意志的文件化反映。它更多反映的是方案确定的原则，是如何通过多方案比对确定施工方法的。

招标文件需要提供施工组织设计还是施工方案，是根据项目工程特点和招标方的需求来确定的。施工方案或施工组织设计是投标的必要条件，也是招标单位评标时需要考虑的因素之一。

6. 报价

报价是投标的关键工作。报价的最佳目标是既接近招标单位的标底，又能胜过竞争对手，而且能取得较大的利润。报价是技术与决策相协调的一个完整过程。

7. 编制及投送标书

投标单位应按招标文件的要求，认真编制投标书，投标书的主要内容有：

(1) 综合说明。

(2) 标书情况汇总表、工期、质量水平承诺、让利优惠条件等。

(3) 详细预算及主要材料用量。

(4) 施工方案和选用的机械设备、劳动力配置、进度计划等。

(5) 保证工程质量、进度、施工安全的主要技术组织措施。

(6) 对合同主要条件的确认及招标文件要求的其他内容。

投标书、标书情况汇总表、密封签必须有法人单位公章、法定代表人或其委托代理人的印鉴。投标单位应在规定时间内将投标书密封送达招标文件指定的地点。若发现标书有误，需在投标截至时间前用正式函件更正，否则以原标书为准。

投标单位可以提出设计修改方案，合同条件修改意见，并做出相应标价和投标书，同时密封寄送招标单位，供招标单位参考。

8. 参加评标会议

模拟组织标书答疑会，标准的标书文件答疑会通知及回执如下：

招标文件答疑会的通知

项目名称：

招标代理编号：

各投标人：

现定于20＿＿＿年＿＿＿月＿＿＿日＿＿＿：＿＿＿在＿＿＿会议室召开＿＿＿项目的招标文件答疑会，请派代表准时参加，每投标人参加答疑会人数不超过＿＿＿人。

届时将会对所有投标人提出的问题进行解释说明。请投标人按照招标文件中的相关提交要求，在＿＿＿年＿＿＿月＿＿＿日＿＿＿时前将需要澄清的问题提交到相关联系人。

答疑会后招标方将不再对招标文件进行解释，请各投标人在答疑会前仔细阅读招标文件。

参加本次答疑会的投标人不得携带任何表明投标人身份的标识；不按时参加本次答疑会的投标人，视为自动放弃参加本次会议的权利。

特此通知！请申请人在本通知发出后＿＿＿日内，将以下回执回复至＿＿＿＿＿＿＿。

联系人：

联系方式：

招标代理机构：＿＿＿＿＿＿＿＿＿＿＿＿＿＿＿＿＿＿(盖章)

年　　　月　　　日

回　执

致 (招标代理机构)：

我公司已经收到＿＿＿＿＿＿＿项目的招标文件答疑会的通知，共＿＿＿页，内容清晰，并接受本通知相关安排及遵守本通知相关规定。

此据！

投标人：＿＿＿＿＿＿＿＿＿＿＿＿＿＿＿＿＿＿(盖章)

日期：＿＿＿＿＿＿＿＿＿＿＿

9. 实训环节学时分配

可将招投标流程化进行模拟实践，实训各环节学时分配，如表5-2所示。

表 5-2　实训学时分配表

1	设计动员及准备工作	2 学时
2	根据公开发布的××工程项目招标公告，由各投标小组参与投标	2 学时
3	各投标小组进行资格预审	3 学时
4	通过资格预审的小组领取招标文件	2 学时
5	各投标小组在规定的时间内编制投标文件	6 学时
6	开标、评标、决标	3 学时
合　　计		18 学时

5.7.4　教学内容的安排与要点

本次实训，学生应按照指导书的内容进行实训，学生每人一台计算机(配有广联达套价软件、图形自动算量软件、钢筋统计软件、标书制作系统)，每人一套图纸，在指导老师的具体指导下，在建工系工程管理模拟实验室和指定教室内，利用工程造价网络平台，以模拟的身份完成整个招标投标活动。教学要点包括：

(1) 了解建筑工程预算的编制依据及政策。

(2) 熟悉投标文件的组成。

(3) 掌握投标报价的编制方法及招投标程序。

(4) 根据建筑工程的施工图预算、文件，编制招标参考标底和投标报价。

(5) 根据安装工程的施工图预算、文件，编制招标参考标底和投标报价。

(6) 编制施工组织设计文件。

5.7.5　实训中其他问题的说明与建议

本次实训主要考核学生对工程招投标的掌握程度及编制工程招投标文件的能力，所以成绩按编制的招投标文件、实训技能、实训表现三部分评定，其比例各占 50%、30%、20%。具体考核方法如下：

1. 实训编制的招投标文件

文件的考核主要看内容是否全面，条理是否清楚，投标报价数据是否准确合理，制定的工期是否合理等。

2. 实训技能

根据带队老师平时掌握的情况，用口试或笔试的方式进行考核，主要考核学生对工程招投标程序及内容的掌握程度；对工程报价编制、施工组织设计的掌握程度以及对实际问题处理的能力等。

3. 实训表现

由实习领导小组共同完成实训表现考核。主要依据是实习期间的出勤率、遵守纪律情况、相互协作情况等。实训成绩按优、良、中、及格、不及格五级评分标准进行评定。

第六章 合同管理

6.1 合同的概念

合同是平等主体的自然人、法人以及其他经济组织(包括中国的和外国的)之间建立、变更、终止民事法律关系的协议。在社会生活中,合同是普遍存在的。在社会主义市场经济中,社会各类经济组织或商品生产经营者之间存在着各种经济往来关系,它们是最基本的市场经济活动,它们都需要通过合同来连接和实现,都需要用合同来维护当事人的合法权益,维护社会的经济秩序。可以说,没有合同,整个社会的生产和生活就不可能有效、正常地进行。

6.1.1 合同的特征

1. 合同是一种民事法律行为

民事法律行为是指民事主体实施的能够设立、变更、终止民事权利义务的合法行为。民事法律是以意思表示为核心,并且按照意思表示的内容产生法律后果。作为民事法律行为,合同应当是合法的,即只有合同当事人所做出的意思表示符合法律要求,才能产生法律约束力,受到法律保护。如果当事人的意思表示违法,即使双方已经达成协议,也不能产生当事人预期的法律效果。

2. 合同必须是两个以上当事人意思表示一致的协议

合同的成立必须有两个以上的当事人相互之间做出意思表示,并达成共识。因此,只有在基于当事人平等自愿且意思表示完全一致时,合同才能成立。

3. 合同以设立、变更、终止民事权利与义务关系为目的

当事人订立合同都有一定目的,即设立、变更、终止民事权利义务关系。无论当事人订立合同是为了什么目的,只有当事人达成的协议生效以后,才能对当事人产生法律上的约束力。

6.1.2 合同的分类

在市场经济活动中,交易的形式多种多样,合同的种类也各不相同。

1. 按照合同的表现形式分类

按照表现形式，合同可以分为书面合同、口头合同和默示合同。建设工程施工合同所涉及的内容特别复杂，合同履行期较长，为便于明确各自的权利和义务，减少履约问题和争议，《民法典合同编》规定建设工程施工合同应当采用书面形式。

2. 按照给付内容和性质分类

按照给付内容和性质，合同可以分为转移财产合同、完成工作合同和提供服务合同。《民法典合同编》规定承揽合同、建设工程施工合同均属于完成工作合同。

3. 按照当事人是否相互负有义务分类

按照当事人是否相互负有义务，合同可以分为双务合同和单务合同。《民法典合同编》中规定的绝大多数合同，如买卖合同、建设工程施工合同、承揽合同和运输合同等均属于双务合同。单务合同是指仅有一方当事人承担给付义务的合同，双方当事人的权利义务关系并不对等，是一方享有权利但不享有义务，而另一方仅承担义务而不享有权利，不存在具有对等给付性质的权利与义务关系。

4. 按照当事人之间的权利义务关系有无对等关系分类

按照当事人之间的权利义务关系是否存在对等关系，合同可以分为有偿合同和无偿合同。无偿合同是指当事人一方享有合同约定的权利而无须向双方当事人履行相应的义务的合同，如赠与合同等。

5. 按照合同的成立是否以递交标的物为必要条件分类

按照合同的成立是否以递交标的物为必要条件，合同可分为诺成合同和要物合同两种。

要物合同又称实践合同，是指除了要求当事人双方意思表示达成一致外，还必须实际交付标的物以后才能成立的合同。如承揽合同中的来料加工合同，在双方达成协议后，还需要供料方交付原材料或者半成品，合同才能成立。

诺成合同又称不要物合同，是实践合同的对称。指仅以当事人意思表示一致为成立要件的合同。诺成合同自当事人双方意思表示一致时即可成立，不以一方交付标的物为合同的成立要件，当事人交付标的物属于履行合同，而与合同的成立无关。买卖合同是典型的诺成合同。

6. 按照相互之间的从属关系分类

按照相互之间的从属关系，合同可以分为主合同和从合同。主合同是指不以其他合同的存在为前提而独立存在和独立发生效力的合同，如买卖合同、借贷合同。从合同又称附属合同，是指不具备独立性，以其他合同的存在为前提而成立并发生效力的合同，如在借贷合同和担保合同之间，借贷合同属于主合同，而担保合同则属于从合同。在建筑工程承包合同中，总包合同是主合同而分包合同则是从合同。主合同和从合同的关系为：主合同和从合同并存时，两者发生互补作用，主合同无效或者撤销时，从合同也将失去法律效力；而从合同无效或者被撤销，一般不影响主合同的法律效力。

7. 按照法律对合同形式是否有特殊要求分类

按照法律对合同形式是否有特殊要求，合同可分为要式合同和不要式合同。要式合同是指法律规定必须采取特定形式的合同。《民法典合同编》中要式合同是指法律对合同形式未做出特别规定的合同。不要式合同是指当事人订立的合同依法并不需要采取特定的形式，当事人可以采取口头方式，也可以采取书面方式。此时，合同究竟采用何种形式，完全由双方当事人自己决定，可以采用口头形式，也可以采用书面形式或默示形式。

8. 按照法律是否为某种合同确定了一个特定的名称分类

按照法律是否为某种合同确定了一个特定的名称，合同可分为有名合同和无名合同两种。有名合同又称为典型合同，是指法律确定了特定名称和规则的合同。如《民法典合同编》中所规定的基本合同即为有名合同。无名合同又称非典型合同，是指法律没有确定具体名称和相应规则的合同。

6.2 合同的主要组成

6.2.1 合同的形式及主要条款

1. 合同的形式

合同可以分为两种形式，一种是口头合同，建立在双方相互信任的基础上，它适用于不复杂、不易产生争执的经济活动中；另一种是书面合同，是用文字书面表达的合同。对于数量较大、内容比较复杂以及容易产生争执的经济活动必须采用书面形式的合同。常见的有，合同书信件或数据电文(传真、电子邮件等)。书面合同是最常用、也是最重要的合同形式，人们通常所指的合同就是这一类。

2. 合同的主要条款

合同的内容由合同双方当事人约定，不同种类的合同其内容也是不同的。但一般合同主要条款通常包括如下几方面的内容。

1) 当事人的名称或姓名和场所

当事人的名称或姓名和场所是指自然人的姓名和住所及法人和其他组织的名称和地址。合同中记载的当事人的姓名或名称是确定合同当事人的标志，而住所或地址则在确定合同债务履行地、法院对案件的管辖等方面具有重要的法律意义。

2) 标的

标的即合同法律关系的客体。合同中的标的条款应当标明标的的名称，以使其特定化，并能确定权利义务的范围。合同的标的因合同类型的不同而变化。

3) 数量

合同标的的数量是衡量合同当事人权利义务大小和程度的尺度。因此，合同标的的数量一定要确切，并应当采用国家标准或者行业标准中确定的，或者当事人共同接受的计量方法和计量单位。

4) 质量

合同标的的质量是指检验标的的内在素质和外观形态优劣的标准。它和标的的数量一样是确定合同标的的具体条件，是这一标的区别另一标的的具体特征。因此，在确定合同标的的质量标准时，应当采用国际、国家或者行业标准。如果当事人对合同标的的质量有特别约定时，在不违反相关标准的前提下，可以根据合同约定另外制定标的的质量要求。合同中的质量条款包括标的的规格、性能、物理和化学成分、款式和质感等。

5) 价款和报酬

价款和报酬是指以物、行为和智力成果为标的的有偿合同中，取得利益的一方当事人作为取得利益的代价而应向对方支付的金钱。价款是取得有形标的的物应支付的代价，报酬是提供服务应获得的代价。

6) 履行的期限、地点和方式

履行的期限是指合同当事人履行合同和接受履行的时间，它直接关系到合同义务的完成时间，涉及当事人的权利期限，也是确定违约与否的因素之一。履行地点是指合同当事人履行合同和接受履行的地点。履行地点是确定交付与验收标的的地点的依据，有时是确定风险由谁承担的依据，以及标的物所有权是否转移的依据。履行方式是合同当事人履行合同和接受履行的方式，包括交货方式、实施行为方式、验收方式、付款方式、结算方式和运输方式等。

7) 违约责任

违约责任是指当事人不履行合同义务或者履行合同义务不符合约定时应当承担的民事责任。违约责任是促使合同当事人履行债务，使守约方免受或者少受损失的法律救援手段，对合同当事人的利益关系重大，合同对此应予明确。

8) 争议解决的途径

解决争议的途径是指合同当事人解决合同纠纷的手段、地点。在合同中明确当合同订立、履行中产生争执时是通过协商、仲裁还是通过诉讼解决其争议，这有利于合同争议的管辖和尽快解决，并最终从程序上保障了当事人的实体性权益。

6.2.2　合同的要约与承诺

订立合同的程序是指订立合同的步骤和阶段。一般而言，订立合同要经过要约和承诺两个阶段。

1. 要约

提出要约方为要约人，接受要约方为受要约人。要约必须具备两个条件：要约的内容以及双方要受到要约的约束。要约经双方同意可以撤销，但已确定了承诺期限或者以其他形式明示要约不可撤销的，以及受要约人为履行合同作了准备工作的，均不能撤销。

1) 要约邀请

要约邀请又称要约引诱，是指一方希望他人向自己发出要约的意思表示，要约邀请与要约虽然最终的目的都是为了订立合同，但两者存在较大区别。最重要的区别就是法律约束力不同。要约邀请对行为人无法律约束力，在发出要约邀请后可随时撤回其邀请，只要没有造成利益损失的，要约邀请人一般不承担法律责任。而要约一经受要约人承诺，合同便成立，即使受要约人不承诺，要约人在一定时间内也应受到要约的约束，不得违反法律规定擅自撤回或撤销要约，不得随意变更要约的内容。

实例分析：育才中学要建立实验室，分别向几个计算机商发函，称"我校急需计算机100台，若贵公司有货，请联告"。第二天新河公司，就将100台计算机送到学校，而此时育才中学已经决定购买另一家计算机商的计算机，故拒绝新河公司的计算机，由此产生纠纷。育才中学发函属于要约邀请，育才中学的拒绝不属于违约行为。

2) 要约生效的时间

要约到达受要约人时生效。因要约的送达方式不同，其到达的时间界定也不同。采用直接送达的方式发出要约的，记载要约的文件交给受要约人即为到达；采用普通邮寄方式送达要约的，受要约人收到要约文件或要约送达到受要约人信箱的时间为到达时间；采用数据电文形式(包括电报、电传、传真、电子数据交换和电子邮件)发出要约的，数据电文进入收件人指定的特定系统的时间或者在未指定特定系统情况时数据电文进入收件人的任何系统的首次时间作为要约的到达时间。

3) 要约的撤回和撤销

要约的撤回是指要约在发生法律效力之前，要约人宣布收回发出的要约，使其不产生法律效力的行为。撤回要约的通知应当在要约到达受要约人之前或者与要约到达受要约人的同时。要约的撤销是指要约在发生法律效力之后，要约人取消该要约，使该要约的效力归于消灭的行为。撤销要约的通知应当在受要约人发出承诺通知之前到达受要约人。

要约人确定了承诺期限或者以其他形式明示要约不可撤销，或者受要约人有理由认为要约是不可撤销的，并已经为履行合同做了准备工作。此两种情况，要约不得撤销。

4) 要约的失效

要约失效也称要约消灭，是指要约丧失了法律效力，要约人和受要约人均不再受其约束。要约在以下4种情况下失效：

(1) 受要约人拒绝要约。受要约人拒绝要约是因为受要约人不接受要约所确立的条件，或者没有与要约人订立合同的意愿。

(2) 要约人依法撤销要约。

(3) 承诺期限届满，受要约人未做承诺。

(4) 受要约人对要约的内容做出实质性变更。

如果受要约人对要约的主要内容做出限制、更改或扩大，则构成反要约，即受要约人拒绝了要约，同时又向原要约人提出了新的要约。但如果受要约人只是更改了要约的非实质内容，且征得了要约人同意，则不构成新要约，要约亦不会失效。

实例分析：2007年7月5日，我国某公司向菲律宾一公司发盘：以每吨5 000元人民币的价格出售螺纹钢200吨，7月25日前承诺有效。菲律宾商人接到电话后，要求我方将价格降至 4 800 元。经研究，我方决定将价格降为 4 900 元。并于 8 月 1 日通知对方，"此为我方最后出价，8 月 10 日前承诺有效"。可是发出这个要约以后，我方就收到国际市场钢材涨价的消息，每吨螺纹钢涨价约 400 元人民币。于是，我方在 8 月 6 日致函撤盘，菲律宾方于 8 月 8 日来电接受我方最后发盘，菲律宾公司认为合同已成立，我方撤盘系违约行为，要求我方赔偿其 4 万元人民币。本案例中的要约承诺了期限不可撤销，菲律宾公司要求我方赔偿其 4 万元人民币属于合法，我国公司因忽略了这个问题而导致赔偿。

2. 承诺

承诺也称接受，是指受要约人同意要约的意思表示。受要约人无条件同意要约的承诺一经送达到要约人则发生法律效力，这是合同成立的必经程序。

1) 承诺的方式

承诺应当以通知的方式做出，但根据交易习惯或者要约表明可以通过行为做出承诺的除外。也就是说，承诺方式原则上是以通知的方式做出的，包括口头、书面等明示的形式。通知的方式是实践中最常见的方式，也有例外，即当事人可以根据交易习惯或者要约表明可以通过行为做出承诺的，则不需要以通知的方式做出。

2) 承诺的生效时间

承诺生效的时间也就是合同成立的时间。承诺需要通知的，承诺通知到达要约人时生效；承诺不需要通知的，根据交易习惯或者约定时间做出的承诺为准。

3) 承诺的撤回

承诺撤回是指受要约人在发出承诺通知后，在承诺生效之前撤回其承诺的行为。撤回承诺的通知应当在承诺通知到达要约人之前或者与承诺通知同时到达要约人。承诺撤回视为承诺未发出。

4) 有效的承诺须具备的条件

承诺必须由受要约人作出；承诺必须在规定的期限内到达要约人；承诺的内容应当与要约的内容一致。

6.2.3　合同成立的时间与地点

1. 合同成立的时间

合同订立的同时，决定合同成立时间：

(1) 采用口头形式订立合同的，自口头承诺生效时合同成立。

(2) 采用合同书形式订立合同的，自双方当事人签字或者盖章时合同成立。

(3) 当事人签字或盖章的时间不一致的，应当以最后方签字或盖章的时间作为合同成立的时间。

(4) 采用信件、数据电文形式订立合同的，一方要求在合同成立之前签订确认书的，签订确认书时合同成立。如果双方都未提出签订确认书，则仍然是承诺生效时合同成立。

(5) 法定或约定采用书面形式订立合同的，当事人未采用书面形式，或者采用合同书形式订立合同，在签字或盖章之前，一方已履行主要义务，对方接受的，该合同成立。

2. 合同成立的地点

合同成立的地点即承诺生效的地点。根据承诺的方式和承诺生效时间规定的不同，合同成立的地点也不同：

(1) 承诺需要通知的，要约人所在地为合同成立的地点。

(2) 承诺不需要通知的，受要约人根据交易习惯或者要约的要求做出承诺行为的地点为合同成立的地点。

(3) 采用合同书形式订立合同的，双方当事人签字或者盖章的地点为合同成立的地点。

(4) 采用数据电文形式订立合同的，收件人的主营业地为合同成立的地点；没有主营业地的，其经常居住地为合同成立的地点。当事人另有约定的，按照其约定。

6.2.4 缔约过失责任

1. 缔约过失责任的概念和特点

缔约过失责任是指在合同订立过程中，由于当事人方实施了违背诚实信用原则的行为而应承担的损害赔偿责任。其具有以下特点：

(1) 缔约过失责任发生在合同订立过程中。

(2) 违背诚实信用原则给对方造成损失的，应当承担损害赔偿责任。

(3) 造成他人利益的损失。

2. 缔约过失责任的类型

(1) 假借订立合同，恶意进行磋商。主要是指当事人一方违背诚实信用原则，以损害对方利益为目的，在根本无意与之签订合同的情况下，与对方谈判而造成对方损失。

(2) 故意隐瞒与订立合同有关的重要事实或提供虚假情况。诚实信用原则要求订立合同时，当事人应提供真实的信息，如实向对方陈述有关重要的事实，诚实守信，不得欺诈对方，否则要承担损害赔偿的责任。

(3) 泄露或者不正当使用在订立合同中知悉的对方的商业秘密，给对方造成损失。在订立合同过程中，当事人负有保守商业秘密的义务，无论合同是否成立，不得泄露或不正当使用。

(4) 其他违背诚实信用原则的行为。

实例分析：张先生欲买楼，口头与楼宇开发商约定看楼时间。某日，楼宇开发商陪同张先生一起去看房，因为后期施工未完毕，张先生因大厅地面太滑摔跤造成骨折。在这种情况下，张先生是追究开发商的违约责任，还是追究发展商的侵权责任？

张先生因为购房与开发商发生了缔约关系，发展商应告诉张先生地面较滑、走路小心或采取防滑措施，开发商未尽义务，存在缔约过失，张先生可要求开发商承担缔约过失责任，赔偿其损失。

6.3　建设工程合同管理的主要内容

合同的种类很多，涉及到采购合同、建设工程合同、服务合同等诸多类型。其中，建设工程项目的开展依赖于严格的合同管理，换言之，合同会直接影响建设工程项目经营与管理的结果。建设工程从开始到结束的整个过程中始终存在变化，不仅体现了合同管理具有的多层次、全方位的特点，更体现了合同管理的动态性与风险性。因此，建设工程合同管理，不仅是建设工程的核心部分，也是所有合同管理中最复杂、最多层次的一种合同管理。

6.3.1　工程合同管理的概念、目标及原则

1. 工程合同管理的概念及目标

工程合同管理是指各级工商行政管理机关、建设行政主管部门和金融机构，以及业主、承包商、监理单位依据法律和行政法规、规章制度，采取法律的、行政的、经济的手段，对建设工程合同关系进行组织、指导、协调及监督，保护工程合同当事人的合法权益，处理工程合同纠纷，防止和制裁违法行为，保证工程合同顺利实施的一系列活动。

工程合同管理的主体既包括各级工商行政管理机关、建设行政主管机关、金融机构，还包括发包单位、监理单位、承包单位。本书的工程合同管理侧重的是合同内部管理，即业主、承包商和监理师等对工程合同的管理。

在工程建设中实行合同管理，是为了使工程建设顺利地进行，如何衡量顺利进行，主要用质量、工期、成本和安全4个因素来评判。此外，实行合同管理可使得业主、承包商、监理工程师保持良好的合作关系，便于日后的继续合作和业务开展。

2. 工程合同管理的原则

1) 合同权威性原则

在工程建设中，合同是具有权威性的，是双方的最高行为准则。工程合同规定和协调双方的权利、义务，约束各方的经济行为，确保工程建设顺利地进行。双方出现争端时，应首先按合同解决，只有当法律判定合同无效，或争执超过合同范围时，才借助于法律途径。在任何国家，法律只能规定经济活动中各主体行为准则的基本框架，而具体行为的细节则由合同来规定。承包商签订一个有利、完备的合同，对于圆满地履行其约定、实现工程项目目标、维护各方权益十分重要。

2) 合同自由性原则

合同自由性原则是当合同只涉及当事人利益、不涉及社会公共利益时的基本市场经济原则之一，也是一般国家的法律准则。例如鉴定和确定合同内容与形式时双方平等的自由协商。

3) 合同合法性原则

合同不能违反法律，即合同不能与法律相抵触，否则无效。合同不能违反社会公众利

益，法律对合法的合同才能提供充分的保护。

4) 诚实信用原则

合同是在双方诚实信用基础上签订的，工程合同目标的实现必须依靠合同双方及相关各方的真诚合作。这表现为双方提供的信息、资料真实可靠，不欺诈、不误导，真诚合作。

5) 公平合理原则

在调节合同双方经济关系时，经济合同应不偏不倚，维持合同双方在工程中一种公平合理的关系，这表现为承包商提供的工程(或服务)与业主支付的价格是公平合理的(以当时的市场价格为依据)，合同中的权利和义务是平衡对等的，风险的分担是合理的，工程合同应体现出工程惯例。工程惯例，指工程中通常采用的做法，一般比较公平合理，如果合同中的规定或条款严重违反惯例，往往就违反了公平合理原则。

6.3.2　工程合同管理的主要内容

工程合同管理的主要内容包括合同订立前的管理、合同订立阶段的管理、合同实施阶段的管理、合同运营阶段的管理及合同的信息管理。

1. 合同订立前的管理

合同订立前的管理也称为合同总体策划。合同签订意味着合同生效和全面履行，所以必须采取谨慎、严肃、认真的态度，做好签订前的准备工作，具体内容包括市场预测、资信调查和决策以及订立合同前行为的管理。

作为业主方，主要应通过合同总体策划对以下内容作出决策：与业主签约的承包商的数量、招标方式的确定、合同种类的选择、合同条件的选择、重要合同条款的确定以及其他战略性问题(诸如业主的相关合同关系的协调等)。

作为承包商，也有合同策划问题，它服从于承包商的基本目标(取得利润)和企业经营战略，具体内容包括投标方向的选择、合同风险的总评价、合作方式的选择等。

2. 合同订立阶段的管理

合同订立意味着当事人双方经过工程招标投标活动，充分酝酿、协商一致，从而建立起建设工程合同的法律关系。订立合同是一种法律行为，双方应当认真、严肃拟定合同条款，做到合同合法、公平、有效。

3. 合同实施阶段的管理

合同依法订立后，当事人应认真做好履行过程中的组织和管理工作，严格按照合同条款，享有权利和义务。该阶段，合同管理人员(无论是业主方还是承包方)的主要工作是建立合同实施的保证体系、对合同实施情况进行跟踪并进行诊断分析、进行合同变更管理等。此外各个主体(业主、承包商、监理工程师等)有相应的风险管理、进度管理、质量管理、成本管理、施工安全管理、分包管理、施工人员管理、施工索赔管理、合同争议的解决等权利和义务。

4. 合同运营阶段的管理

项目建成移交后开始进入运营期。这一阶段也是缺陷通知期，这个阶段的合同管理工作主要包括按合同标准做好维修、移交工作和工程建设总结。

工程合同管理的主要工作及其相应的合同文件如表 6-1 所示。

表 6-1　建设工程合同管理的主要工作及合同文件

合同管理阶段	合同管理工作	使用的合同文件	参与的主体
合同订立前的管理	合同总体策划	可行性研究协议	业主
	编号设计文件	咨询服务合同	
	做好招标工作	招标文件	
合同实施阶段的管理	进度管理	施工合同示范文本	业主
	质量管理	设计、施工条件	承包商
	成本管理	EPC 合同条件	监理工程师
	施工安全管理	简明合同格式	
	分包管理	JCE 合同条件	
	风险管理	JCT 合同条件	
	施工人员管理	AIA 合同条件	
	施工索赔管理	BOT 合同条件	
	合同争议处理	施工监理合同	
	—	分包合同	
运营阶段的合同管理	按合同做好维修合同	维修期协议书	业主
	和合同做好移交工作	运行培训协议书	承包商
	工程建设总结	施工后评估	监理工程师
	—	合同完成通知书	—

6.3.3　监理单位合同的信息管理

监理单位作为独立于建设单位和施工单位的第三方监管单位，建立合同信息管理措施主要包括三方面的内容，包括合同分析、建立合同管理程序和制度以及合同文档管理。

1. 合同分析

合同分析的目的是对比分析监理委托合同、施工承包合同，清晰地确定项目监理的服务范围、监理目标，划定监理单位与业主的权利义务界限，划定业主与承包商的权利义务界限，并进行各自范围内的风险责任分析，以便在工程实施过程中进行各方面的控制和处理合同纠纷、索赔等问题。

(1) 分析各个主要的合同事件中，监理、施工承包商及业主方之间的权利、义务及责任，各主要合同事件之间的网络关系，建立有关监理工程流程。

(2) 熟悉项目监理部的监理服务内容，并比较与通常的监理服务内容上的异同之处。针对合同专用条款中的细节问题，找出本工程监理难点和重点，并建立相应的监理工作制度。

(3) 分析监理的工期控制目标，将工期目标用图(网络图或横道图)表示出来，并对总工期控制目标进行风险分析和项目分解，找出关键线路和避免风险措施。

(4) 分析监理的质量控制目标和所执行的规范标准、试验规程、验收程序，并围绕质量控制目标，制订一系列的合同管理措施。

(5) 分析监理的投资控制目标。根据监理投资目标进行阶段性分解和风险分析，并对项目实施中出现的重点和难点，制订有关监理措施。

(6) 参与处理招标方与承包商的合同纠纷问题，包括对于仲裁、咨询、诉讼事宜，为业主提供有关支持性的证据。

2. 建立合同管理程序和制度

(1) 以合同为依据，本着实事求是的精神，合情合理地处理合同执行过程中的各种争议。

(2) 合同管理坚持程序化，如工程变更、延期、索赔、计量支付等都按固定格式和报表填写。合同价款的增减要有根据，工程变更引起的增减、延期等按照《合同变更管理试行办法》执行。

(3) 承包方应按月或季报送完成工程量结算报表，经监理严格核实、签证后，作为结算工程款的依据报送业主，业主据此签证才可向承包方支付工程款。

(4) 协助业主严格审查特殊工程与特种工程的分包单位，作好其分包控制工作。

(5) 建立合同数据档案，把合同条款分门别类合理编号，采用计算机检索管理。

(6) 监理工程师根据掌握的文件资料和实际情况，按照合同的有关条款，考虑综合因素，完成有关工作之后对变更费用作出评估，并报业主审批。

(7) 严格控制工程分包与转让，要求承包商必须执行《工程分包报审程序》，按规定审批工程分包并办理有关手续。

(8) 监理工程师根据合同有关规定，督促承包商进行保险并进行检查，掌握工程保险的原始资料及有关证据，协助业主处理好工程保险有关事务。

3. 合同文档管理

合同文档管理的目的，就是要使监理工程师能迅速地掌握合同及其变化情况，做到快速便捷地查询，对合同执行过程进行动态管理，并为后期的有关合同纠纷积累原始记录。合同文档管理的做法如下：

(1) 建立科学的文档编码系统和文档管理制度，按文件的来源和类别分类，以便于操作和查询。

(2) 合同资料的快速收集与处理。通过建立监理记录和监理报告制度，以及资料采集制度，对施工过程文件，完成原始记录的积累和保存。

在合同的管理过程中还要注意很多细节，从而健全合同管理制度。

6.4　建设工程合同的分类

6.4.1　建设工程合同的概念

1. 建设工程合同的基本概念

建设工程的主体是发包人和承包人。发包人一般为建设工程的建设单位，即投资建设该项目的单位，通常也叫做业主，也包括业主委托的管理机构。承包人是指实施建设工程勘察、设计、施工等业务的单位。这里的建设工程是指土木工程、建筑工程、线路管道和设备安装以及装修工程。

在建设工程合同中，建设工程项目的参与者(业主、施工承包单位、施工分包单位、设计单位、劳务分包单位、材料设备供应单位、监理单位、咨询服务单位等)之间互相签订合同。在不同的管理模式下，有不同的合同种类和不同的合同内容，合同双方的职责也不同。

由于业主在建设工程项目管理中所处的优势地位，业主一般具有工程项目管理模式的选择权以及发包选择权。因此，建设工程主要合同是指业主与相关单位之间签订的系列合同，如与勘察、设计单位之间签订的勘察、设计合同；与施工承包单位之间签订的施工合同、机电设备安装合同；与监理单位之间签订的监理合同；与材料设备供应单位之间签订的材料采购(供应)合同、设备采购(供应)合同等。

建设工程合同属于承揽合同的特殊类型，因此，法律对建设工程合同没有特别规定的，适用法律对承揽合同的相关规定。

2. 建设工程合同的特征

1) 建设工程合同主体资格的合法性

建设工程合同主体就是建设工程合同的当事人，即建设工程合同发包人和承包人。不同种类的建设工程合同具有不同的合同当事人。由于建设工程活动的特殊性，我国建设法律、法规对建设工程合同的主体有非常严格的要求。所有建设工程合同主体资格必须合法，必须为法人单位，并且具备相应的资质。

2) 建设工程合同客体的层次性

合同客体是合同法律关系的标的，是合同当事人权利和义务共同指向的对象，包括物、行为和智力成果。建设工程合同客体就是建设工程合同所指向的内容，如工程的施工、安装、设计、勘察、咨询和管理服务等。

3) 建设工程合同交易的特殊性

以施工承包合同为主的建设工程合同，在签订合同时确定的价格一般为暂定的合同价格。合同实际价格只有等合同履行全部结束并结算后才能最终确定。建设工程合同交易具有多次性、渐进性，与其他一次性交易合同有很大不同。即使低于成本价格的合同初始价格，在工程合同履行期间，通过工程变更索赔和价格调整，承包人仍然可能获得可观利润。

4) 建设工程合同的行政监督性

我国建设工程合同的订立、履行和结束等全过程都必须符合基本建设程序,接受国家相关行政主管部门的监督和管理。行政监督既涉及工程项目建设的全过程,如工程建设立项、规划设计、初步设计、施工图纸、土地使用招标投标、施工、竣工验收等,也涉及工程项目的参与者,如参与者的资质等级、分包和转包、市场准入等。

5) 建设工程合同履行的地域性

由于建设工程具有产品的固定性,工程合同履行需围绕固定的工程展开,同时工程咨询服务合同也应尽可能在工程所在地履行。因此,建设工程合同履行具有明显的地域性,这影响到了合同履行效果和合同纠纷的解决方式。

6) 建设工程合同的书面性

由于建设工程合同一般具有合同标的数额大、合同内容复杂、履行期较长等特点,以及在工程建设中经常会发生影响合同履行的纠纷,因此,建设工程合同应当采用书面形式,这也是国家工程建设进行监督管理的需要。

6.4.2 建设工程合同的类型

1. 根据工程承包的内容进行分类

建设工程合同根据工程承包的内容可有以下分类。

1) 工程勘察合同

工程勘察合同,是指勘察人(承包人)根据发包人的委托,完成对建设工程项目的勘察工作,由发包人支付报酬的合同。

2) 工程设计合同

工程设计合同,是指设计人(承包人)根据发包人的委托,完成对建设工程项目的设计工作,由发包人支付报酬的合同。工程设计合同的内容包括提交有关基础资料和文件(包括概预算)的期限质量要求、费用以及其他协作条件等条款。

3) 工程施工合同

工程施工合同,是指施工人(承包人)根据发包人的委托,完成建设工程项目的施工工作,发包人接受工作成果并支付报酬的合同。工程施工合同的内容包括工程范围、建设工期、中间交工工程的开工和竣工时间、工程质量、工程造价、技术资料交付时间、材料和设备供应责任、拨款和结算、竣工验收、质量保修范围和质量保证期、双方相互协作等条款。

2. 根据合同联系结构进行分类

建设工程合同根据合同联系结构可有以下分类。

1) 总承包合同与分别承包合同

总承包合同,是指发包人将整个建设工程承包给一个总承包人而订立的建设工程合同。总承包人就整个工程对发包人负责。

分别承包合同,是指发包人将建设工程的勘察、设计、施工工作分别承包给勘察人、设计人、施工人而订立的勘察合同、设计合同、施工合同。勘察人、设计人、施工人作为承包人,就其各自承包的工程勘察、设计、施工部分,分别对发包人负责。

2) 总包合同与分包合同

总包合同，是指发包人与总承包人或者勘察人、设计人、施工人就整个建设工程或者建设工程的勘察、设计、施工工作所订立的承包合同。总包合同包括总承包合同与分别承包合同，总承包人和承包人都直接对发包人负责。

分包合同，是指总承包人或者勘察人、设计人、施工人经发包人同意，将其承包的部分工作承包给第三人所订立的合同。分包合同与总包合同是不可分离的。分包合同的发包人就是总包合同的总承包人或者承包人(勘察人、设计人、施工人)。分包合同的承包人即分包人，就其承包的部分工作与总承包人或者勘察、设计、施工承包人向总包合同的发包人承担连带责任。

上述几种承包方式，均为我国法律所承认和保护。但对于建设工程的肢解承包、转包以及再分包这几种承包方式，均为我国法律所禁止。

3. 根据项目管理模式与参与者的关系进行分类

建设工程合同根据项目管理模式与参与者的关系可有以下分类。

1) 建设工程传统模式的合同

在建设工程传统模式下，业主与不同承包人之间的主要合同包括咨询服务合同、勘察合同、设计合同、施工承包合同、设备安装合同、材料设备供应合同、监理合同、造价咨询合同、保险合同等。此外，还包括各承包人与分包人之间签订的大量的分包合同。

2) 建设工程项目设计建造/EPC/交钥匙模式的合同

在建设工程项目设计建造/EPC/交钥匙模式下，业主与不同承包人之间的主要合同包括咨询服务合同、设计建造合同、EPC(设计采购施工)合同、交钥匙合同、监理合同、保险合同等，此外，还包括工程项目承包人与其他分包人之间签订的大量的分包合同。

3) 建设工程项目施工管理模式的合同

在建设工程项目施工管理模式下，施工管理人作为独立的第四方(除业主、设计人、施工承包人外)参与工程管理。业主与不同承包人之间的主要合同包括咨询服务合同、勘察合同、设计合同、施工管理合同、施工承包合同、设备安装合同、材料设备供应合同、保险合同等。此外，还包括各承包人与分包人之间签订的大量分包合同。

4) 建设工程其他模式下的合同

在建设工程项目中还存在许多其他模式，如 PFI/PPP(私人融资启动/公私合营)模式、BOT(建设经营转让)模式、简单模式等，业主与不同参与者之间签订的不同的合同。

6.5　建设工程施工合同

6.5.1　合同概述

1. 建设工程施工合同的概念

建设工程施工合同是指施工承包人进行工程施工、发包人支付价款的合同。建设工程施工合同也叫施工承包合同或者建筑安装工程承包合同。建设工程施工合同主要包括建筑工程施工、管线设备安装两方面。其中，建筑工程施工是指建筑工程，包括土木工程的现场建设行为；管线设备安装是指与工程有关的各类线路、管道、设备等设施的装配。根据建设工程施工合同，施工承包人应完成合同规定的土木和建筑工程、安装工程施工任务，发包人应提供必要的施工条件并支付工程价款。

1) 特征

建设工程施工合同是发包人与施工承包人之间签订的合同，是工程建设的核心合同，为工程建设从图纸转化为工程实体的过程提供全方位的管理。建设工程施工合同虽然仅在发包人和施工承包人之间签订，但是工程施工几乎涉及工程建设的所有参与者，是所有工程合同中最复杂、最重要的合同。

目前，我国运用最广泛的施工合同为《建设工程施工合同(示范文本)》(GF-2017-0201)(简称《示范文本》)。该合同借鉴《FIDIC土木工程施工合同条件》的实践经验，规范了我国工程建设的发包人、施工承包人、工程师三者之间的关系。工程师或者监理工程师为发包人提供工程现场的管理服务。施工承包人的现场质量、安全进度等工作需要获得工程师的现场认可，然后发包人才能支付工程进度款。发包人对施工承包人的大量指令可以通过工程师签发，可以使发包人摆脱现场管理纷杂的工作，同时发包人能够保持对工程现场施工的高度控制。

2) 建设工程施工合同订立的依据和条件

建设工程施工合同订立，是指业主和承包人之间为了建立承发包合同关系，通过对施工合同具体内容进行协商而形成合意的过程。订立施工合同必须依据《民法典合同编》《建筑法》《招标投标法》《建设工程质量管理条例》等有关法律、法规，按照《示范文本》的合同条件，明确规定双方的权利、义务，各尽其责，共同保证工程项目按合同规定的工期、质量、造价等要求完成。

订立建设工程施工合同必须具备以下条件：

(1) 初步设计和总概算已经批准。

(2) 国家投资的工程项目已经列入国家或地方年度建设计划。

(3) 有能够满足施工需要的设计文件和有关技术资料。

(4) 建设资金和重要建筑材料设备来源已经落实。

(5) 建设场地、水源电源、道路已具备或在开工前完成。

(6) 工程发包人和承包人具有签订合同的相应资格。

(7) 工程发包人和承包人具有履行合同的能力。

(8) 中标通知书已经下达。

2. 建设工程施工合同的类别

按照业主和承包商等主要合同关系分析和项目任务的结构分解，就得到不同层次、不同种类的合同，它们共同构成的合同体系如图6-1所示。在该合同体系中，这些合同都是为了完成业主的工程项目，并且围绕这个目标签订和实施的。这些合同之间存在着复杂的内部联系，构成了建设施工工程的合同网络。

其中，建设工程施工合同是最复杂、最有代表性的合同类型，在建设工程合同体系中处于主导地位，因为它反映了项目任务范围和划分方式、项目的管理模式和组织形式，是整个建设工程项目合同管理的重点。无论是业主、监理工程师或承包商，都将它作为合同管理的主要对象。详情见图 6-1。

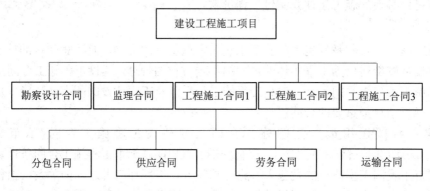

图 6-1　建设工程施工工程的合同体系

3. 建设工程施工合同示范文本

《示范文本》由合同协议书、通用合同条款、专用合同条款和附件四部分组成，适用于房屋建筑工程、土木工程、线路管道、设备安装工程和装修工程等建设工程的施工承发包活动，合同当事人可结合建设工程具体情况，订立合同，并按照法律、法规的规定和合同约定承担相应的法律责任及合同权利与义务。《示范文本》的组成具体如下：

1) 合同协议书

协议书是总纲性文件，反映了标准化的协议书格式，其中空格的内容需要当事人双方结合工程特点协商填写。协议书虽然篇幅小，但是规定了合同当事人双方最主要的权利与义务，规定了组成合同的文件及合同当事人对履行合同义务的承诺，并且合同当事人在这份文件上签字盖章，具有很高的法律效力。

协议书主要由 13 个方面的内容组成：工程概况、合同工期、质量标准、签约合同价和合同价格形式、项目经理、合同文件构成、承诺以及合同生效条件等重要内容，集中约定了合同当事人基本的合同权利与义务。

2) 通用合同条款

通用合同条款中所列的条款内容不区分具体工程的性质、地域、规模等特点，只要属于建筑安装工程均可使用。通用合同条款是合同当事人根据《中华人民共和国建筑法》《民法典合同编》等法律、法规的规定，就工程建设的实施及相关事项，对合同当事人的权利义务作出的原则性约定。通用合同条款共计 20 条，具体条款分别为：一般约定、发包人、承包人、监理人、工程质量、安全文明施工与环境保护、工期和进度材料与设备、试验与检验、交更、价格调整、合同价格、计量与支付、验收和工程试车竣工结算、缺陷责任与保修、追约、不可抗力、保险、索赔和争议解决。前述条款安排既考虑了现行法律、法规对工程建设的有关要求，也考虑了建设工程施工管理的特殊需要。通用合同条款在使用时一般不作任何改动，可以直接使用。

3) 专用合同条款

由于具体工程的工作内容各不相同，施工现场和外部环境不同，发包人和承包人的管理能力、经验也不同，通用合同条款不能完全适用于各个具体工程。专用合同条款是对通用合同条款原则性约定的细化完善、补充、修改或另行约定的条款。合同当事人可以根据不同建设工程的特点及具体情况，通过双方的谈判、协商对相应的专用合同条款进行修改补充。在使用专用合同条款时，应注意以下事项：

(1) 专用合同条款的编号应与相应的通用合同条款的编号一致。

(2) 合同当事人可以通过对专用合同条款的修改，满足具体建设工程的特殊要求，避免直接修改通用合同条款。

在专用合同条款中有横道线的地方，合同当事人可针对相应的通用合同条款进行细化完善、补充、修改或另行约定；如无细化、完善、补充、修改或另行约定，则填写无。

4) 附件

针对我国工程施工常见的管理特点，《示范文本》提供了 11 个标准附件，进一步对发包人和承包人的权利和义务进行了明确。这 11 个附件分别为：合同协议书，包括承包人承揽工程项目一览表、专用合同条款；发包人供应材料设备一览表；工程质量保修书；主要建设工程文件目录；承包人用于本工程施工的机械设备表；承包人主要施工管理人员表；分包人主要施工管理人员表；履约担保格式；预付款担保格式；支付担保格式；暂估价一览表。

4. 建设工程施工合同文件的组成及解释顺序

组成合同的各项文件应互相解释，互为说明。除专用合同条款另有约定外，解释合同文件的优先顺序如下：

(1) 合同协议书；

(2) 中标通知书(如果有)；

(3) 投标及其附录(如果有)；

(4) 专用合同条款及其附件；

(5) 通用合同条款；

(6) 技术标准和要求；

(7) 图纸；

(8) 已标价工程量清单或预算书；

(9) 其他合同文件。

上述各项合同文件包括合同当事人就该项合同文件所做出的补充和修改，属于同一类内容的文件，应以最新签署的为准。当合同文件中出现不一致时，上面的顺序就是合同的优先解释顺序。

5. 建设工程施工合同管理内容

《合同法》规定对于建设工程施工项目采取招投标方式的，必须符合《招标投标法》及相关法律法规。根据《招标投标法》对招标投标的规定，招标、投标、中标实质上就是要约、承诺的方式。招标人通过媒体发布招标公告，或向符合条件的投标人发出招标文件，为要约邀请；投标人根据招标文件内容在约定的期限内向招标人提交投标文件，为要约；

招标人通过评标确定中标人,发出中标通知书,为承诺;招标人和中标人按照中标通知书、招标文件和中标人的投标文件等订立书面合同时,合同成立并生效。

6. 发包人、承包人和监理人的工作

发包人按专用条款约定的内容和时间完成以下工作:

(1) 办理土地征用、拆迁补偿、平整施工场地等工作,使施工场地具备施工条件,在开工后继续负责解决以上事项遗留问题。

(2) 将施工用水、电力、通信线路等施工所必需的条件接至施工现场内。

(3) 保证向承包人提供正常施工所需要的进入施工现场的交通条件。

(4) 提供施工现场及工程施工所必需的毗邻区域内供水、排水、供电、供气、供热、通信、广播电视等地下管线资料,气象和水文观测资料,地质勘察资料,相邻建筑物、构筑物和地下工程等有关基础资料,并对所提供资料的真实性、准确性和完整性负责。

(5) 办理施工许可、批准或备案,包括但不限于建设用地规划许可证、建设工程规划许可证、建设工程施工许可证,施工所需临时用水、临时用电、中断道路交通、临时占用土地等许可、批准或备案。发包人应协助承包人办理法律规定的有关施工证件和批件。

(6) 协调处理施工现场周围地下管线和邻近建筑物、构筑物、古树名木的保护工作,并承担相关费用。

(7) 发包人应做的其他工作,双方在专用合同条款内约定。发包人可以将上述部分工作委托承包人办理,双方在专用合同条款内约定,其费用由发包人承担。发包人未能履行上述各项义务,导致工期延误或给承包人造成损失的,发包人赔偿承包人有关损失,顺延延误的工期。

承包人按专用合同条款约定的内容和时间完成以下工作:

(1) 办理法律规定应由承包人办理的许可、批准或备案,并将办理结果书面报送发包人留存。

(2) 按法律规定和合同约定完成工程,并在保修期内承担保修义务。

(3) 按法律规定和合同约定采取施工安全和环境保护措施办理工伤保险,确保工程及人员、材料、设备和设施的安全。

(4) 按合同约定的工作内容和施工进度要求,编制施工设计计划、施工组织设计和施工措施计划,并对所有施工作业和施工方法的完备性和安全可靠性负责。

(5) 在进行合同约定的各项工作时,不得侵害发包人与他人使用公用道路、水源、市政管网等公用设施的权利,避免对邻近的公用设施产生干扰。承包人占用或使用他人的施工场地,影响他人作业或生活的,应承担相应责任。

(6) 按照《示范文本》通用条款第 6.3 款"环境保护"约定负责施工场地及其周边环境与生态的保护工作。

(7) 贯彻执行《建设工程施工现场管理规定》,按《建筑施工安全检查标准》的规定,实现安全、文明施工,达到现代城市对工程施工过程中的相关标准,创建一个安全文明的施工环境。采取施工安全措施,确保工程及其人员、材料、设备和设施的安全,防止因工程施工造成的人身伤害和财产损失。

(8) 将发包人按合同约定支付的各项价款专用于合同工程,且应及时支付其雇用人员

工资，并及时向分包人支付合同价款。

(9) 按照法律规定和合同约定编制竣工资料，完成竣工资料整理及归档，并按专用合同条款约定的竣工资料的套数、内容、时间等要求移交发包人。

(10) 应履行的其他义务。

工程实行监理的，发包人和承包人应在专用合同条款中明确监理人的监理内容及监理权限等事项。监理人应当根据发包人授权及法律规定，代表发包人对工程施工相关事项进行检查查验、审核、验收，并签发相关指示，但监理人无权修改合同，且无权减轻或免除合同约定的承包人的任何责任与义务。

发包人授予监理人对工程实施监理的权利，由监理人派驻施工现场的监理人员行使。监理人员包括总监理工程师及监理工程师。监理人应将授权的总监理工程师和监理工程师的姓名及授权范围以书面形式提前通知承包人。更换总监理工程师的，监理人应提前 7 天书面通知承包人；更换其他监理人员，监理人应提前 48 小时书面通知承包人。

监理人应按照发包人的授权发出监理指示。监理人的指示应采用书面形式，并经其授权的监理人员签字。紧急情况下，为了保证施工人员的安全或避免工程受损，监理人员可以口头形式发出指示，该指示与书面形式的指示具有同等法律效力，但必须在发出口头指示后 24 小时内补发书面监理指示，补发的书面监理指示应与口头指示一致。

监理人发出的指示应送达承包人项目经理或经项目经理授权接收的人员。因监理人未能按合同约定发出指示、指示延误或发出了错误指示而导致承包人费用增加和(或)工期延误的，由发包人承担相应责任。除专用合同条款另有约定外，总监理工程师不应将《示范文本》通用条款第 4.4 款"商定或确定"约定应由总监理工程师做出确定的权力授权或委托给其他监理人员。承包人对监理人发出的指示有疑问的，应向监理人提出书面异议，监理人应在 48 小时内对该指示予以确认、更改或撤销，监理人逾期未回复的，承包人有权拒绝执行上述指示。监理人对承包人的任何工作、工程或其采用的材料和工程设备未在约定的或合理期限内提出意见的，视为批准，但不免除或减轻承包人对该工作、工程、材料、工程设备等应承担的责任和义务。

合同当事人进行商定或确定时，总监理工程师应当会同合同当事人尽量通过协商达成一致，不能达成一致的，由总监理工程师按照合同约定审慎做出公正的确定。

总监理工程师应将确定以书面形式通知发包人和承包人，并附详细依据。合同当事人对总监理工程师的确定没有异议的，按照总监理工程师的确定执行。任何一方合同当事人有异议的，按照《示范文本》通用条款第 20 条"争议解决"约定处理。争议解决前，合同当事人暂按总监理工程师的确定执行；争议解决后，争议解决的结果与总监理工程师的确定不一致的按照争议解决的结果执行，由此造成的损失由责任人承担。

6.5.2　合同质量条款

建设工程施工中的质量管理是施工合同履行中的重要环节。施工合同的质量管理涉及许多方面的因素，任何一个方面的缺陷和疏漏都会使工程质量无法达到预期的标准。施工合同文本中的大量条款都与工程质量有关，项目经理必须严格按照合同的约定抓好施工质量，施工质量的好坏是项目管理水平的重要体现。施工质量的好坏是项目管理水平的重要体现，也是容易引起合同双方争议的内容。在合同质量条款中，应将商定的标准、规范、图纸、质量等级等进行明确规定。

1. 标准、规范和图纸

1) 标准和规范

一般的工程质量标准，要满足工程的国家标准、行业标准、工程所在地的地方性标准，同时要满足相应的规范、规程等。合同当事人有特别要求的，应在专用合同条款中约定。适用于工程的国家标准、行业标准、工程所在地的地方性标准，以及相应的规范、规程等，合同当事人有特别要求的，应在专用合同条款中约定。发包人要求使用国外标准规范的，发包人负责提供原文版本和中文译本，并在专用合同条款中约定提供标准规范的名称、份数和时间。

发包人对工程的技术标准、功能要求高于或严于现行国家、行业或地方标准的，应当在专用合同条款中予以明确。除专用合同条款另有约定外，应视为承包人在签订合同前已充分预见前述技术标准和功能要求的复杂程度，签约合同价中已包含由此产生的费用。

2) 图纸

发包人应按照专用合同条款约定的期限、数量和内容向承包人免费提供图纸，并组织承包人、监理人和设计人进行图纸绘制和设计交底。发包人至迟不得晚于开工日期前 14 天向承包人提供图纸。承包人在收到发包人提供的图纸后，发现图纸存在差错、遗漏或缺陷的，应及时通知监理人。监理人接到该通知后，应附相关意见并立即报送发包人，发包人应在收到监理人报送的通知后的合理时间内做出决定。

合理时间是指发包人在收到监理人的报送通知后，尽其努力且不懈怠地在所需的时间内完成图纸修改或补充。图纸需要修改或补充的，应经图纸原设计人及审批部门同意，并由监理人在工程或工程相应部位施工前将修改后的图纸或补充图纸提交给承包人，承包人应按修改或补充后的图纸施工。

2. 材料与工程设备供应的质量控制

1) 发包人供应材料与工程设备

发包人自行供应材料、工程设备的，应在签订合同时在专用合同条款的附件《发包人供应材料设备一览表》中明确材料、工程设备的品种、规格、型号、数量、单价、质量等级和送达地点。承包人应提前 30 天通过监理人以书面形式通知发包人供应材料与工程设备进场。承包人按照《示范文本》通用条款第 7.2.2 款"施工进度计划的修订"约定修订施工进度计划时，需同时提交经修订后的发包人供应材料与工程设备的进场计划。

2) 承包人采购材料与工程设备

承包人负责采购材料、工程设备的，应按照设计和有关标准要求采购，并提供产品合格证明及出厂证明，对材料、工程设备质量负责。合同约定由承包人采购的材料、工程设备，发包人不得指定生产厂家或供应商，发包人违反本款约定指定生产厂家或供应商的，承包人有权拒绝，并由发包人承担相应责任。

3) 材料与工程设备的接收与拒收

发包人应按《发包人供应材料设备一览表》约定的内容提供材料和工程设备，并向承包人提供产品合格证明及出厂证明，对其质量负责。发包人应提前 24 小时以书面形式通知承包人、监理人材料和工程设备到货时间，承包人负责材料和工程设备的清点、检验和接收。

发包人提供的材料和工程设备的规格、数量或质量不符合合同约定的，或因发包人原因导致交货日期延误或交货地点变更等情况的，按照《示范文本》通用条款第 16.1 款"发包人违约"约定办理。承包人采购的材料和工程设备，应保证产品质量合格，承包人应在材料和工程设备到货前 24 小时通知监理人检验。承包人进行永久设备、材料的制造和生产的，应符合相关质量标准，并向监理人提交材料的样本以及有关资料，并应在使用该材料或工程设备之前获得监理人同意。

承包人采购的材料和工程设备不符合设计或有关标准要求时，承包人应在监理人要求的合理期限内将不符合设计或有关标准要求的材料、工程设备运出施工现场，并重新采购符合要求的材料、工程设备，由此增加的费用和(或)延误的工期，由承包人承担。

3. 材料与工程设备的保管与使用

1) 发包人供应材料与工程设备的保管与使用

发包人供应的材料和工程设备，承包人清点后由承包人妥善保管，保管费用由发包人承担，但已标价工程量清单或预算书已经列支或专用合同条款另有约定除外。因承包人原因发生丢失毁损的，由承包人负责赔偿；监理人未通知承包人清点的，承包人不负责材料和工程设备的保管，由此导致丢失毁损的由发包人负责。发包人供应的材料和工程设备使用前，由承包人负责检验，检验费用由发包人承担，不合格的不得使用。

2) 承包人采购材料与工程设备的保管与使用

承包人采购的材料和工程设备由承包人妥善保管，保管费用由承包人承担。法律规定材料和工程设备使用前必须进行检验或试验的，承包人应按监理人的要求进行检验或试验，检验或试验费用由承包人承担，不合格的不得使用。发包人或监理人发现承包人使用不符合设计或有关标准要求的材料和工程设备时，有权要求承包人进行修复、拆除或重新采购，由此增加的费用和(或)延误的工期，由承包人承担。

3) 禁止使用不合格的材料或工程设备

监理人有权拒绝承包人提供的不合格材料或工程设备，并要求承包人立即进行更换。监理人应在更换后再次进行检查和检验，由此增加的费用和(或)延误的工期由承包人承担。监理人发现承包人使用了不合格的材料或工程设备，承包人应按照监理人的指示立即改正，并禁止在工程中继续使用不合格的材料或工程设备。

发包人提供的材料或工程设备不符合合同要求的，承包人有权拒绝，并可要求发包人更换，由此增加的费用和(或)延误的工期由发包人承担，并支付承包人合理的利润。

4. 材料与工程设备的样品

需要承包人报送样品的材料或工程设备样品的种类、名称、规格、数量等要求均应在专用合同条款中约定。

经批准的样品应由监理人负责封存于现场，承包人应在现场为保存样品提供适当和固定的场所并保持适当和良好的存储环境条件。

5. 材料与工程设备的替代

承包人应在使用替代材料或工程设备 28 天前书面通知监理人，并附下列文件：被替代的材料或工程设备的名称、数量、规格、型号、品牌、性能、价格及其他相关资料；替代品的名称、数量、规格、型号、品牌、性能、价格及其他相关资料；替代品与被替代产品之间的差异以及使用替代品可能对工程产生的影响；替代品与被替代产品的价格差异；使用替代品的理由和原因说明。

监理人应在收到通知后 14 天内向承包人发出经发包人签认的书面指示；监理人逾期发出书面指示的，视为发包人和监理人同意使用替代品。发包人认可使用替代材料或工程设备的，替代材料或工程设备的价格按照已标价工程量清单或预算书相同项目的价格认定；无相同项目的，参考相似项目价格认定；既无相同项目也无相似项目的，按照合理的成本与利润构成的原则，由合同当事人按照《示范文本》通用条款第4.4款"商定或确定"确定价格。

6. 施工设备和临时设施

承包人应按合同进度计划的要求，及时配置施工设备或修建临时设施。进入施工场地的承包人设备需经监理人核查后才能投入使用。承包人更换合同约定的承包人设备的，应报监理人批准。除专用合同条款另有约定外，承包人应自行承担修建临时设施的费用，需要临时占地的，应由发包人办理申请手续并承担相应费用。

发包人提供的施工设备或临时设施在专用合同条款中约定。

承包人使用的施工设备不能满足合同进度计划和(或)质量要求时，监理人有权要求承包人增加或更换施工设备，承包人应及时增加或更换，由此增加的费用和(或)延误的工期由承包人承担。

7. 材料与工程设备专用要求

承包人运入施工现场的材料、工程设备、施工设备以及在施工场地建设的临时设施，包括备品备件、安装工具与资料，必须专用于工程。未经发包人批准，承包人不得运出施工现场或挪作他用；经发包人批准，承包人可以根据施工进度计划撤走闲置的施工设备和其他物品。

8. 材料与工程设备的试验与检验

1) 试验设备与试验人员

承包人根据合同约定或监理人指示进行的现场材料试验应由承包人提供试验场所、试验人员、试验设备以及其他必要的试验条件。监理人在必要时可以使用承包人提供的试验场所、试验设备以及其他试验条件，进行以工程质量检查为目的的材料复核试验，承包人应予以协助。承包人应按专用合同条款的约定提供试验设备、取样装置、试验场所和试验条件，并向监理人提交相应进场计划表。承包人配置的试验设备要符合相应试验规程的要求并经过具有资质的检测单位检测，且在正式使用该试验设备前，需要经过监理人与承包人共同校定。

承包人应向监理人提交试验人员的名单及其岗位资格等证明资料，试验人员必须能够熟练进行相应的检测试验，承包人对试验人员的试验程序和试验结果的正确性负责。

2) 取样

试验属于自检性质的，承包人可以单独取样；试验属于监理人抽检性质的，可由监理人取样，也可由承包人的试验人员在监理人的监督下取样。

3) 材料、工程设备和工程的试验与检验

承包人应按合同约定进行材料、工程设备和工程的试验与检验，并为监理人对上述材料、工程设备和工程的质量检查提供必要的试验资料和原始记录。按合同约定应由监理人与承包人共同进行试验和检验的，由承包人负责提供必要的试验资料和原始记录。

试验属于自检性质的，承包人可以单独进行试验。试验属于监理人抽检性质的，监理人可以单独进行试验，也可由承包人与监理人共同进行试验。承包人对由监理人单独进行的试验结果有异议的，可以申请重新共同进行试验。约定共同进行试验的，监理人未按照约定参加试验的，承包人可自行试验，并将试验结果报送监理人，监理人应承认该试验结果。

监理人对承包人的试验和检验结果有异议的，或为查清承包人试验和检验成果的可靠性而要求承包人重新试验和检验的，可由监理人与承包人共同进行。重新试验和检验的结果证明该项材料工程设备或工程的质量不符合合同要求的，由此增加的费用和(或)延误的工期由承包人承担；重新试验和检验结果证明该项材料、工程设备和工程符合合同要求的，由此增加的费用和(或)延误的工期由发包人承担。

4) 现场工艺试验

承包人应按合同约定或监理人指示进行现场工艺试验。对大型的现场工艺试验，监理人认为必要时，承包人应根据监理人提出的工艺试验要求编制工艺试验措施计划，报送监理人审查。

9. 工程验收的质量控制

工程质量标准必须符合现行国家有关工程施工质量验收规范和标准的要求。有关工程质量的特殊标准或要求由合同当事人在专用合同条款中约定。因发包人原因造成工程质量未达到合同约定标准的，由发包人承担由此增加的费用和(或)延误的工期，并支付承包人合理的利润。因承包人原因造成工程质量未达到合同约定标准的，发包人有权要求承包人返工直至工程质量达到合同约定的标准为止，并由承包人承担由此增加的费用和(或)延误的工期。工程验收的质量控制措施如下。

1) 发包人的质量管理

发包人应按照法律规定及合同约定完成与工程质量有关的各项工作。

2) 承包人的质量管理

承包人按照《示范文本》通用条款第 7.1 款"施工组织设计"约定发包人和监理人提交工程质量保证体系及措施文件，建立完善的质量检查制度，并提交相应的工程质量文件，对于发包人和监理人违反法律规定和合同约定的错误指示，承包人有权拒绝实施。

承包人应对施工人员进行质量教育和技能培训，定期考核施工人员的劳动技能，严格执行施工规范和操作规程。

承包人应按照法律规定和发包人的要求，对材料、工程设备以及工程的所有部位及其施工工艺进行全过程的质量检查和检验，并作详细记录，编制工程质量报表，报送监理人审查。此外，承包人还应按照法律规定和发包人的要求，进行施工现场取样试验、工程复核测量和设备性能检测，提供试验样品、提交试验报告和测量成果以及其他工作。

3) 监理人的质量检查和检验

监理人按照法律规定和发包人授权对工程的所有部位及其施工工艺材料和工程设备进行检查和检验。承包人应为监理人的检查和检验提供方便，包括监理人到施工现场，或制造、加工地点，或合同约定的其他地方进行察看和查阅施工原始记录。监理人为此进行的检查和检验，不免除或减轻承包人按照合同约定应当承担的责任。监理人的检查和检验不应影响施工正常进行。监理人的检查和检验影响施工正常进行的，且经检查检验不合格的，影响正常施工的费用由承包人承担，工期不能顺延；经检查检验合格的，由此增加的费用和(或)延误的工期由发包人承担。

4) 隐蔽工程检查

工程具备隐蔽工程条件，承包人应当对工程隐蔽部位进行自检，并经自检确认是否具备覆盖条件，并在检查前 48 小时书面通知监理人检查，通知中应载明隐蔽检查的内容、时间和地点，并应附有自检记录和必要的检查资料。

监理人应按时到场并对隐蔽工程及其施工工艺、材料和工程设备进行检查。经监理人检查确认质量符合隐蔽要求，并在验收记录上签字后，承包人才能进行覆盖。经监理人检查质量不合格的，承包人应在监理人指示的时间内完成修复，并由监理人重新检查，由此增加的费用和(或)延误的工期由承包人承担。除专用合同条款另有约定外，监理人不能按时进行检查的，应在检查前 24 小时向承包人提交书面延期要求，但延期不能超过 48 小时，由此导致工期延误的，工期应予以顺延。监理人未按时进行检查，也未提出延期要求的，视为隐蔽工程检查合格，承包人可自行完成覆盖工作，并作相应记录报送监理人，监理人应签字确认。监理人事后对检查记录有疑问的，可按第 5.3.3 项"重新检查"的约定重新检查。

5) 重新检查

承包人覆盖工程隐蔽部位后，发包人或监理人对质量有疑问的，可要求承包人对已覆盖的部位进行钻孔探测或揭开重新检查，承包人应遵照执行，并在检查后重新覆盖恢复原状，经检查证明工程质量符合合同要求的，由发包人承担由此增加的费用和(或)延误的工期，并支付承包人合理的利润；经检查证明工程质量存在问题需返工或者重新施工的，所产生的费用及延误的工期由承包人承担。

对于不合格工程，发包人有权随时要求承包人采取补救措施，直至达到交付标准。因承包人原因造成工程不合格的，延误的工期由承包人承担。因发包人原因造成工程不合格的由此增加的费用和延误的工期由发包人承担，并支付承包人合理的利润。

6) 质量争议检测

合同当事人对工程质量有争议的，由双方协商确定的工程质量检测机构鉴定，由此产生的费用及因此造成的损失由责任方承担。

合同当事人均有责任的，由双方根据其责任分别承担。合同当事人无法达成一致的按照《示范文本》通用条款第 4.4 款"商定或确定"执行。

10. 验收和工程试车

分部分项工程质量应符合国家有关工程施工验收规范标准及合同约定，承包人应按照施工组织设计的要求完成分部分项工程施工。分部分项工程经承包人自检合格并具备验收条件的，承包人应提前 48 小时通知监理人进行验收。监理人不能按时进行验收的，应在验收前 24 小时向承包人提交书面延期要求，但延期不能超过 48 小时。监理人未按时进行验收，也未提出延期要求的，承包人有权自行验收，监理人应认可验收结果。分部分项工程未经验收的，不得进入下一道工序施工。

工程具备以下条件的，承包人可以申请竣工验收：

(1) 除发包人同意的甩项工作和缺陷修补工作外，合同范围内的全部工程以及有关工作，包括合同要求的试验、试运行以及检验均已完成，并符合合同要求。

(2) 已按合同约定编制了甩项工作和缺陷修补工作清单以及相应的施工计划。

(3) 已按合同约定的内容和份数备齐竣工资料。

除专用合同条款另有约定外，承包人申请竣工验收的应当按照以下程序进行：

(1) 承包人向监理人报送竣工验收申请报告，监理人应在收到竣工验收申请报告后 14 天内完成审查并报送发包人。监理人审查后认为尚不具备验收条件的，应通知承包人在竣工验收前承包人还需完成的工作内容，承包人应在完成监理人通知的全部工作内容后，再次提交竣工验收申请报告。

(2) 监理人审查后认为已具备竣工验收条件的，应将竣工验收申请报告提交发包人，发包人应在收到经监理人审核的竣工验收申请报告后 28 天内审批完毕并组织监理人、承包人、设计人等相关单位完成竣工验收。

(3) 竣工验收合格的，发包人应在验收合格后 14 天内向承包人签发工程接收证书。发包人无正当理由逾期不颁发工程接收证书的，自验收合格后第 15 天起视为已颁发工程接收证书。

(4) 竣工验收不合格的，监理人应按照验收意见发出指示，要求承包人对不合格工程返工、修复或采取其他补救措施，由此增加的费用和(或)延误的工期由承包人承担。承包人在完成不合格工程的返工、修复或采取其他补救措施后，应重新提交竣工验收申请报告，并按本项约定的程序重新进行验收。

(5) 工程未经验收或验收不合格，发包人擅自使用的，应在转移占有工程后 7 天内向承包人颁发工程接收证书；发包人无正当理由逾期不颁发工程接收证书的，自转移占有后第 15 天起视为已颁发工程接收证书。除专用合同条款另有约定外，发包人不按照本项约定组织竣工验收、颁发工程接收证书的，应以签约合同价和逾期天数为基数，按照中国人民银行发布的同期同类贷款基准利率支付违约金。

工程经竣工验收合格的，以承包人提交竣工验收申请报告之日为实际竣工日期，并在工程接收证书中载明：因发包人原因，未在监理人收到承包人提交的竣工验收申请报告 42 天内完成竣工验收，或完成竣工验收不予签发工程接收证书的，以提交竣工验收申请报告的日期为实际竣工日期；工程未经竣工验收，发包人擅自使用的，以转移占有工程之日为实际竣工日期。对于竣工验收不合格的工程，承包人完成整改后，应当重新进行竣工验收，经重新组织验收仍不合格的且无法采取措施补救的，则发包人可以拒绝接收不合格工程，因不合格工程导致其他工程不能正常使用的，承包人应采取措施确保相关工程的正常使用，由此增加的费用和(或)延误的工期由承包人承担。

合同当事人应当在颁发工程接收证书后 7 天内完成工程的移交。发包人无正当理由不接收工程的，发包人应当自接收工程之日起，承担工程照管、成品保护、保管等与工程有关的各项费用，合同当事人可以在专用合同条款中另行约定发包人逾期接收工程的违约责任。

承包人无正当理由不移交工程的，承包人应承担工程照管、成品保护、保管等与工程有关的各项费用，合同当事人可以在专用合同条款中另行约定承包人无正当理由不移交工程的违约责任。

工程需要试车的，除专用合同条款另有约定外，试车内容应与承包人承包范围相一致，试车费用由承包人承担。工程试车应按如下程序进行：

(1) 具备单机无负荷试车条件，承包人组织试车，并在试车前 48 小时书面通知监理人，通知中应载明试车内容、时间、地点。承包人准备试车记录，发包人根据承包人要求为试车提供必要条件。试车合格的，监理人在试车记录上签字。

监理人在试车合格后不在试车记录上签字，自试车结束满 24 小时后视为监理人已经认可试车记录，承包人可继续施工或办理竣工验收手续。监理人不能按时参加试车，应在试车前 24 小时以书面形式向承包人提出延期要求，但延期不能超过 48 小时，由此导致工期延误的，工期应予以顺延。监理人未能在前述期限内提出延期要求，又不参加试车的，视为认可试车记录。

(2) 具备无负荷联动试车条件，发包人组织试车，并在试车前 48 小时以书面形式通知承包人。通知中应载明试车内容、时间地点和对承包人的要求，承包人按要求做好准备工作。试车合格，合同当事人在试车记录上签字。承包人无正当理由不参加试车的，视为认可试车记录。如需进行投料试车的，发包人应在工程竣工验收后组织投料试车。发包人要求在工程竣工验收前进行或需要承包人配合时，应征得承包人同意，并在专用合同条款中约定有关事项。

投料试车合格的，费用由发包人承担；因承包人原因造成投料试车不合格的，承包人应按照发包人要求进行整改，由此产生的整改费用由承包人承担；非因承包人原因导致投料试车不合格的，如发包人要求承包人进行整改的，由此产生的费用由发包人承担。

11. 缺陷责任与保修

在工程移交发包人后，因承包人原因产生的质量缺陷，承包人应承担质量缺陷责任和保修义务。缺陷责任期届满，承包人仍应按合同约定的工程各部位保修年限承担保修义务。

缺陷责任期自实际竣工日期起计算，合同当事人应在专用合同条款约定缺陷责任期的具体期限，但该期限最长不超过 24 个月。因发包人原因导致工程无法按合同约定期限进行竣工验收的，缺陷责任期自承包人提交竣工验收申请报告之日起开始计算；发包人未经竣工验收擅自使用工程的，缺陷责任期自工程转移占有之日起开始计算。

工程竣工验收合格后，因承包人原因导致的缺陷或损坏致使工程、单位工程或某项主要设备不能按原定目的使用的，则发包人有权要求承包人延长缺陷责任期，并应在原缺陷责任期届满前发出延长通知，但缺陷责任期最长不能超过 24 个月。任何缺陷或损坏修复后，经检查证明其影响了工程或工程设备的使用性能，承包人应重新进行合同约定的试验和试运行，试验和试运行的全部费用应由责任方承担。

除专用合同条款另有约定外，承包人应于缺陷责任期届满后 7 天内向发包人发出缺陷责任期届满通知，发包人应在收到缺陷责任期届满通知后 14 天内核实承包人是否履行缺陷修复义务，承包人未能履行缺陷修复义务的，发包人有权扣除相应金额的维修费用。发包人应在收到缺陷责任期届满通知后 14 天内，向承包人颁发缺陷责任期终止证书。

工程保修期从工程竣工验收合格之日起算，具体分部分项工程的保修期由合同当事人在专用合同条款中约定，但不得低于法定最低保修年限。在工程保修期内，承包人应当根据有关法律规定以及合同约定承担保修责任。发包人未经竣工验收擅自使用工程的，保修期自转移占有之日起算。

6.5.3 合同经济条款

在一份合同中，涉及经济问题的条款总是双方关心的焦点。在合同履行过程中，项目经理尤其关心合同经济方面的管理工作。其目的是降低施工成本，争取应当属于自己的经济利益。从合同管理角度来说，督促发包人支付正常的施工合同价款；对于应当追加的合同价款和应当由发包人承担的有关费用，项目经理应当随时整理有关的材料和文件，确保发生争议，能够据理力争，维护己方的合法权益。当然所有这些工作都应当在合同规定的程序和时限内进行。

1. 合同价格、计量与支付

1) 合同价格形式

发包人和承包人应在合同协议书中选择下列一种合同价格形式：

(1) 单价合同。单价合同是指合同当事人约定以工程量清单及其综合单价进行合同价格计算，调整和确认的建设工程施工合同，在约定的范围内合同单价不作调整。合同当事人应在专用合同条款中约定综合单价包含的风险范围和风险费用的计算方法，并约定风险范围以外的合同价格的调整方法，其中因市场价格波动引起的调整按《示范文本》通用条款第 11.1 款 "市场价格波动引起的调整" 约定执行。

(2) 总价合同。总价合同是指合同当事人约定以施工图、已标价工程量清单或预算书及有关条件进行合同价格计算、调整和确认的建设工程施工合同，在约定的范围内合同总价不作调整。合同当事人应在专用合同条款中约定总价包含的风险范围和风险费用的计算方法，并约定风险范围以外的合同价格的调整方法，其中因市场价格波动引起的调整按《示范文本》通用条款第 11.1 款 "市场价格波动引起的调整"、因法律变化引起的调整按《示范文本》通用条款第 11.2 款 "法律变化引起的调整" 约定执行。

(3) 合同当事人可在专用合同条款中约定其他合同价格形式。

2) 预付款

预付款的支付按照专用合同条款约定执行，但至迟应在开工通知载明的开工日期 7 天前支付。预付款应当用于材料、工程设备、施工设备的采购及修建临时工程、组织施工队伍进场等。除专用合同条款另有约定外，预付款在进度付款中同比例扣回。在颁发工程接收证书前，提前解除合同的，尚未扣完的预付款应与合同价款一并结算。

发包人逾期支付预付款超过 7 天的，承包人有权向发包人发出要求预付的催告通知，发包人收到通知后 7 天内仍未支付的，承包人有权暂停施工，并按《示范文本》通用条款第 16.1.1 款"发包人违约的情形"执行。

3）计量

工程量计量按照合同约定的工程量计算规则、图纸及变更指示等进行计量。工程量计算规则应以相关的国家标准、行业标准等为依据，由合同当事人在专用合同条款中约定。除专用合同条款另有约定外，工程量的计量按月进行。

4）工程进度款支付

工程进度款的付款周期应按照计量周期的约定与计量周期保持一致。

单价合同的进度付款申请单，按照单价合同的计量约定的时间按月向监理人提交，并附上已完成工程量报表和有关资料。单价合同中的总价项目按月进行支付分解，并汇总列入当期进度付款申请单。

总价合同按月计量支付的，承包人按照总价合同的计量约定的时间按月向监理人提交进度付款申请单，并附上已完成工程量报表和有关资料。总价合同按支付分解表支付的，承包人应按照支付分解表及进度付款申请单编制的约定向监理人提交进度付款申请单。

除专用合同条款另有约定外，监理人应在收到承包人进度付款申请单以及相关资料后 7 天内完成审查并报送发包人，发包人应在收到后 7 天内完成审批并签发进度款支付证书。发包人逾期未完成审批且未提出异议的，视为已签发进度款支付证书。发包人和监理人对承包人的进度付款申请单有异议的，有权要求承包人修正和提供补充资料，承包人应提交修正后的进度付款申请单。监理人应在收到承包人修正后的进度付款申请单及相关资料后 7 天内完成审查并报送发包人，发包人应在收到监理人报送的进度付款申请单及相关资料后 7 天内，向承包人签发无异议部分的临时进度款支付证书。存在争议的部分，按照《示范文本》通用条款"争议解决"的约定处理。

2. 变更

1）变更的范围

除专用合同条款另有约定外，合同履行过程中发生以下情形的，应按照《示范文本》通用条款约定进行变更：

增加或减少合同中任何工作，或追加额外的工作；

取消合同中任何工作，但转由他人实施的工作除外；

改变合同中任何工作的质量标准或其他特性；

改变工程的基线、标高、位置和尺寸；

改变工程的时间安排或实施顺序。

2）变更权

发包人和监理人均可以提出变更。变更指示均通过监理人发出，监理人发出变更指示前应征得发包人同意。承包人收到经发包人签认的变更指示后，方可实施变更。未经许可，承包人不得擅自对工程的任何部分进行变更。

涉及设计变更的，应由设计人提供变更后的图纸和说明。如变更超过原设计标准或批准的建设规模时，发包人应及时办理规划、设计变更等审批手续。

3) 变更程序

发包人提出变更的，应通过监理人向承包人发出变更指示，变更指示应说明计划变更的工程范围和变更的内容。监理人提出变更建议的，需要向发包人以书面形式提出变更计划，说明计划变更工程范围和变更的内容理由，以及实施该变更对合同价格和工期的影响。发包人同意变更的，由监理人向承包人发出变更指示。发包人不同意变更的，监理人无权擅自发出变更指示。

4) 变更估价

除专用合同条款另有约定外，变更估价按照《示范文本》通用条款相关约定处理：

(1) 已标价工程量清单或预算书有相同项目的，按照相同项目单价认定；

(2) 已标价工程量清单或预算书中无相同项目，但有类似项目的，参照类似项目的单价认定；

(3) 变更导致实际完成的变更工程量与已标价工程量清单或预算书中列明的该项目工程量的变化幅度超过 15%的，或已标价工程量清单或预算书中无相同项目及类似项目单价的，按照合理的成本与利润构成的原则，由合同当事人按照《示范文本》通用条款第 4.4 款"商定或确定"确定变更工作的单价。

5) 变更估价程序

承包人应在收到变更指示后 14 天内，向监理人提交变更估价申请。监理人应在收到承包人提交的变更估价申请后 7 天内审查完毕并报送发包人，监理人对变更估价申请有异议的，通知承包人修改后重新提交。发包人应在承包人提交变更估价申请后 14 天内审批完毕。发包人逾期未完成审批或未提出异议的，视为认可承包人提交的变更估价申请。

6) 暂估价与暂估价专业分包工程

暂估价是指发包人在工程量清单或预算书中提供的用于支付必然发生但暂时不能确定价格的材料、工程设备的单价、专业工程以及服务工作的金额。招标投标中的暂估价是指总承包招标时不能确定价格而由招标人在招标文件中暂时估定的工程、货物、服务的金额。

暂估价专业分包工程是指在总承包招标时，专业工程设计深度往往不够，一般需要交由专业设计人设计的工程，从而将专业工程作为暂估价，通过建设项目招标人与施工总承包人共同组织招标，将这类专业工程交由专业分包人完成。

暂估价专业分包工程、服务、材料和工程设备的明细由合同当事人在专用合同条款中约定。

3. 竣工结算

1) 竣工结算申请

除专用合同条款另有约定外，承包人应在工程竣工验收合格后 28 天内向发包人和监理人提交竣工结算申请单，并提交完整的结算资料，有关竣工结算申请单的资料清单和份数等要求由合同当事人在专用合同条款中约定。

2) 竣工结算审核

除专用合同条款另有约定外，监理人应在收到竣工结算申请单后 14 天内完成审核并报送发包人。发包人应在收到监理人提交的经审核的竣工结算申请单后 14 天内完成审批并由监理人向承包人签发经发包人签认的竣工付款证书。监理人或发包人对竣工结算申请单有异议的，有权要求承包人进行修正和提供补充资料，承包人应提交修正后的竣工结算申请单。发包人在收到承包人提交竣工结算申请书后 28 天内未完成审批且未提出异议的视为发包人认可承包人提交的竣工结算申请单，并自发包人收到承包人提交的竣工结算申请单后第 29 天起视为已签发竣工付款证书。

除专用合同条款另有约定外，发包人应在签发竣工付款证书后的 14 天内，完成对承包人的竣工付款。发包人逾期支付的，按照中国人民银行发布的同期同类贷款基准利率支付违约金；逾期支付超过 56 天的按照中国人民银行发布的同期同类贷款基准利率的两倍支付违约金。

承包人对发包人签认的竣工付款证书有异议的，对于有异议部分应在收到发包人签认的竣工付款证书后 7 天内提出异议，并由合同当事人按照专用合同条款约定的方式和程序进行复核，或按照《示范文本》通用条款第 20 条"争议解决"约定处理。对于无异议部分，发包人应签发临时竣工付款证书，并按本款第(2)项完成付款。承包人逾期未提出异议的，视为认可发包人的审批结果。

4. 安全文明施工费

安全文明施工费由发包人承担，发包人不得以任何形式扣减该部分费用。因基准日期后合同所适用的法律或政府有关规定发生变化，增加的安全文明施工费由发包人承担。承包人经发包人同意采取合同约定以外的安全措施所产生的费用，由发包人承担。未经发包人同意的，如果该措施避免了发包人的损失，则发包人在避免损失的额度内承担该措施费。如果该措施避免了承包人的损失，则由承包人承担该措施费。除专用合同条款另有约定外，发包人应在开工后28天内预付安全文明施工费总额的50%，其余部分与进度款同期支付。发包人逾期支付安全文明施工费超过7天的，承包人有权向发包人发出要求预付的催告通知，发包人收到通知后7天内仍未支付的，承包人有权暂停施工，并按发包人违约的情形执行。

5. 质量保证金

承包人提供质量保证金有以下三种方式：

(1) 质量保证金保函；

(2) 相应比例的工程款；

(3) 双方约定的其他方式。

除专用合同条款另有约定外，质量保证金原则上采用质量保证金的扣留方式。质量保证金的扣留有以下三种方式：

(1) 在支付工程进度款时逐次扣留，在此情形下，质量保证金的计算基数不包括预付款的支付、打回以及价格调整的金额；

(2) 工程竣工结算时一次性扣留质量保证金；

(3) 双方约定的其他扣留方式。

除专用合同条款另有约定外，质量保证金的扣留原则上采用上述第(1)种方式。发包人累计扣留的质量保证金不得超过结算合同价格的 5%。

6. 保修

保修期内，修复的费用按照以下约定处理：

(1) 保修期内，因承包人原因造成工程的缺陷、损坏，承包人应负责修复，并承担修复的费用以及因工程的缺陷、损坏造成的人身伤害和财产损失；

(2) 保修期内，因发包人使用不当造成工程的缺陷、损坏，可以委托承包人修复，但发包人应承担修复的费用，并支付承包人合理利润；

(3) 因其他原因造成工程的缺陷、损坏，可以委托承包人修复，发包人应承担修复的费用，并支付承包人合理的利润，因工程的缺陷、损坏造成的人身伤害和财产损失由责任方承担。

6.5.4 合同进度条款

1. 施工组织设计

施工组织设计应包含以下内容：

(1) 施工方案；

(2) 施工现场平面布置图；

(3) 施工进度计划和保证措施；

(4) 劳动力及材料供应计划；

(5) 施工机械设备的选用；

(6) 质量保证体系及措施；

(7) 安全生产文明施工措施；

(8) 环境保护、成本控制措施；

(9) 合同当事人约定的其他内容。

除专用合同条款另有约定外，承包人应在合同签订后 14 天内，但至迟不得晚于第 7.3.2 项"开工通知"载明的开工日期前 7 天，向监理人提交详细的施工组织设计，并由监理人报送发包人。除专用合同条款另有约定外，发包人和监理人应在监理人收到施工组织设计后 7 天内确认或提出修改意见。对发包人和监理人提出的合理意见和要求，承包人应自费修改完善。根据工程实际情况需要修改施工组织设计的，承包人应向发包人和监理人提交修改后的施工组织设计。

2. 施工进度计划

1) 施工进度计划的编制

承包人应按照施工组织设计约定提交详细的施工进度计划，施工进度计划的编制应当符合国家法律规定和一般工程实践惯例，施工进度计划经发包人批准后实施。施工进度计划是控制工程进度的依据，发包人和监理人有权按照施工进度计划检查工程进度情况。

2) 施工进度计划的修订

施工进度计划不符合合同要求或与工程的实际进度不一致的，承包人应向监理人提交修订的施工进度计划，并附具有关措施和相关资料，由监理人报送发包人。除专用合同条款另有约定外，发包人和监理人应在收到修订的施工进度计划后 7 天内完成审核和批准或提出修改意见。发包人和监理人对承包人提交的施工进度计划的确认，不能减轻或免除承包人根据法律规定和合同约定应承担的任何责任或义务。

3. 开工

1) 开工准备

除专用合同条款另有约定外，承包人应按照施工组织设计约定的期限，向监理人提交工程开工报审表，经监理人报发包人批准后执行。开工报审表应详细说明按施工进度计划正常施工所需的施工道路、临时设施、材料、工程设备、施工设备、施工人员等落实情况以及工程的进度安排。

除专用合同条款另有约定外，合同当事人应按约定完成开工准备工作。

2) 开工通知

发包人应按照法律规定获得工程施工所需的许可。经发包人同意后，监理人发出的开工通知应符合法律规定。监理人应在计划开工日期 7 天前向承包人发出开工通知，工期自开工通知中载明的开工日期起算。除专用合同条款另有约定外，因发包人原因造成监理人未能在计划开工日期之日起 90 天内发出开工通知的，承包人有权提出价格调整要求，或者解除合同。发包人应当承担由此增加的费用和(或)延误的工期，并向承包人支付合理利润。

4. 测量放线

除专用合同款另有约定外，发包人应在至迟不得晚于开工通知载明的开工日期前 7 天通过监理人向承包人提供测量基准点、基准线和水准点及其书面资料。发包人应对其提供的测量基准点、基准线和水准点及其书面资料的真实性、准确性和完整性负责。承包人负责施工过程中的全部施工测量放线工作，并配置具有相应资质的人员、合格的仪器、设备和其他物品。承包人应矫正工程的位置标高尺寸或准线中出现的任何差错，并对工程各部分的定位负责。施工过程中对施工现场内水准点等测量标志物的保护工作由承包人负责。

5. 工期延误

在合同履行过程中，因下列情况导致工期延误和(或)费用增加的，由发包人承担由此延误的工期和(或)增加的费用，且发包人应支付承包人合理的利润：

(1) 发包人未能按合同约定提供图纸或所提供图纸不符合合同约定的；

(2) 发包人未能按合同约定提供施工现场、施工条件、基础资料、许可、批准等开工条件的；

(3) 发包人提供的测量基准点、基准线和水准点及其书面资料存在错误或疏漏的；

(4) 发包人未能在计划开工日期之日起 7 天内同意下达开工通知的；

(5) 未能按合同约定日期支付工程预付款、进度款或竣工结算款的；

(6) 监理人未按合同约定发出指示、批准等文件的；

(7) 专用合同条款中约定的其他情形。

因发包人原因未按计划开工日期开工的，发包人应按实际开工日期顺延竣工日期，确保实际工期不低于合同约定的工期总日历天数。因发包人原因导致工期延误需要修订施工进度计划的，按照施工进度计划的修订执行。

因承包人原因造成工期延误的，可以在专用合同条款中约定逾期竣工违约金的计算方法和逾期竣工违约金的上限。承包人支付逾期竣工违约金后，不免除承包人继续完成工程及修补缺陷的义务。

6. 不利物质条件

不利物质条件是指有经验的承包人在施工现场遇到的不可预见的自然物质条件、非自然的物质障碍和污染物，包括地表以下物质条件和水文条件以及专用合同款约定的其他情形，但不包括气候条件。承包人遇到不利物质条件时，应采取克服不利物质条件的合理措施继续施工，并及时通知发包人和监理人。通知应载明不利物质条件的内容以及承包人认为不可预见的理由。监理人经发包人同意后应当及时发出指示，指示构成变更的，按《示范文本》通用条款第10条"变更"约定执行。承包人因采取合理措施而增加的费用和(或)延误的工期由发包人承担。

7. 异常恶劣的气候条件

异常恶劣的气候条件是指在施工过程中遇到的，有经验的承包人在签订合同时不可预见的，对合同履行造成实质性影响的，但尚未构成不可抗力事件的恶劣气候条件。合同当事人可以在专用合同条款中约定异常恶劣的气候条件的具体情形。承包人应采取克服异常恶劣的气候条件的合理措施继续施工，并及时通知发包人和监理人。监理人经发包人同意后应当及时发出指示，指示构成变更的，按《示范文本》通用条款第10条"变更"约定办理。承包人因采取合理措施而增加的费用和(或)延误的工期由发包人承担。

8. 暂停施工

1) 发包人原因引起的暂停施工

因发包人原因引起暂停施工的，监理人经发包人同意后，应及时下达暂停施工指示。情况紧急且监理人未及时下达暂停施工指示的，按照紧急情况下的暂停施工执行。因发包人原因引起的暂停施工，发包人应承担由此增加的费用和(或)延误的工期，并支付承包人合理的利润。

2) 承包人原因引起的暂停施工

因承包人原因引起的暂停施工，承包人应承担由此增加的费用和(或)延误的工期，且承包人在收到监理人复工指示后84天内仍未复工的，视为承包人违约的情形，约定的承包人无法继续执行合同的情形。

3) 紧急情况下的暂停施工

因紧急情况需暂停施工，且监理人未及时下达暂停施工指示的，承包人可先暂停施工，并及时通知监理人。监理人应在接到通知后24小时内发出指示，逾期未发出指示，视为同意承包人暂停施工。监理人不同意承包人暂停施工的，应说明理由，承包人对监理人的答复有异议，按照争议解决约定处理。

4) 暂停施工后的复工

暂停施工后,发包人和承包人应采取有效措施消除暂停施工的影响。在工程复工前,监理人会同发包人和承包人确定因暂停施工造成的损失,并确定工程复工条件。当工程具备复工条件时,监理人应经发包人批准后向承包人发出复工通知,承包人应按照复工通知要求复工。承包人无故拖延和拒绝复工的,承包人承担由此增加的费用和(或)延误的工期;因发包人原因无法按时复工的,按照因发包人原因导致工期延误的约定办理。

9. 提前竣工

发包人要求承包人提前竣工的,发包人应通过监理人向承包人下达提前竣工指示,承包人应向发包人和监理人提交提前竣工建议书,提前竣工建议书应包括实施的方案、缩短的时间、增加的合同价格等内容。发包人接受该提前竣工建议书的,监理人应与发包人和承包人协商采取加快工程进度的措施,并修订施工进度计划,由此增加的费用由发包人承担。承包人认为提前竣工指示无法执行的,应向监理人和发包人提出书面异议,发包人和监理人应在收到异议后 7 天内予以答复。任何情况下,发包人不得压缩合理工期。

6.5.5　合同施工条款

1. 安全生产要求

合同履行期间,合同当事人均应当遵守国家和工程所在地有关安全生产的要求,合同当事人有特别要求的,应在专用合同条款中明确施工项目安全生产标准化达标目标及相应事项。承包人有权拒绝发包人及监理人强令承包人违章作业冒险施工的任何指示。

在施工过程中,如遇到突发的地质变动、事先未知的地下施工障碍等影响施工安全的紧急情况,承包人应及时报告监理人和发包人,发包人应当及时下令停工并报政府有关行政管理部门采取应急措施。

因安全生产需要暂停施工的,按照《示范文本》通用条款第 7.8 款暂停施工的约定执行。

2. 安全生产保证措施

承包人应当按照有关规定编制安全技术措施或者专项施工方案,建立安全生产责任制度、治安保卫制度及安全生产教育培训制度,并按安全生产法律规定及合同约定履行安全职责,如实编制工程安全生产的有关记录,接受发包人、监理人及政府安全监督部门的检查与监督。

3. 特别安全生产事项

承包人应按照法律规定进行施工,开工前做好安全技术交底工作,施工过程中做好各项安全防护措施。承包人为实施合同而雇用的特殊工种的人员应受过专门的培训并已取得政府有关管理机构颁发的上岗证书。承包人在动力设备、输电线路、地下管道、密封防震车间、易燃易爆地段以及临街交通要道附近施工时,施工开始前应向发包人和监理人提出安全防护措施,经发包人认可后实施。实施爆破作业,在放射、毒害性环境中施工(含储存、运输、使用)及使用毒害性、腐蚀性物品施工时,承包人应在施工前 7 天以书面通知发包人和监理人,并报送相应的安全防护措施,经发包人认可后实施。

需单独编制危险性较大分部分项专项工程施工方案的，及要求进行专家论证的超过一定规模的危险性较大的分部分项工程，承包人应及时编制和组织论证。

4. 治安保卫

除专用合同条款另有约定外，发包人应与当地公安部门协商，在现场建立治安管理机构或联防组织，统一管理施工场地的治安保卫事项，履行合同工程的治安保卫职责。

发包人和承包人除应协助现场治安管理机构或联防组织维护施工场地的社会治安外，还应做好包括生活区在内的各自管辖区的治安保卫工作。

除专用合同条款另有约定外，发包人和承包人应在工程开工后 7 天内共同编制施工场地治安管理计划，并制定应对突发治安事件的紧急预案。在工程施工过程中，发生暴乱、爆炸等恐怖事件，以及群殴、械斗等群体性突发治安事件的，发包人和承包人应立即向当地政府报告。发包人和承包人应积极协助当地有关部门采取措施，平息事态防止事态扩大，尽量避免人员伤亡和财产损失。

5. 文明施工

承包人在工程施工期间，应当采取措施保持施工现场平整，物料堆放整齐。工程所在地有关政府行政管理部门有特殊要求的，按照其要求执行。合同当事人对文明施工有其他要求的，可以在专用合同条款中明确。

在工程移交之前，承包人应当从施工现场清除承包人的全部工程设备、多余材料垃圾和各种临时工程，并保持施工现场清洁整齐。经发包人书面同意，承包人可在发包人指定的地点保留承包人履行保修期内的各项义务所需要的材料、施工设备和临时工程。

6. 安全生产责任

发包人应负责赔偿以下各种情况造成的损失：

(1) 工程或工程的任何部分对土地的占用所造成的第三者财产损失；

(2) 由于发包人原因在施工场地及其毗邻地带造成的第三者人身伤亡和财产损失；

(3) 由于发包人原因对承包人、监理人造成的人员人身伤亡和财产损失；

(4) 由于发包人原因造成的发包人自身人员的人身伤害以及财产损失。

由于承包人原因在施工场地内及其毗邻地带造成的发包人、监理人以及第三者人员伤亡和财产损失，由承包人负责赔偿。

6.5.6 建设工程勘察设计合同

1. 建设工程勘察设计合同的概念

建设工程勘察设计合同是委托方与承包方为完成一定的勘察设计任务，明确相互权利和义务关系的协议。委托方是建设单位或有关单位，承包方是持有勘察设计证书的勘察设计单位。

2. 建设工程勘察设计合同的订立

勘察设计包括初步设计和施工设计。勘察设计单位接到发包人的要约和计划任务书、建设地址报告后，经双方协商一致而订立，通常在书面合同经当事人签字或盖章后生效。具体程序如下：

(1) 承包方审查建设工程项目的批准文件;

(2) 委托方提出勘察设计的要求,包括期限、精度、质量等;

(3) 承包方确定取费标准和进度;

(4) 双方当事人协商,就合同的各项条款取得一致意见;

(5) 签订勘察设计合同。

勘察设计如由一个单位完成,可签订一个勘察设计合同;若由两个不同单位承担,则应分别订立合同。建设工程的设计由几个设计单位共同进行时,建设单位可与主体工程设计人签订总承包合同,由总承包人与分承包人签订分包合同。总承包人对全部工程设计向发包人负责,分包人就其承包的部分对总承包人负责并对发包人承担连带责任。

3. 建设工程勘察设计合同的履行

在勘察工作开展前,委托方应向承包方提交由设计单位提供,经建设单位同意的勘察范围的地形图和建筑平面布置图,提交勘察技术要求及附图。委托方应负责勘察现场的水电供应、道路平整、现场清理等工作,以保证勘察工作的顺利开展。

承包方应按照规定的标准、规范、规程和技术条例进行工程测量、工程地质、水文地质等勘察工作,并按合同规定的进度质量要求提供勘察成果。

违约责任一般如下:

(1) 委托方若不履行合同,无权要求返还定金。若承包方不履行合同,应当双倍返还定金。

(2) 如果委托方变更计划,提供不准确的资料,未按合同规定提供勘察设计工作必需的资料和工作条件或修改设计,造成勘察设计工作的返工、停工、窝工,委托方应按承包方实际消耗的工作量增付费用。因委托方责任而造成重大返工或重新进行勘察设计时,应另增加勘察设计费。

(3) 勘察设计的成果按期、按质、按量交付后,委托方要按期、按量支付勘察设计费。若委托方超过合同期限付费,应偿付逾期违约金。

(4) 因勘察设计质量低劣引起返工,或未按期提出勘察设计文件,拖延工程工期造成委托方损失应由承包方继续完善勘察,完成设计,并视造成的损失、浪费的大小,减收或免收勘察设计费。

(5) 因勘察设计错误而造成工程重大质量事故,承包方除免收损失部分的勘察设计费外,还应支付与该部分勘察设计费相当的赔偿金。

建设工程勘察设计合同在实施中发生争执,双方应及时协商解决;若协商不成,可由上级主管部门调解;调解不成,可按合同申请仲裁,或直接向人民法院起诉。

6.5.7　建设工程监理合同

1. 建设工程监理合同的概念

建设工程监理合同是委托人与监理人之间签订的就工程现场管理的合同。目前使用的建设工程监理合同为住房和城乡建设部和国家工商行政管理局联合制定的《建设工程委托监理合同(示范文本)》(GF—2012—0202)。该合同示范文本是根据《建筑法》《民法典合同编》，通过对 2000 年建设部、国家工商行政管理局联合颁布的《建设工程委托监理合同(示范文本)》(GF—2000—0202)修订而成的，其借鉴了工程监理制度的提出、发展、完善等不同阶段的经验，参考了 FIDIC 合同条件中关于咨询工程师的规定。

2. 建设工程监理合同的特征

建设工程监理合同的委托人必须是具有国家批准的建设项目，落实投资计划的企事业单位、其他社会组织及个人。监理人必须是依法成立的具有法人资格的监理单位，并且所承担的建设工程监理业务应与单位资质相符合。签订建设工程监理合同必须符合工程项目建设程序。建设单位与监理单位签订的建设工程监理合同，与其在工程建设实施阶段所签订的其他合同的最大区别表现在标的物性质上的差异。

勘察合同、设计合同、物资采购合同、施工合同等的标的物是产生新的物质成果或信息成果，而监理合同的标的物是服务，即监理工程师凭借自己的知识、经验、技能，受建设单位委托为其所签订的其他合同的执行实施监督和管理的职责。监理单位与施工单位之间是监理与被监理的关系，双方没有经济利益间的联系。当施工单位接受了监理工程师的指导而节省成本时，监理单位也不参与其盈利分成。

3. 建设工程监理合同示范文本

《建设工程委托监理合同(示范文本)》由 3 部分组成：建设工程委托监理合同、标准条件、专用条件。

建设工程委托监理合同就是监理合同的协议书，共八条，由委托人和监理人双方按照客观情况如实填写和共同签订。它是监理合同的总纲，规定了监理合同的原则、合同的组成文件。

标准条件由 8 个部分共计 35 条组成，适用于各种工程项目建设监理的委托，委托人和监理人都应遵守。包括词语定义，适用范围和法规，委托人及监理人的权利、义务和责任，合同的生效、变更与终止，监理报酬，争议的解决等固定条款。

专用条件是根据工程项目的特点和所处的自然和社会环境，由委托人和监理人协商一致后填写的。它与标准条件配套使用，是对标准条件的补充和修订。

4. 建设工程监理合同的订立及履行

监理单位在获得建设单位的招标文件之后，应对招标文件中的合同文本进行分析、审查，并对工程所需要费用进行预算，提出报价。

合同签订的具体做法：

(1) 剖析合同，对合同有一个全面的了解；

(2) 检查合同内容的完整性，看有无遗漏问题；

(3) 分析每一条款执行后的法律后果以及将给监理单位带来的风险。

不论是直接委托还是招标中标，建设单位和监理单位都要对合同的主要条款和应负责任具体谈判，在充分讨论、磋商的基础上，监理单位对建设单位提出的要约做出是否能够全部承诺的明确答复。对重大问题不能迁就和无原则地让步。

经过谈判，建设单位和监理单位双方就建设工程监理合同各项条款达成一致，即可正式签订合同文件。

5. 建设工程监理合同的履行

1) 委托人的履行

严格按照合同的规定履行应尽义务。建设工程监理合同内规定的应由委托人负责的工作，是使合同目标最终实现的基础。如内外部关系的协调。委托人必须严格按照监理合同的规定履行应尽的义务，才有权要求监理人履行合同义务。

按照合同的规定行使权利。委托人应按照建设工程监理合同的规定行使权利。

委托人的档案管理。在全部工程项目竣工后，委托人应将全部合同文件按照有关规定建档保管。

2) 监理人的履行

确定项目总监理工程师，成立项目监理部。对于每一个拟监理的工程项目，监理人都应根据工程项目规模、性质，委托人对监理的要求，委派称职的人员担任项目的总监理工程师，并成立项目监理组织。总监理工程师代表监理单位全面负责该项目的监理工作，总监理工程师对内向监理单位负责，对外向委托人负责。

(1) 制订工程项目监理规划。工程项目监理规划是开展项目监理活动的纲领性文件，是根据委托人要求，在详细收集监理项目有关资料的基础上，结合监理的具体条件编制的开展监理工作的指导性文件。主要内容包括：工程概况、监理范围和目标、监理方法和措施、监理组织、监理工作制度等。

(2) 制订各专业监理工作计划或实施细则。在监理规划的指导下，为具体进行投资控制、质量控制、进度控制工作，监理人还要结合工程项目的实际情况，制订相应的实施性计划或细则。

(3) 根据制订的监理工作计划和工作制度，规范化地开展监理工作。在监理工作中注意工作的顺序性、职责分工的严密性和工作目标的确定性。

(4) 监理工作总结。建设工程监理工作总结应包括向委托人提交的监理工作总结和向监理人提交的监理工作总结两部分内容。

向委托人提交的监理工作总结的内容主要包括：监理委托合同履行情况概述；监理任务或监理目标完成情况评价；由招标人提供的供监理活动使用的办公用房、车辆、试验设施等清单；表明监理工作终结的说明等。

向监理人提交的监理工作总结的内容主要包括监理工作的经验和监理工作中存在的问题及改进的建议，以指导今后的监理工作。

6. 建设工程监理工作内容

建设工程监理工作主要内容如下：

(1) 收到工程设计文件后编制监理规划，并在第一次工地会议 7 天前报委托人。根据有关规定和监理工作需要，编制监理实施细则。

(2) 熟悉工程设计文件，并参加由委托人主持的图纸会审和设计交底会议。

(3) 参加由委托人主持的第一次工地会议；主持监理例会并根据工程需要主持或参加专题会议。

(4) 审查施工承包人提交的施工组织设计，重点审查其中的质量安全技术措施、专项施工方案与工程建设强制性标准的符合性。

(5) 检查施工承包人的工程质量、安全生产管理制度及组织机构和人员资格。

(6) 检查施工承包人专职安全生产管理人员的配备情况。

(7) 审查施工承包人提交的施工进度计划，核查承包人对施工进度计划的调整。

(8) 检查施工承包人的试验室。

(9) 审核施工分包人资质条件。

(10) 查验施工承包人的施工测量放线成果。

(11) 审查工程开工条件，对条件具备的签发开工令。

(12) 审查施工承包人报送的工程材料、构配件、设备质量证明文件的有效性和符合性，并按规定对用于工程的材料采取平行检验或见证取样方式进行抽检。

(13) 审核施工承包人提交的工程款支付申请，签发或出具工程款支付证书，并报委托人审核、批准。

(14) 在巡视、旁站和检验过程中，发现工程质量、施工安全存在事故隐患的，要求施工承包人整改并报委托人。

(15) 经委托人同意，签发工程暂停令和复工令。

(16) 审查施工承包人提交的采用新材料、新工艺、新技术、新设备的论证材料及相关验收标准。

(17) 验收隐蔽工程、分部分项工程。

(18) 审查施工承包人提交的工程变更申请，协调处理施工进度调整、费用索赔、合同争议等事项。

(19) 审查施工承包人提交的竣工验收申请，编写工程质量评估报告。

(20) 参加工程竣工验收，签署竣工验收意见。

(21) 审查施工承包人提交的竣工结算申请并报委托人。

(22) 编制、整理工程监理归档文件并报委托人。

6.5.8　建设工程物资采购合同

1. 建设工程物资采购合同的概念

建设工程物资采购合同，是指具有平等主体的自然人、法人、其他组织之间为实现工程材料设备买卖，设立、变更、终止权利义务关系的协议。依照协议，出卖人转移工程材料设备的所有权于买受人，买受人接受该项工程材料设备并支付相应价款。包括：工程材料采购合同和工程设备采购合同，属于买卖合同。

2. 建设工程物资采购合同的特征

建设工程物资采购活动具有一定的特殊性，工程物资采购合同中的标的物数量大，技术性能要求和质量要求复杂，且需要根据工程建设进度计划分期分批均衡履行，同时还涉及售后服务甚至安装等工作，合同履行周期长。因此，建设工程物资采购合同面临的条件比一般买卖合同复杂。其特点如下：

(1) 建设工程物资采购合同应依据工程施工合同订立。工程施工合同确定了工程施工建设的进度，而工程物资的供应必须与工程建设进度相协调。不论是发包人供应还是承包人供应，都应依据工程施工合同条款采购物资。例如，根据施工合同的工程量确定工程所需的物资技术性能要求、种类、数量、供货时间、地点等。因此，工程施工合同一般是订立工程物资采购合同的前提。

(2) 建设工程物资采购合同以转移财物和支付价款为基本内容。工程物资采购合同内容繁多、条款复杂，涉及物资的数量、质量、包装运输方式、结算方式等条款。工程物资采购合同的根本条款是双方应尽的义务，即卖方按质、按量、按时地将工程物资的所有权转归买方；买方按时、按量地支付货款。这两项主要义务构成了工程物资采购合同最基本的内容。

(3) 建设工程物资采购合同标的物的品种繁多、供货条件复杂。工程物资采购合同的标的物是工程材料和设备，包括工程所需的钢材、木材、水泥、管线材料、建筑辅助材料以及大型机械和电气成套设备等。这些工程物资的特点决定了他们在品种、质量、数量和价格方面的差异较大，因此，在合同中必须对各种所需货物逐一开列，不能遗漏，以确保工程施工的需要。

(4) 建设工程物资采购合同应实际履行。由于工程物资采购合同是依据工程施工合同订立的，工程物资采购合同的履行直接影响施工合同的履行，因此工程物资采购合同一旦订立，卖方义务一般不能解除，不允许卖方以支付违约金和赔偿金的方式代替合同的履行。即使违约方支付了违约金或赔偿金，也不能免除其履行合同的责任，如果受害方要求违约方继续履行合同的，违约方还应按照合同规定的标的继续履行。

(5) 建设工程物资采购合同采用书面形式。工程物资采购合同标的物的特殊性和重要性，导致合同履行周期长、可能存在的纠纷多，因此不宜用口头方式，而应该采用书面形式订立工程物资采购合同。

3. 建设工程物资采购合同的订立及履行

物资采购合同的订立方式。

(1) 公开招标。公开招标一般适用于大宗物资采购合同。如果采用公开招标，其招标程序是：

① 编制招标文件；

② 发布招标公告；

③ 购买标书；

④ 投标报价；

⑤ 开标、评标、定标，确定中标单位；

⑥ 签订合同。

(2) 邀请招标。如果采用邀请招标，则由招标人事先选择几家厂商投标，从中确定中标人。

(3) 询价、报价、签订合同。询价是指买方向卖方发出询价函，要求卖方在规定时间内报价，从中选择价优物美者为中标人。直接约定是指由买方直接向卖方约定，选择供货方签订供货合同。

(4) 直接订购。订购物资或产品的交付方式包括采购方到合同约定地点自提货物和供货方负责将货物送达指定地点两种。而供货方送货又可细分为将货物负责送抵现场和委托运输部门代运两种形式。为明确货物的运输责任，应在相应条款内写明供货方的送货方式。

货物的交(提)货期限，是指货物交接的具体时间要求。货物的交(提)货期限关系到合同是否按期履行，以及可能出现货物意外灭失或损坏时的责任承担问题。合同内应注明货物的交(提)货期限，应做到尽量具体。如果合同内规定分批交货时，还须注明各批次交货的时间，以便明确责任。

卖方应向买方提交专用条款规定金额的履约保证金。履约保证金应用商议好的货币种类，用下列方式之一提交：

(1) 在中华人民共和国注册和营业的银行或买方可以接受的国外的一家信誉好的银行出具的银行保函，或不可撤销的信用证。

(2) 银行本票或保付汇票。

(3) 除非专用条款另有规定，在卖方完成专用条款规定的质保期后 30 日内，买方将履约保证金退还卖方。

卖方应提供合同设备运至合同规定的目的地所需要的包装，以防止合同设备在转运中损坏或变质，这类包装应足以承受但不限于承受转运过程中的野蛮装卸，暴露于恶劣气温、盐分大和降雨环境，以及露天存放。包装箱的尺寸及重量应考虑货物的最终目的地偏远程度以及在所有转运地点缺乏重型装卸设施的情况。包装标记和包装箱内外的单据应严格符合合同的特殊要求，包括专用条款规定的要求以及买方后来发出的指示。

(1) 卖方应保证合同设备是崭新的、未使用过的，是最新的或目前的型号、工艺先进，以优良的材料制造，货物不应含有设计上和材料上的缺陷，并完全符合合同规定的质量规格和性能要求。卖方应保证合同设备不会因设计材料、工艺的原因而有任何故障或缺陷。

(2) 卖方应保证提交的技术文件、图纸的完整、清楚和正确，达到合同设备设计、安装、运行和维护要求。技术文件如不准确或不完整，卖方应在接到买方通知后 15 日内进行更改或重新提供。

(3) 在合同设备安装、调试、接收试验期间，如发现因卖方原因造成的合同设备的缺陷或损坏，卖方应尽快免费更换和修复并补偿由此而来的买方的一切直接损失。卖方应承担此项更换和修复工作的一切风险和费用。卖方应保证合同设备在接收试验时各项技术参数满足合同要求。

(4) 质量保证期(质保期)为业主签发接收通知书之日起算 12 个月。

(5) 在质保期间，如果因为卖方原因造成合同设备有缺陷或不能满足合同规定，买方有权提出索赔。在买方提出索赔之后，卖方应尽快对合同设备进行修复并承担全部费用。如果卖方对索赔有异议，应在收到买方索赔 7 日之内提出，双方进行协商。如卖方在此期限之前没有答复则被视为接受索赔要求。卖方应在接到索赔要求后 15 日内对合同设备进行修复或替换。替换或修复工作的期限，除买方与业主同意的期限外，不得超过 2 个月。对于小的缺陷，在卖方同意的情况下，可以由业主修复，费用由卖方负担。

(6) 如因卖方原因在质保期内工程系统运行不得不因合同设备维修而停止，则相应合同设备质保期应根据系统停运时间延长。对于维修重大或重新更换的合同设备，质保期应重新计算，为业主验收接受维修或更换合同设备后 12 个月。由买方在质保期内发现的缺陷而提出的索赔要求在质保期后 30 日内仍然保持有效。

6.6　合同签订注意事项

6.6.1　投标前准备阶段的管理

1. 建设主体的合法性调查

建设主体的合法性调查也称为权利能力和行为能力的调查。投标前应调查建设单位是否是依法登记注册的正规单位，是否具备法人资格。如果是法人下属单位，应查清其授权委托书，必要时可保留其复印件或向被代理单位查询。

2. 建设单位的资信调查

为避免建设单位在合同履行过程中出现资金困难的情况，在签约时，应尽量选择资金有保障的单位。如果建设单位提供担保的，还必须对担保方进行担保主体合法性和资信调查。《民法典合同编》明确规定了不安抗辩权，即施工方在施工过程中，如果发现建设单位经营状况严重恶化，或转移财产、抽逃资金，丧失商业信誉，以及其他可能丧失履行债务能力的情形，并有确切证据的，可以中止履行，并要求建设单位履行债务或提供担保，否则有权解除合同，追究赔偿责任。

3. 建设工程合法性调查

按照《中华人民共和国城乡规划法》等法律的规定，在城市规划区域内进行工程建设，招标人应当取得"建设用地规划许可证"和"建设工程规划许可证"。根据《中华人民共和国建筑法》的规定，建筑工程开工前，建设单位必须申领"施工许可证"。无证施工的视为非法，会受到相关行政主管部门的处罚。建筑工程依国务院规定不必领取"施工许可证"的、法定不必申领"施工许可证"的小型工程以及个人依法建筑并可以不必办理施工许可的，施工方仍需对此情况进行核实，分析其是否符合规定。

4. 工程相关条件调查

施工场地的环境条件(包括气候、地形、地貌、地质等)、人文条件(包括民族、风俗、文教、经济等)、施工条件(包括交通、原材料供应、设备供应、生活供给等)，对了解施工的难易程度、确定某些特定条款有很大作用，必须严格调查。

6.6.2　投标阶段的管理

根据《民法典合同编》和《招标投标法》的规定，投标人在投标过程中要注意以下问题：

(1) 发布招标文件的行为是要约邀请，投标人要注意分析招标文件中给定的项目性质、技术要求、工程相关条件以及给定的主要合同条款，对其中超出自身条件和可能导致违法违规的条款要特别注意，并在标书中对其进行适当处理。

(2) 投标的行为属于签约过程的要约，投标文件的措辞既应避免与招标公告中的意思表示冲突，又应尽量把自己的意思表达出来，而且要为自己留有余地。《招标投标法》一改我国过去以标价为唯一标准的传统模式，转变为按合理最低标价选择中标单位，或者选择尽管不是最低标价，但是综合条件却最能满足项目各项要求的投标单位中标。因而投标文件的制作应从单纯重标价转移到科学评估项目和充分分析自身优势上来。

(3) 投标文件的补充、修改、撤回和撤销。根据《民法典合同编》规定，要约在到达受要约人之前可以撤回，在受要约人发出承诺通知前可以撤销；《招标投标法》规定，投标文件在要求提交的截止时间前可以补充修改和撤回。所以，投标文件发出以后，如果对方或自己或市场条件发生了变化，可以依法补充修改或撤回、撤销投标文件，从而维护自己的利益。

(4) 开标、评标过程中，招标人一旦发出中标通知书，意味着承诺的产生，要约一经承诺，合同关系即告成立。《招标投标法》规定，中标通知书对招标人和中标人具有法律效力，中标通知书发出后，招标人改变中标结果的或中标人放弃中标的，要承担法律责任。

6.6.3 签订合同阶段的管理

签订合同阶段的管理涉及合同订立形式、合同签订的风险控制以及条款管理。

《民法典合同编》规定建设工程合同应当采用书面形式。

签订书面建设工程合同阶段的风险控制主要是指正确对待格式合同及其格式条款。现实中采用发包方或主管部门印制的合同文本，往往不能注意到具体工程事项的特点，约定死板，过于原则化。一般情况下可根据工程具体情况增加如下条款：合同履行过程中各方约定代表外的其他人的行为效力；窝工时工效下降的计算方式及损失赔偿范围；工程停建、缓建和中间停工时的退场、现场保护、工程移交、结算方法及损失赔偿；工程进度款拖欠情况下的工期处理；工程中间交验或建设单位提前使用的保修问题；工程尾款的支付办法和保证措施等。

建设工程施工合同中的条款管理，有以下几种：

(1) 担保条款。在垫资合同或非预付工程款的合同中，应要求发包方提供付款担保。依民法规定，担保有定金、保证、抵押、质押、留置五种形式。设定担保应注意：必须采用书面形式；担保人有担保资格；抵押应办理登记；明确担保期限、主债务、担保的性质和范围等。

(2) 原材料供应条款。原材料供应有发包方自行采购和承包方采购两种方式。在实践中，还有一种方式，即发包方指定材料供应商，要求承包方必须从该处购买，这种做法是违反《建筑法》相关规定的。在这种情况下，指定材料供应商提供材料的价格往往高出市场价格，其质量也往往达不到标准，且会导致工程质量责任难以界定的问题。在指定采购的情况下，应该在合同中约定当指定材料供应商供货价格高于市场价格时，承包方有权拒绝指定采购，并有权另行采购；当因供应材料质量不合格导致工程质量存在缺陷时，应合理界定承包方、供应商和发包方的责任。

(3) 合同索赔条款。承、发包双方应做好合同订立的规范工作，明确约定双方的具体权利义务、责任，明确约定索赔的原因、索赔方式、索赔量等，在一方当事人不履行约定义务或履行义务有瑕疵，或不配合、不协作时，守约方可以依据索赔条款进行索赔。

6.7　合同法律关系

合同法律关系又称为合同关系，指当事人相互之间在合同中形成的权利义务关系。合同法律关系由主体、客体及内容三个基本要素构成。

6.7.1　合同法律关系的主体

合同法律关系的主体又称合同当事人，是指在合同关系中享有权利和承担义务的人，包括债权人和债务人。在合同法律关系中，债权人有权要求债务人根据法律规定和合同约定履行义务，而债务人则负有实施一定行为的义务。在实际工作中，债权人和债务人的地位往往是相对的，因为大多数合同都是双务合同，当事人双方互相享有权利、承担义务，因此，双方互为债权人和债务人。

合同法律关系的主体种类包括自然人、法人和其他组织，但《民法典合同编》对不同主体的民事权利能力和民事行为能力进行了一定的限制，如《民法典合同编》要求建设工程施工合同的主体必须取得相应的资格。

6.7.2　合同法律关系的客体

合同法律关系的客体又称为合同的标的，是指在民法中，合同法律关系主体的权利义务关系所指向的对象。在合同交往过程中，由于当事人的交易目的和合同内容千差万别，合同客体也各不相同。根据标的的特点，客体可分为以下几种：

(1) 行为。行为是指合同法律关系主体为达到一定的目的而进行的活动，如完成一定的工作和提供一定劳务的行为，如建设工程监理等。

(2) 物。物是指民事权利主体能够支配的具有一定经济价值的物质财富，包括自然物和劳动创造物，以及充当一般等价物的货币和有价证券等。物是应用最为广泛的合同法律关系客体。

(3) 智力成果。智力成果也称为无形资产，指脑力劳动的成果，它可以用于生产，转化为生产力，主要包括商标权、专利权、著作权等。

6.7.3　合同法律关系的内容

合同法律关系的内容，是指债权人的权利和债务人的义务，即合同债权和合同债务。

合同债权又称为合同权利，是债权人依据法律规定和合同约定而享有的要求债务人一定给付的权利。依据合同享有合同债权的债权人，有权要求债务人按照法律的规定和合同的约定履行其义务，并具有处分债权的权利。

合同债务又称为合同义务，是指债务人根据法律规定和合同约定，向债权人履行给付及给付相关的其他行为的义务。

6.7.4 主客体及内容之间的关系

主、客体及内容是合同法律关系的三个基本要素。主体是客体的占有者、支配者和行为的实施者，客体是主体合同债权和合同债务指向的目标，内容是主体和客体之间的连接纽带，三者缺一不可，共同构成合同法律关系。

6.8 合 同 担 保

担保是指依照法律规定，或由当事人双方经过协商一致而约定的，为保障当事人一方债权得以实现的法律措施。担保具有从属性，担保以主合同的成立为前提，随主合同的消灭而消灭，主合同无效，担保合同也无效；担保具有预防性，当主合同的当事人不履行或不完全履行合同规定的义务时，担保关系的义务人便依约定的担保措施承担法律责任；担保是当事人双方自愿的民事行为，债权人为了保证自己的债权得以实施，可以请求债务人提供担保，但不能把自己的意志强加给对方。我国民法中合同担保设定了 5 种方式，即合同保证、合同抵押、合同质押、合同留置和合同定金。

6.8.1 合同保证

合同保证是第三人和债权人约定，当债务人不履行债务时，该第三人按照约定履行债务或者承担责任的担保方式。这里的第三人称为保证人，债权人既是主合同等主债的债权人，又是保证合同中的债权人，"按照约定履行债务或者承担责任"称为保证责任。

1. 保证人

保证人是指具有代为清偿债务能力的法人、其他组织或者公民。但不是所有具有代为清偿债务能力的法人、其他组织或者公民都可以作为保证人。民法中明确规定：

(1) 国家机关不得作为保证人，但经国务院批准为使用外国政府或者国际经济组织贷款进行转贷的除外；

(2) 学校、幼儿园、医院等以公益为目的的事业单位、社会团体不得作为保证人；

(3) 企业法人的分支机构、职能部门不得作为保证人，但如果企业法人的分支机构有法人书面授权的，可以在授权范围内提供保证；

(4) 任何单位和个人不得强令银行等金融机构或者企业为他人提供保证，银行等金融机构或者企业对强令其为他人提供保证的行为，保证人有权拒绝。

2. 保证合同

保证合同是指保证人与债权人订立的在主债务人不履行其债务时，由保证人承担保证责任的协议。

1) 保证合同的内容

(1) 被保证的主债权种类、数额；

(2) 债务人履行债务的期限；

(3) 保证的方式；

(4) 保证责任及范围；

(5) 保证期间；

(6) 双方认为需要约定的其他事项。

2）保证合同的三项主要内容

(1) 保证的方式。

一般保证是指当事人在保证合同中约定，债务人不能履行债务时，由保证人承担保证责任的保证。一般保证的保证人在主合同纠纷未经审判或者仲裁，并就债务人财产依法强制执行仍不能履行债务前，对债权人可以拒绝承担保证责任。

连带责任保证是指当事人在保证合同中约定保证人与债务人对债务承担连带责任的保证。连带责任保证的债务人在主合同规定的债务履行期届满没有履行债务的，债权人可以要求债务人履行债务，也可以要求保证人在其保证范围内承担保证责任。当事人对保证方式没有约定或者约定不明确的，按照连带责任保证承担保证责任。

(2) 保证责任及范围。

保证责任是指当债务人不履行债务时，保证人依据保证合同的约定所应承担的责任。保证责任通常有两种：保证人代替债务人履行债务；保证人负责赔偿损失。保证人承担保证责任的形式依照保证合同的约定。保证人只对保证合同约定的保证期间内的保证事项承担责任。因此保证责任的确定，与保证期间和保证范围紧密相关。

保证责任范围。民法中规定保证担保的范围包括主债权及利息、违约金、损害赔偿金和实现债权的费用。保证合同当事人各方应当在合同中约定保证人担保的范围。如果当事人对保证担保的范围没有约定，或约定不明确的，保证人应当对全部债务承担保证责任。

(3) 保证期间。

保证人与债权人应在保证合同内约定保证期间。如果未约定保证期间的，保证期间为主债务履行期届满之日起 6 个月，在此期间债权人可以要求保证人承担保证责任。

6.8.2　合同抵押

合同抵押，是指债务人或者第三人不转移对特定财产的占有，将该财产作为债权的担保。债务人不履行债务时，债权人有权依法以该财产折价或者以拍卖、变卖该财产的价款优先受偿。其中的债务人或者第三人是抵押人，债权人是抵押权人，用来抵押的财产是抵押物。

1. 抵押物

1）依法可以抵押的财产

债务人用来抵押的财产是抵押物。根据民法的规定，依法可以抵押的财产包括：

(1) 抵押人所有的房屋和其他地上附着物；抵押人所有的机器、交通运输工具和其他财产。

(2) 抵押人依法有权处分的国有土地的使用权、房屋和其他地上附着物。

(3) 抵押人依法有权处分的国有机器、交通运输工具和其他财产。

(4) 抵押人依法承包并经发包方同意抵押的荒山、荒沟、荒丘、荒滩等荒地的土地使用权。

(5) 依法可以抵押的其他财产。

2) 依法不得抵押的财产

根据我国法律规定，下列财产不得抵押：

(1) 土地所有权。

(2) 耕地、宅基地、自留地、自留山等集体所有的土地使用权。

(3) 学校、幼儿园、医院等以公益为目的的事业单位和社会团体的教育设施、医疗卫生设施和其他社会公益设施。

(4) 所有权、使用权不明或有争议的财产。

(5) 依法被查封、扣押、监管的财产。

(6) 依法不能抵押的其他财产。

2. 抵押合同

抵押人和抵押权人应当以书面形式订立抵押合同。抵押合同应当包括以下内容：

(1) 被担保的主债权种类、数额。

(2) 债务人履行债务的期限。

(3) 抵押物的名称、数量、质量、状况、所在地、所有权权属或使用权权属。

(4) 抵押担保的范围。

(5) 当事人认为需要约定的其他事项。

抵押合同不完全具备上述规定内容的，可以补正。订立抵押合同时，抵押权人和抵押人在合同中不得约定在债务履行期限届满抵押权人未受清偿时，抵押物的所有权转移为债权人所有。

3. 抵押物登记

民法规定，以下列财产作为抵押物时应进行登记，抵押合同自登记之日起生效：

(1) 以地上附着物的土地使用权抵押的，应向核发土地使用权证书的土地管理部门办理登记。

(2) 以城市房地产或者乡(镇)、村企业的厂房等建筑物抵押的，应向县级以上地方人民政府规定的部门办理登记。

(3) 以林木抵押的，应向县级以上林木主管部门办理登记。

(4) 以航空器、船舶、车辆抵押的，应向运输工具的登记部门办理登记。

(5) 以企业的设备和其他动产抵押的，应向财产所在地的工商行政管理部门办理登记。

当事人以上述 5 种财产以外的其他财产抵押的，可以自愿办理抵押物登记，这时，抵押合同自签订之日起生效。当事人未办理抵押登记的，不得对抗第三人。当事人如果办理抵押物登记，登记部门为抵押人所在地的公证部门。

4. 抵押的效力

(1) 抵押担保的范围包括主债权及利息、违约金、损害赔偿金和实现抵押权的费用。抵押合同对此亦可另作约定。

(2) 抵押物的转让。抵押期间，抵押人转让已办理登记的抵押物的，应当通知抵押权人并告知受让人转让物已经抵押的情况；抵押人未通知抵押权人或者未告知受让人的，转让行为无效。转让抵押物的价款明显低于其价值的，抵押权人可以要求抵押人提供相应的担保；抵押人不提供担保的，不得转让抵押物。

(3) 抵押权人的保全权利。在抵押期间，如果抵押人的行为足以使抵押物价值减少的，抵押权人有权要求抵押人停止其行为。如果抵押物价值减少，抵押权人有权要求抵押人恢复抵押物的价值，或者提供与减少的价值相当的担保。

(4) 所有权、使用权不明或有争议的财产。

(5) 依法被查封、扣押、监管的财产。

(6) 依法不能抵押的其他财产。

6.8.3　合同质押

质押是指债务人或者第三人将其特定的动产或权利移交债权人占有，当债务人不履行债务时，债权人有权就其占有的财产优先受偿的担保。质押中的债权人称为质权人，债务人或第三人称为出质人，用作质押的财产称为质物。质押的形式因质物的不同，可分为动产质押和权利质押两种。

1. 动产质押

动产质押是指债务人或者第三人将其动产移交债权人占有，将该动产作为债权的担保。动产质押的质物为可转移占有之动产，如一批木材，一辆汽车、一件古董等。

2. 权利质押

权利质押是指债务人或者第三人将其特定的权利凭证交付给债权人占有，作为债权的担保，当债务人不履行债务时，债权人有权转让该权利，以获取的价款优先受偿。民法规定，可以质押的权利有：汇票、支票、本票、债券、存款单、仓单、提单；依法可以转让的股份、股票；依法可以转让的商标专用权、专利权、著作权中的财产权；依法可以质押的其他权利。

6.8.4　合同留置

留置是指债权人按照合同约定占有债务人的动产，在债务人逾期不履行债务时，债权人有权依法留置该财产，以该财产折价或者以拍卖、变卖该财产的价款优先受偿。债权人所享有的权利称为留置权，债权人因对留置权的享有而成为留置权人。留置权是一种法定担保形式。

1. 留置权的适用范围与留置担保的范围

因保管合同、运输合同、加工承揽合同发生的债权，债务人不履行债务的，债权人有留置权；法律规定可以留置的其他合同，适用留置的规定。留置担保范围包括主债权及利息、违约金、损害赔偿金、留置物保管费用和实现留置权的费用。

2. 留置权的成立条件

留置权的成立条件包括：① 留置的财产必须是债权人以合法方式占有的债务人的动产。② 留置的财产必须与债权人的债权有牵连关系，即债权人对动产的留置权与债务的产生是基于同一法律关系而发生的，如果动产与债权无关，则不能成立留置权。③ 必须是债权已届清偿期。债务清偿期有约定的，依约定行事；无约定的，依债权人发出的履行催告来确定。

3. 留置权人的权利和义务

1) 留置权人的权利

留置权人的权利包括：

(1) 留置债务人的财产；

(2) 通知债务人在法定期限(两个月以上的期限)或约定的期限内履行债务；

(3) 债务人逾期不履行债务的，留置权人可以与债务人协议以留置物折价或依法拍卖、变卖；

(4) 对折价、拍卖、变卖留置物的价款有优先受偿权，若价款不足以清偿债务，由债务人补足。

2) 留置权人的义务

留置权人的义务包括：

(1) 妥善保管留置物，因保管不善致使留置物消失或毁损的，应负民事责任；

(2) 返还留置物，在留置权所担保的债权消灭，或者债权虽未消灭，债务人另行提供担保时，债权人应当返还留置物给债务人；

(3) 留置物折价或拍卖、变卖后所得价款超过债权数额的，超过部分应返还债务人。

债权人与债务人应当在合同中约定，债权人留置财产后，债务人应当在不少于两个月的期限内履行债务。债务人逾期仍不履行债务的，债权人可以与债务人协议以留置物折价，也可以依法拍卖、变卖留置物。留置物折价或者拍卖、变卖后，其价款超过债权数额的部分归债务人所有，不足部分由债务人清偿。

6.8.5 合同定金

定金是指当事人在签订合同时约定一方向另一方支付一定的金钱作为履行合同的担保。合同履行后，该定金抵作价款或者由支付方收回。

1. 定金合同

定金合同应当以书面形式订立。既可以单独订立，也可以作为主合同中的担保条款，但必须明确写明"定金"字样。定金合同的成立，不仅须有当事人的合意，而且要有定金的现实交付，具有实践性。故其生效期从支付定金之日算起，无支付行为则合同不成立。在现实经济活动中，定金合同一般以在主合同中订立担保条款的形式出现。

2. 定金数额的限制

民法规定定金的数额由当事人约定，但不得超过主合同标的额的 20%，超过部分不按定金处理。

3. 定金的效力

当事人一方不履行合同或者拒绝履行合同时，适用定金罚则，即给付定金的一方不执行约定的债务的，无权要求返还定金；收受定金的一方不履行约定的债务的，应当双倍返还定金。

6.8.6　谨防合同诈骗

合同诈骗是以合同作掩护、手段狡猾、不易识别、涉及面广、数额巨大、危害严重的诈骗犯罪。在所有的诈骗类犯罪案件中，合同诈骗案件占有相当高的比例，对此，我们要打起十二分精神。虽然合同诈骗的手段狡猾，但只要在合作中坚持做到"认清人""看紧货""慎签字"，查清楚对方底细，在签订合同、签单证的时候，一定要慎重，一般就能够防止被骗。

具体来说，在签订合同过程中，需要做好以下预防措施：

(1) 审查对方的真实身份，主要是审查对方提供的身份证件、营业执照、授权委托书、介绍信等证明材料的真实性。

(2) 调查对方的履行能力和资信能力，主要是通过工商管理机关和银行调查了解对方的经营范围、注册资本、实有资本、负债情况，或通过第三方了解其资信能力。

(3) 设定有效的担保，包括保证、抵押、质押、留置、定金等形式，并按照法律规定办理抵押登记。

(4) 办理合同公证，请公证机关对合同的合法性进行审查。

(5) 充分利用先履行抗辩权，同时履行抗辩权、不安抗辩权，不要急于求成。

(6) 检查验收对方履行合同的情况，包括对票据的真实性和有效性进行审查，对货物的质量进行验收。

(7) 发现对方存在诈骗嫌疑时，应立即停止履行合同，并到公安机关报案。

6.9　合同管理案例

❖ 案例一　施工合同纠纷引发的思考

1997 年 9 月 24 日，某房地产公司与某建筑工程公司四分公司签订施工合同，房地产公司将其开发的公寓 1 号楼工程交由四分公司承建。后来，四分公司按约进场施工，完成了该工程的基础部分和主体的第一、二层。由于某房地产公司方面的原因，1998 年 9 月 28 日，双方达成决算协议：双方所签订的施工合同作废，四分公司已建部分工程量及材料费、人工费、保证金等款项在工程验收合格后一个月内付清(不计利息)。由于某房地产公司拒不按约支付工程款，四分公司于 2000 年 5 月起诉至法院。

一审法院认为，双方签订的工程款决算协议，符合法律规定，应当有效。现该工程已实际验收合格，某房地产公司未按决算协议书及书面承诺的验收时间付清工程款，应当承担民事责任，对四分公司要求支付工程款的主张予以支持。被告方某房地产公司不服判决，上诉至当地中级人民法院。二审法院认为，上诉人所称工程未经验收，无充分证据，不予采纳，其上诉理由不能成立。判决驳回上诉，维持原判。而后，600 余万元工程款和经济损失赔偿费，已全部汇入承包方账户。

　　目前，施工合同经济案件大幅度增加，在拖欠工程款严重威胁到施工企业生存的情况下，把希望寄托在建设单位发"善心"归还拖欠款，是无所作为的愚蠢行为，在市场经济和法制日益完善的情况下是不可取的。只有拿起法律武器，向法院提起索赔诉讼请求，通过法律公正地解决，维护自己的利益，才是明智之举。但是如何能在法庭上胜诉，还取决于施工企业财务、技术、经营人员素质和合同条款完善程度，这是值得思考的问题。

　　本案例中四分公司之所以能胜诉是由于施工企业在合同管理上比较严密，合同是打官司的重要法律凭证。案例中，施工企业所以取得胜诉，是由于合同签订时条款比较完善和合同管理的资料齐全。施工企业在签订合同时，首先，合同的条款要严密、完备，符合法律、法规，这样才能立于不败之地。《民法典合同编》规定不能采用工程留置权。因此，施工企业在签订合同时为防止工程款拖欠，应设定具有偿还能力的"保证人"或设定有效的"抵押"手段等。其次，签订合同条款时把今后可能出现的问题事先加以设防。一方面，认真考察对方，了解对方的情况；另一方面设想今后可能出现的问题和纠纷，尽量在合同中加以设定，使合同尽量完备和严密。一旦发生纠纷引起诉讼，设定协议管辖条款，由原告方的法院受理，为今后胜诉打下基础。

　　施工企业应充分利用法律赋予施工企业"优先受偿权"的权利，为自己解围。为了解决建设单位拖欠工程款的问题，使工程承包人的回报得到应有的保障，1999年10月1日起实施的《合同法》对此作出了较明确的规定。发包人不按约定支付价款，经承包人催告后在合理期限内仍不支付的，承包人可以与发包人协议将该工程折价，也可以向人民法院申请将该工程依法拍卖。建设工程价款就该工程折价或者拍卖的价款优先受偿，承包人按照该条款规定行使优先受偿权。

　　当建设方遇到资金紧张或企业运转不正常时，常将资金危机转嫁给施工企业，工程质量存在缺陷或工期拖延，是其拒付工程款的主要借口，因此在法庭上辩论焦点是隐蔽检查验收和竣工验收上的分歧。本案例的焦点是工程是否已经验收、双方约定的工程款给付条件是否已经具备。一方面，现行法律规定工程竣工验收由发包人组织进行。《合同法》第二百七十九条和《建设工程质量管理条例》第十六条对此作出了专门的规定。具体到本案例中，公寓1号楼工程竣工后依法已由发包人某房地产公司通过验收，法定代表人在决算协议上的签字已证实。根据我国法律规定，建设工程验收合格的，方可交付使用；未经验收的，不得交付使用。在二审过程中，四分公司还举证证实，公寓1号楼工程已交付使用。由此可见，该工程已竣工且确实已经验收。从此案例中，施工企业可得到如下启示，在施工和竣工验收时，均应及时办理质量验收手续，加强施工技术管理。在合同管理中，坚持建设方和监理方及时签字签证制度，保证合同手续的合法性，为以后解决合同纠纷和法庭上辩论提供充足的证据，确保胜诉。

　　一旦企业发生合同纠纷，财务人员必须与技术、经营人员合作，与企业法律顾问商讨具体对策，收集有关证明材料，在法庭辩论中争取主动，争得胜诉结果。

❖ **案例二　工程勘察合同纠纷案**

2000 年 5 月 4 日，A 公司与 B 物探工程勘察处(简称 B)签订一份《地(坝)基工程勘察合同书》，约定由 B 对 A 拟建的住宅项目进行地质勘探。合同签订后，B 于同年 6 月出具了《工程地质勘察报告》，该报告在最后结论和建议中称：根据建筑物的规模、用途和场地地质条件，建议选用粉质黏土和黏土作基础持力层，基础类型以天然浅基为宜，当使用粉质黏土作持力层时，下有淤泥质土，每层土应以宜浅不宜深为原则。并对每幢拟建住宅楼的基础埋深、持力层承载力标准值和压缩模量提出了建议值。A 公司遂委托 C 工程设计院(简称 C)对住宅楼进行设计，并由自己的下属 D 电子工程设计室(简称 D)进行了补充修改设计。

2002—2004 年，A 公司住宅项目陆续完工。2005 年 5 月起，A 先后发现所建住宅有墙体开裂和山墙外倾，遂又委托 B 进行补充勘察，B 于 2005 年 10 月 12 日、11 月 2 日向 A 提交了 1 号、2 号、4 号、8 号、10 号楼的补充勘察报告。该报告有关土层承载力的描述，指标与其前次测试结果不同。A 又委托 D 加固设计，由 E 工程队进行地基加固施工。2006 年 2 月，A 将 B 诉至中级法院，请求法院对由于 B 勘察的失误赔偿其损失 500 万人民币。

原审法院在审理过程中，于 2006 年 4 月 9 日委托该院法庭科学技术研究所对本案讼争的发生质量事故的 9 幢建筑进行事故原因、责任划分的综合司法鉴定。该研究所鉴定结论为：造成此次重大质量事故的原因是当事人双方未严格按照规章办事，在勘察中出现重大失误，设计存在明显不足之处；从技术角度来看，勘察单位提供的详细勘察报告对地基土层(主要是淤泥土)的分布、定名、允许承载力、压缩模量的建议值发生失误是造成此次事故的主要原因，应负主要责任；A 下属的 D 设计人员素质低，违规(越级)设计和不当设计是造成此次事故的次要原因，应负次要责任。对此，A 的直接经济损失 470 万元，应由双方据其各自责任分别承担，即 A 承担 30%，即 141 万元，B 承担 70%，即 329 万元；A 主张的因地基事故造成的用车费、监管人员费用及资料费损失共计 361 274.22 元，因无付款依据，不予支持。原审法院判决：B 应于判决生效之日起 10 日内赔偿 A 经济损失 329 万元。第一审案件受理费 35 000 元，鉴定费 2 000 元，共计 5 000 元，由 A 负担 16 600 元，由 B 负担 38 700 元。

宣判后，B 不服，向原审法院提起上诉，请求撤销原审判决，依法作出公正判决。上诉法院审理后认为，A 与 B 签订的勘察合同，因双方均具有相应的权利能力和行为能力，也为双方当事人真实意思表示，该合同应属合法有效。B 未按双方约定将建筑场地内的土层分布和性质、建筑场地范围内有无软弱层及不良地质现象、建筑场地的稳定性及承载力等勘察清楚，对淤泥层的承载力标准及压缩模量所做结论也与客观事实有较大差异，而 A 设计师不具备设计本案所涉建筑物的设计资格，其在确定建筑物的基础持力层时，对勘察报告中关于淤泥层存在问题的情况和 C 关于淤泥层问题的说明均未重视。

因此，就 A 住宅楼因地基原因发生的建筑质量事故，双方均有过错。B 的上诉请求，因无事实及法律依据，原审法院不予支持。原审判决认定事实清楚，适用法律正确，审判程序合法。依照《中华人民共和国民事诉讼法》第一百五十三条第一款第(一)项的规定，判决如下：驳回上诉，维持原判。第二审案件受理费 35 385 元，由 B 负担。

❖ 案例三 一个典型的承包商胜诉的合同

1. 案情介绍

加拿大港口多伦多有座著名的库尔特中心，是一个办公和零售商业的综合建筑物。在这座重要建筑物开发建设的过程中，发生了业主、承包商和银行三者之间交错的合同纠纷，通过多起法院诉讼取得了使各方都信服的解决方法。

库尔特中心是以其开发商库尔特先生(Mr.Courtot)的名字命名的。他同银行合作，以抵押贷款(按揭)的方式融资建设。

合同争端的起因是由于三方当事人在实施合同的过程中出现了违约行为，互相影响，形成了错综复杂的争端，只好诉诸法律以求解决。

1972 年 3 月，库尔特中心工程开始招标，建筑承包商曼森工程公司中标。曼森工程公司在投标书中声明："我们的投标报价书及其中标后的合同均是有条件的，这就是业主有能力在支付工程款方面有令人满意的证明。"

业主库尔特缺乏房地产开发业的经验，加之在施工中出现多次工程变更，银行贷款利息提高，导致工程资金短缺，房屋的预售又不景气，以致无能力支付施工进度款，使工程建设合同濒临危机。

曼森工程公司以总价 6 000 000 美元的报价中标，于 1972 年 7 月开始筹备施工。但并没有急于签订施工合同，因为曼森工程公司尚未拿到业主支付能力的满意证明。曼森工程公司一直催要此证明，因为此证明的要求已经写到投标书中。

1972 年 9 月 8 日，银行经理终于发出了支付证明信，信中说："我们已同意向库尔特投资有限公司提供足够中期付款的资金，用以支付该中心工程的施工进度款……"

1972 年 9 月 14 日，曼森工程公司与库尔特投资有限公司正式签订施工合同，工程建设得以顺利开展。1974 年 8 月，工程基本建成。按照合同规定，竣工期为 1973 年 12 月 31 号。工期延误的主要原因，是业主对施工技术规程进行多次修改，使工程造价增加及工期延长。但是，在施工后期，承包商曼森工程公司已发现业主的支付难以保证，形成拖期欠款。这时，业主库尔特投资有限公司从银行得到的贷款 8 413 000 美元已经用尽，银行不同意再增加贷款额度。

库尔特投资有限公司为了寻找不付款的理由，便以工期延误 8 个月以及施工质量不好为借口，指责曼森工程公司违约。

从 1974 年 7 月开始，曼森工程公司得不到已经由咨询(监理)工程师审核签字的工程款，便按照留置权法扣押业主价值 1 057 941 美元的工程，这相当于公司受到的经济损失(未付工程款)897 941 美元，另加上应得到的计划利润 160 000 美元。

1975 年 8 月，银行要求库尔特投资有限公司还贷款，得知无望，遂按照抵押贷款合同的规定将库尔特中心工程拍卖，得款 1 000 000 美元。

在这项工程建设的合同争端中，同时展开了两项法律诉讼：一个是承包商曼森工程公司状告业主库尔特投资有限公司和贷款银行,要求按留置权法取得补偿;另一个是承包商状告贷款银行,要求维护合同权利。

承包商对业主的诉讼是为了取得施工后期的工程款,并在业主无力支付的情况下,通过法律的保护,取得了工程价值的留置权 1 427 487 美元。

承包商对贷款银行的诉讼,主要集中在以下两个方面。

(1) 银行依法将库尔特中心工程拍卖后,将拍卖所得款 100 000 美元首先用来归还贷款及其利息,所剩无几,使曼森工程公司承受的损失无法得到补偿。曼森工程公司的申诉得到了法官的支持,将银行的利息 12% 降为留置权法规定的利息 5%,这样减下来的款额,使曼森工程公司应得的补偿落到了实处。

(2) 银行在 1972 年 9 月 8 日致承包商的信中,保证业主有"足够的资金",可以支付工程款使整个工程建成。但事实上,工程后期资金落空,以致建成的工程被拍卖来偿还贷款。因此,银行的资信证明是伪证,是属于"过失曲解"性的错误,应对此错误给承包商造成的损失负补偿责任。法官对银行的过失曲解错误判定银行向承包商赔偿损失费 897 941 美元,另加承包商的计划利润 160 000 美元,共计赔偿 1 057 941 美元。加上拖期支付的利息,实际赔偿 1 138 151 美元。

贷款银行对上述判决不服,向上诉法院要求重审。上诉法院的法官们对其申诉进行了研究,认为原审法院的判决无误,决定维持原判结论,驳回贷款银行的申诉。

2. 案情分析

从案情介绍可以看出曼森工程公司的总经理(曼森本人)是一个有经验的承包商。在承包库尔特中心工程的施工过程中,为了维护自己的合同利益,所做的几件事对其他承包商来说是值得借鉴的。

(1) 在正式签订合同以前,他对业主的支付工程款的能力做了不懈地查询落实。他虽然在未得到贷款银行证明的时候,于 1972 年 7 月 17 日开始施工(这当然是冒着风险的)。但他没有放松取得支付能力的证明,直到 1972 年 9 月 8 日,贷款银行的经理发来信函正式证明工程款"有足够的资金"时,才于 1972 年 9 月 14 日与业主库尔特投资有限公司正式签订了施工合同。曼森工程公司的这一行为为公司在诉讼中取胜埋下了伏笔。他以"过失曲解"的罪名使贷款银行不得不向他赔偿 897 941 美元的过失补偿。

(2) 当施工末期业主无法支付工程款时,当业主以工期拖延和施工质量不好为由向他施加压力时,曼森工程公司以业主违约(不支付工程款)为由将库尔特投资有限公司告上法庭。曼森心中有数,他可以根据国家的"留置权法",扣住已建成的工程不予移交,除非得到业主拖欠的全部工程款。他这一要求有法律和合同的依据,法官自然支持。这样,曼森工程公司通过诉讼取得了 1 427 487 美元的留置权补偿。

(3) 当库尔特中心工程被贷款银行拍卖后,银行用拍卖款 10 000 美元首先还清自己的贷款及利息,所剩余的款额远远不能满足支付承包商的亏损款额时,曼森工程公司又向法庭提出贷款银行的"侵权"行为,得到了法庭的支持,减少了贷款银行的扣款额,满足了承包商的亏损补偿。

3. 承包商维权经验

投标前，慎重权衡是否参加投标竞争。对于下列的国家、地区和业主，要注意防止重大风险，甚至不参加投标竞争：

(1) 政局动荡、内乱频繁的国家或地区；

(2) 经济衰退、物价暴涨的国家或地区；

(3) 同我国外交关系紧张或没有外交关系的国家；

(4) 工程项目的资金没有落实的项目；

(5) 没有支付能力或支付信誉极差的业主等。

一般来说，凡是有国际金融组织(如世界银行、亚洲开发银行、非洲开发银行等)提供贷款的工程项目，其支付一般是有保障的。

开工前，要落实业主的支付能力，最好能取得银行或业主的书面保证，或在合同条款中补充落实支付的规定。

施工期间，抓紧工程进度款的结算和支付工作，抓紧催款，并计算清楚拖欠款的利息。如果拖欠工程款数额巨大，业主诚信极差时，可考虑采取暂时停工等合同权利，甚至终止合同。

工程建成后，如果还有大量的施工款被拖延不付，承包商有权不交出工程，不进行竣工移交，甚至采取留置权程序确保得到被拖欠的工程款。

作为承包商要善于利用法律手段(仲裁或诉讼)维护自己的合同利益。因此，应不断提高自己的法律、合同和国际惯例方面的知识水平。

第七章　竞争性谈判

7.1　定义及注意事项

我国《政府采购法》规定政府采购可以采用公开招标、邀请招标、竞争性谈判、单一来源采购、询价以及国务院政府采购监督管理部门认定的其他采购方式。竞争性谈判是其中的一种方式。

1. 竞争性谈判的定义

在采购项目中，谈判是指采购人或代理机构和供应商就采购的条件达成双方满意的协议的过程。因此，竞争性谈判就是指采购人或代理机构通过与不少于三家的供应商进行谈判，最后确定中标供应商的一种采购招标方式。

2. 竞争性谈判的要素

竞争性谈判的主要要素如下：

(1) 谈判主体。竞争性谈判的谈判主体必须是在采购活动中享有权利和承担义务的各方，即采购人、供应商、采购代理机构(含集中采购机构)。

(2) 组织者。竞争性谈判必须由采购人或采购代理机构进行组织。

(3) 参与者。竞争性谈判必须有多家供应商参与(通常不少于三家)。

(4) 过程。竞争性谈判的实施必须要通过谈判进行。

(5) 结果。竞争性谈判的结果是在谈判的基础上，从参与谈判的供应商中确定出成交供应商。

3. 竞争性谈判的优点与缺点

当前，我国政府采购规模持续快速增长，"十三五"期间年均增长 23.5%，政府采购的范围也扩展到包括货物、工程、服务在内的多个领域，如此快速的发展态势必然要求进一步规范政府采购行为。而竞争性谈判无疑是当前国际上流行的，能够有效降低采购风险，提高采购经济效益的采购方式之一。因此，研究竞争性谈判采购方式的优劣，具有重要的现实意义。

1) 竞争性谈判的优点

(1) 竞争性谈判采购灵活性更强。

首先，从采购的标的来看，竞争性谈判不用事先对采购产品的价格总额、技术参数等进行准确的估计，而是可以由采购方(包括中介机构)根据现实情况，在广泛调研的基础上进行把握，特别是在采购方对产品的价格、性能不十分了解，或者采购方对产品有特殊的要求，难以动态地对其价格和性能进行准确的评估(如对于高、精、尖技术产品等)的情况下，采用竞争性谈判可以有效地避免由于这种信息不对称给采购带来的不便。这就使得整个采购行为灵活性更强。

其次，从供应商的选择来看，竞争性谈判采购可以根据采购的需要，有选择地邀请目标对象进行谈判，这就提高了采购的针对性。

再次，从实际操作来看，当存在通过公开招标没有选定合格的供应商，或者供应商的数量少于 3 家等导致流标的情形时，可以通过竞争性谈判方式采购。

(2) 竞争性谈判采购效益更高。

首先，从经济效益来看，竞争性谈判采购由于采取直接谈判的方式进行，并且以价格为主要标的，这就使得采购方和供应商在谈判过程中会更加地注重价格信息的搜索，并可以避免供应商串通抬价等行为，从而可以有效地降低采购成本，提高采购经济效益。

其次，从时间效益来看，《政府采购法》明确规定，对于一些时间不能满足用户紧急需求的采购，可以实施竞争性谈判采购，这无疑是对这种采购方式时间效率的最好表达。实际上，由于竞争性谈判的程序相对较少，进度的可把握性更强，因此更能为采购方加快采购进程提供有效的保障。

(3) 可以有效地保护民族产品。

竞争性谈判由采购方或者代理人选取谈判对象，这就可以避免公开招标等采购方式下大量的外国厂商的介入，从而可以为民族产品提供有效的保护。在我国加入 WTO 之后，在一些民族产品竞争力还不强的领域实施竞争性谈判策略，无疑可以有效地保护民族产品。

2) 竞争性谈判的劣势

(1) 缺乏标准化的操作程序。

虽然《政府采购法》对竞争性谈判采购作出了比较概括和原则性的规定，但在实践操作中，竞争性谈判缺乏具体的、可操作的标准，从而使得采购的操作空间较大，可能带来寻租等问题。

例如：对于供应商的选择问题，采购方可以通过设置一些并非至关重要的技术参数，将供应商确定在一个相对较小的范围内，这就使得整个采购过程可能会出现不公平等问题。实际上，竞争性谈判采购这一方式本身就具有较大的灵活性，要制定出完善的、标准化的操作程序难度较大，这就给竞争性谈判采购的推广带来了挑战。

(2) 竞争性谈判采购存在大量信息不对称的问题。

首先，从谈判的准备阶段来看，由于竞争性谈判准备时间相对较短，且多用于公开招标不成功、技术水平较高的产品的采购，这就使得采购方对于标的物的信息掌握相对不足，难以进行全面、客观、公正的评价。

其次，从谈判过程来看，由于谈判一般需要严格保密，这样才能确保商业信息不被泄露，这种采购方式也使得采购方可能与供货商协商定价，进而使采购价格虚高，或者出现产品质量相对较低等问题。

此外，信息不对称还包括采购方与中介机构(代理机构)、相关专家之间的信息不对称，这也会对采购行为带来影响。

(3) 竞争性谈判采购使用范围受到限制。

竞争性采购使用范围受到限制主要包括两个方面的内容，一方面，《政府采购法》第三十条规定了竞争性谈判采购适用的4种情形，这就使得一般的政府采购中不可能无条件地使用这种采购方式，甚至为了便于采购实施，防止被无端的猜测，部分可能用于竞争性谈判的采购都被公开招标所替代。另一方面，即使可以采用竞争性谈判采购，也需要履行一定的程序，经过相关机构的审核和批准，而这势必增加采购的不确定性，这就使得竞争性谈判采购的使用范围受到局限。

4. 竞争性谈判的注意事项

由于竞争性谈判具有特殊性和灵活性的特点，经常被各集中采购机构在日常工作中运用。

《政府采购法》中对竞争性谈判采购方式的工作程序进行了规定，包括成立谈判小组、制定谈判文件、确定邀请参加谈判的供应商名单、谈判、确定成交供应商等内容，但其规定较笼统，并未对谈判文件的编制、谈判内容等具体项目进行详细地规定。为了确保竞争性谈判工作公平、公正、合理、合规地开展，我们就竞争性谈判采购的工作细节进行如下探讨。

编制竞争性谈判文件时一定要确保文件前后的一致性和文件的可操作性，购买人可以通过谈判文件得到明确的应答要求，切忌谈判文件中存在模糊或模棱两可的要求。

1) 谈判文件的前后一致性

谈判文件需要明确对应答人的具体要求，并且一定要确保对应答人的具体要求体现在其应答文件中，严禁谈判文件中列出了对应答人的具体要求，而在应答文件的编制要求中没有提及。若是在后续的供应商确定时采取的是综合评分的方式，则需要将对应答人的具体要求体现在打分项目中。也就是说，对应答人的要求一定要一贯到底、环环相扣，谈判文件中有要求的项目，则需要在应答文件编制时有要求，同时在打分判定项目中亦应当有体现，这三者之间是完全一致的，严禁出现任何不一致的情况。

例如：某项目在谈判文件中提及"具备三体系认证的应答人优先"，然后在应答文件的编制中未提及此项内容，并且在打分表格中未体现相关的打分原则。上述情况会导致谈判文件中对应答人的要求流于形式，前后不一致，无法真正发挥谈判要求的作用，并且失去了谈判文件的严肃性。正确的做法是，在谈判文件中提及了"具备三体系认证的应答人优先"之后，在应答文件的编制章节，明确其在应答文件中所在的位置及编制要求，是需要盖章版的复印件，还是需要影印件；在确定成交供应商的打分环节，需要明确全部提供了三体系证明材料的分值是多少，仅提供了两个或一个体系证明材料的分值是多少。

2) 谈判文件的可操作性

谈判文件中具体的要求一定是在详细深入分析项目的基础上提出来的，是目前最新的法律、法规的规定，并且要经过法律、技术专业、商务等专家的审核，从而确保提出的具体要求是有用的，对整个项目是有价值的，而不能毫无根据地进行设置。否则可能出现的结果就是，一是限制性地排除某些潜在的应答人，由于此类要求并非项目所必须，从而导致项目缺乏充分竞争；二是由于开展此类业务的应答人全部具备此类能力，导致某些要求流于形式。谈判文件的编制一定要具体，明确对供应商详细而可操作性的具体要求，包括商务资质、技术资质及业绩等。

例如：公司成立多久的可以应答，在哪个时间节点开始计算公司成立的日期；注册资金多少的应答人可以应答；具体的要求是否决项还是评分项，等等。上述内容都需要在谈判文件中明确。

谈判文件中对应答文件的编制需要有具体的格式及内容要求，而不能笼统地进行说明。格式及编制要求统一后，则各个应答人提供的应答文件都按照严格的要求来进行编制，方便专家评审以及谈判专家与应答人之间的谈判交流。

竞争性谈判一般包括初步评审和详细评审两个阶段。初步评审包括资格性审查和符合性审查。资格性审查需要对应答人的应答文件编制情况、资格证明及保证金等进行审查，以确定应答人是否具备谈判资格；符合性审查需要审查应答人的应答文件是否按谈判文件的要求对所有商务部分、技术部分、报价等内容进行完全响应，只有通过初步评审的应答人方可将进入详细评审。

详细评审阶段则是谈判小组与各应答人分别进行谈判，分别进行谈判时，应要求各应答人分别进行不超过三轮报价，并给予每个正在参加谈判的应答人相同的机会，而不能区别对待。详细评审结束后进入评分程序时，一方面需要结合应答人对谈判文件的响应情况进行评分，另一方面，要根据谈判现场应答人的表现来进行评分。

谈判区别于公开招标重要的一点就是项目技术复杂或者性质特殊，不能确定详细规格或具体要求，某些具体的参数无法在谈判文件中进行详细地表达，因此需要在现场谈判双方坐下来面对面地进行谈判。若是采购方和谈判专家只看应答人提供的应答文件是否符合谈判文件的要求，那将失去竞争性谈判的意义。在竞争性项目中，谈判专家的选择和谈判的内容是非常重要的，非常考验采购方和谈判专家的能力。因此，采购方在选择谈判专家时一定要选择技术专业相近、具备此类项目工作经验、有充分谈判技巧的谈判专家。谈判之前，采购人需要与谈判专家进行充分地沟通，详细地了解项目的具体情况，明确任务分工，确定各谈判专家与应答人的谈判内容，在谈判文件中无法用文字明确的具体要求，要形成一致的理解。

谈判过程中应当注意价格谈判仅仅是谈判的一项内容，而同时亦需要重点关注应答人对技术及商务的理解及应答情况。由于价格分在后续的评分中占有较大的比例，某些应答人可能会出现压低价格恶意竞争的情况，因此通过谈判可以充分地了解应答人是否出现超低价应答的现象。

采购人与应答人在进行谈判时，是供需双方就项目的具体规格、型号、参数、技术指标、价格以及后续的服务等各要素达到一致的过程，在采购人与各应答人每轮谈判结束后，需要形成文字性的材料，并且双方同时签字，留下有证明力的相关书面证明材料，避免应答人在后续签订合同时出现分歧、疑义甚至推诿扯皮。

竞争性谈判的采购方式针对某些技术复杂或性质特殊的项目具有明显的优势，只有充分把握公平、公正、公开的原则，在具体的谈判细节上下功夫，竞争性谈判的优势才能充分发挥出来，否则竞争性谈判会成为某些项目徇私舞弊的平台。谈判文件的前后一致性和可操作性是做好谈判工作的基础，没有一个质量过硬的谈判文件，项目的合法合规的采购将无从谈起。谈判专家的选择是谈判工作的关键，如何确保谈判工作高质量地开展，谈判专家在其中发挥了决定性的作用。在目前还没有竞争性谈判工作具体规定的背景下,各采购人需要在实践中不断摸索,不断完善,确保竞争性谈判采购成为招标采购的有力补充。

5. 其他实践中常见问题

1) 供应商"不足三家"时无从着手

采用竞争性谈判方式采购的项目,一般情况下,有效投标人不足 3 家的,应终止竞争性谈判采购活动,发布项目终止公告并说明原因,重新开展采购活动。在两种特殊情况下,有效投标人可为两家:一是因艺术品、专利、专有技术或者服务的时间和数量事先不能确定等原因不能事先计算出价格总额的项目;二是公开招标后只有 2 家供应商满足条件,经批准改竞争性谈判方式的。

与公开招标相比,竞争性谈判采购方式的公告媒体和公告期均有所不同,竞争性相对较差,故而除上述两种特殊情况可以有两家供应商继续谈判外,其余情形下,满足条件的供应商必须达到 3 家。

采用竞争性磋商方式的项目,除市场竞争不充分的科研项目,以及需要扶持的科技成果转化项目外,一般情况下,有效投标人不足 3 家的,应终止竞争性磋商采购活动,发布项目终止公告并说明原因,重新开展采购活动。

此外,根据财政部《关于政府采购竞争性磋商采购方式管理暂行办法有关问题的补充通知》(财库〔2015〕124 号),采用竞争性磋商方式的政府购买服务项目(含政府和社会资本合作项目),在采购过程中符合要求的供应商(社会资本)只有两家的,竞争性磋商采购活动可以继续进行。符合要求的供应商(社会资本)只有 1 家的,采购人(项目实施机构)或采购代理机构应终止竞争性磋商采购活动,发布项目终止公告并说明原因,重新开展采购活动。

对照上述法律、法规所列示的有效投标人不足 3 家的处理情形,结合政府采购工作实际,在确保竞争性、公平性的前提下,一般通用做法为:首次报名或实质响应的供应商不足 3 家,及时对招标公告、招标文件的合理性和信息发布情况进行检查,通过自查或评委审核,确定是否存在歧视性、倾向性等不合理条款,信息发布时间和发布媒体是否符合规定,扩大信息发布范围;连续公告两次以上的项目,才可申请采购方式变更,并在末次公告中事先就有效供应商不足法定数量的情况约定处理办法;财政部门在审批采购方式变更时需了解项目情况,综合考虑采购内容、采购方式、公告次数、项目紧急程度、潜在供应商数量及采购成本等因素,数额较大的项目或重点项目的核准经会商讨论决定。

2) 竞争性谈判与招标关系不明确

《政府采购法》第三十条第一款以及《政府采购非招标采购方式管理办法》(财政部令74 号,简称《管理办法》)第二十七条第一款均规定竞争性谈判是流标后的可选备用方案。但同时,《政府采购法》第三十八条第一款第三项以及《管理办法》第三十三条第一款第三项均规定,参加竞争性谈判的供应商不得少于三家,与招标的响应人数一致。这一规定使实践当中对于两者之间的关系存在两种不同的理解,一种理解认为如果因招标响应人数不足而进行的竞争性谈判满足了三个供应商的要求,则已经能够满足公开招标或邀请招标的条件,应当重新进行招投标;而按照另一种理解,流标后进行的竞争性谈判与招标并非循环往复的关系，否则将导致竞争性谈判的规定成为一纸空文，无法发挥其预期功能。

虽然《政府采购法》和《管理办法》规定竞争性谈判中的供应商不得少于三家，但两份文件均未规定在竞争性谈判响应供应商数量符合要求后应当转入招标程序。因此，在与启动竞争性谈判程序的相关规定对比后可以看出，在竞争性谈判与招标程序之间的关系应当是采购流程中前后选项的关系。也就是说，如果招标后没有供应商投标或者没有合格标的或者重新招标未能成立而启动竞争性谈判程序后，即使响应的供应商数量达到三家以上，也无需重新转入招标程序，这样的流程设计才能实现高效低耗的行业采购，实现竞争性谈判设计的初衷。

3) 谈判流程不尽规范

《管理办法》第三十九条第一款详细地规定了竞争性谈判的程序，尤其是该款第四项明确规定，"谈判小组所有成员集中于单一供应商分别进行谈判。在谈判中，谈判的任何一方不得透露与谈判有关的其他供应商的技术资料、价格和其他信息"。然而，实际操作中的流程往往是谈判小组将几家供应商的报价文件当面拆封并直接按照招标流程进行公开唱价。

《管理办法》第三十九条第一款第五项规定，"谈判结束后，谈判小组应要求所有参加谈判的供应商在规定时间内进行最后报价"，而在实践当中，谈判小组通常直接按照各供应商提交的报价文件上确定的价款直接计算确定最终供应商。

相对于政府及行业对于招标程序的详细规定而言，相关法律、法规及规章制度对于竞争性谈判的规范还不尽完善，这容易使采购人产生竞争性谈判要求简单，是"走过场"的错觉。因此，采购人往往就会为了节约时间、提高效率而降低对竞争性谈判的要求，简化流程。根据《管理办法》的规定，谈判的任何一方不得透露与谈判有关的其他供应商的技术资料、价格和其他信息，也就是说，虽然竞争性谈判中也有开标环节，但却是开而不唱，各参谈供应商是在商务谈判环节向谈判小组进行非公开报价，整个谈判环境是封闭的，谈判双方都负有对技术资料和价格的保密义务。

这种操作方法能够保证谈判的充分性，有效促进供应商降低报价，提高其竞争力，从而进一步促进供应商之间的竞争，达到质优价低的预期采购目的。同时，《行业办法》还规定，谈判小组应当要求参加谈判的供应商在规定时间内进行最后报价，这也是为了进一步促进竞争而设置的程序性要求，既能够加剧供应商的有效竞争，又能使供应商的报价适应不断变化的谈判形势和采购人的采购需求，从而避免了高价采购的可能。上述程序都是《管理办法》对竞争性谈判做出的强制性要求，是保证谈判效果，促进有效竞争的有力保障，不可省略。

竞争性谈判采购在政府采购活动中应用比较广泛，但是从近几年一些地方政府推进的实际操作案例看，其实际操作过程的切实规范性与充分合法性方面仍然存在着一些有待改进与完善的地方，需要我们在加强学习研究法律、法规与规章和规范性文件的同时，精准把握应用操作程序，保障竞争性谈判采购能够严格遵守并规范运用相关法规，力争政府采购活动使采购人既能获得物有所值的预期标的，又能获取用户满意的服务肯定，还能取得"工作效率"与"社会效益"的双提升。

7.2　竞争性谈判适用范围

能否使用竞争性谈判主要从以下两个方面来判断：一是适用的范围，二是适用的情形。根据《政府采购法》第三十条规定，政府采购中，竞争性谈判的适用范围为货物或者服务。货物，是指各种形态和种类的物品，包括原材料、燃料、设备、产品等；服务，是指除货物和工程以外的其他政府采购对象。

《管理办法》第三条明确规定，采购人、采购代理机构采购以下货物、工程和服务之一的，可以采用竞争性谈判、单一来源采购方式采购；采购货物的，还可以采用询价采购方式：

(1) 依法制定的集中采购目录以内，且未达到公开招标数额标准的货物、服务；

(2) 依法制定的集中采购目录以外、采购限额标准以上，且未达到公开招标数额标准的货物、服务；

(3) 达到公开招标数额标准、经批准采用非公开招标方式的货物、服务；

(4) 按照招标投标法及其实施条例必须进行招标的工程建设项目以外的政府采购工程。

对于竞争性谈判的适用范围，部分实务专家提出了前瞻性观点。在这些实务专家眼中，竞争性谈判的程序虽然简单，但也是一种技术活，其技术含量不见得少于公开招标。每一种采购方式都应当对口一种或几种特定的采购情形，竞争性谈判在需求不明确或技术指标不明确的项目中的确发挥了不可或缺的功效。但是对于公开招标失败或来不及进行公开招标的项目，将其转为竞争性谈判是否合适？竞争性谈判是否能够很好地服务于这类项目？这也是需要思考和解决的问题。

1. 我国国有企业可使用竞争性谈判的范围

国有企业在选择采购方式时，原则上虽然可以依照民法赋予的自由权利自行决定，但国有企业毕竟不同于一般性质的企业，其资金来源属于国有，因此，其自由是有限度的。也就是说，国有企业在决定采购方式时要受到一些强制性法律规范的制约，如《招标投标法》。因此，强制招标范围之外，即是竞争性谈判在国有企业采购中的适用范围。

我国的《招标投标法》是境内进行招投标活动的最基本的法律依据和行为准则，凡属该法第三条规定的项目范围都必须进行强制招标。该条有两层意思，一是专门针对工程建设目的，即"在中华人民共和国境内进行下列工程建设项目包括项目的勘察、设计、施工、监理以及与工程建设有关的重要设备、材料等的采购，必须进行招标：(一)大型基础设施、公用事业等关系社会公共利益、公众安全的项目；(二)全部或者部分使用国有资金投资或者国家融资的项目；(三)使用国际组织或者外国政府贷款、援助资金的项目。"

国有企业的采购项目属于"全部或者部分使用国有资金投资或者国家融资的项目"，按照上述规定，国有企业强制招标的范围主要限定在限上的工程建设项目和限上的需要国际采购的机电产品。除此以外，国有企业可在限下的工程建设项目、限下的国际机电产品采购以及其他类型的货物和服务采购中选择适用竞争性谈判，以获取最大或者最佳的经济和社会效益。

2. 特别复杂的采购

竞争性谈判的应用并不是普遍的惯例，而是被限制在某些特定的情况之下。遵照针对《公共采购条例》第6条第1款的规定，最大可能的竞争以及最大可能的透明成为公共采购人在公共采购中必须给予注意的重要原则。

"竞争性谈判是针对特别复杂的采购而采用的招标程序"。这个模糊的表述"特别复杂"在《公共采购条例》第6条第1款中被具体化了，即当采购人客观上不具备能力用技术手段来实现其采购的需求和目标时，或者不能够准确说明采购所规定的法律条件时，或者不能够准确说明采购所规定的经济条件时，就可以采用竞争性谈判。

客观上不具备能力是指采购人在客观上可证实的、合格的不具备能力。对此需要注意的是：第一，采购人须不具备能力使用现有的技术手段实现其采购的目标或满足其需求。但如何判断采购人是否不具备能力，相关法律并没有给出具体判定细则。从实践经验看，这个判断必须是客观上能证实的，仅仅来自采购人自身的主观声明并不足够。因为不同的采购人在各自不同条件下所具备的能力并无法律意义上的可比性。

所以，一般都是从中立第三方的角度去比较和判断，比如要考察相关采购人是否拥有专业从事建筑规划的工作人员或者操作类似项目的经验。这种比较和判断的针对性很强，必须紧紧围绕相关的采购人，因为在类似情况下，其他采购人的能力是无关紧要的。第二，还要考察采购人是否具备对其采购内容和要求进行准确详尽描述的能力。在原则上，采购人有责任和义务做出一个充分确定的针对采购需求和目标的描述，在此基础上提出几个具有可比性的报价。

因此，不具备能力指的是在其认真负责、竭尽全力后还是不具备能力。而什么时候或在什么情况下可以算是采购人已经认真负责、竭尽全力了，则要按照适当性的原则来判断确定。

关于采购订单的复杂性。采购人要检查采购订单的复杂性是否能通过专业人士的帮助得到解决。因竞争性谈判是为特别复杂公共采购的招标而创造的一种采购形式，如订单只是对于采购人很复杂，但在市场中观察却并不是特别复杂的话，采购人仅需要咨询有关的专业人士即可，而这并不需要采购人花费太多的时间和精力。

与技术规格详细规定了公共产品给付的方式不同，在该指令中，技术手段明确指的是在以结果为导向的标的描述意义上的给付和功能要求。它可以被理解为包括了给付和功能要求以及技术规格。相反，确定了技术规格的采购人，即使其不具备能力，也不能采用竞争性谈判的招标方式。

考虑到技术解决方案，采购人可以用技术谈判来代替竞争性谈判。技术谈判的结果会使采购订单的对象足够精准地确定下来，然后可以在公开或不公开的招标中进行采购。如采购人基于技术原因或者知识产权的原因，而只能选择由一个企业提出的解决方案，则实际上成为对竞争的限制，其成立的条件是该方案必须保证能最经济地满足采购需求。

采购人在招标之前调查相关需求时应得到足够的评判空间。然而，参与技术谈判的企业再参与招标过程，通常被视为违背了同等待遇的原则，这严重削弱了技术谈判的可操作性。

总而言之，竞争性谈判在某些领域发挥着巨大作用。比如，国家医保改革中，政府的医保用药采购，就采用了竞争性谈判的方式，从而大幅度地降低了药品价格，斩断了腐败和灰色地带，让惠于民，让利于民，有力保障了医保公平和社会公平。

3. 竞争性谈判在国外

德国在早期具体的政府采购实践中，其各地方政府对运用竞争性谈判表现出了非常谨慎甚至迟疑的态度。根据欧盟的相关数据库，2016 年至 2018 年，采用竞争性谈判的招标仅占总招标案例数的 0.11％。造成这种现象的深层次原因，主要是竞争性谈判适用前提的复杂性。因此，根据德国的相关法律条文，就其适用范围的问题进行研究和探讨，是非常必要和有意义的。

纯粹适用竞争性谈判的总前提条件是：采购人是公共采购人，并且存在事实上的公共采购。在符合基本前提的情况下，适用竞争性谈判，还须满足该项公共采购非常复杂，以至于公共采购人没有能力指定满足其需求和实现其目标的技术手段，或指定项目计划的法律条件和融资条件。

7.3　竞争性谈判适用条件

在某些情况下，鉴于采购对象的性质或采购形势的要求，公开招标采购方式并不是实现政府采购经济有效目标的最佳方法，必须采用其他采购方式予以补充，其中竞争性谈判采购是一种主要方式。政府采购中的竞争性谈判是指采购人或代理机构和供应商就采购的条件达成一项双方都满意的协议的过程。与公开招标方式采购相比，竞争性谈判具有较强的主观性，评审过程也难以控制，容易导致不公正交易，甚至腐败，因此，必须对这种采购方式的适用条件加以严格限制并对谈判过程进行严格控制。

《政府采购法》是为规范政府采购行为，提高政府采购资金的使用效益，维护国家利益和社会公共利益，保护政府采购当事人的合法权益，促进廉政建设而制定的法律。于 2002 年 6 月 29 日第九届全国人民代表大会常务委员会第二十八次会议通过，后根据 2014 年 8 月 31 日第十二届全国人民代表大会常务委员会第十次会议《关于修改<中华人民共和国保险法>等五部法律的决定》修正。《政府采购法》与 2014 年 2 月 1 日财政部发布的《管理办法》中均有对竞争性谈判使用条件的规定，从这些规定中可以看出竞争性谈判并不适合所有的采购项目，在应用时需要满足一定的约束条件。这里重点介绍《政府采购法》关于竞争性谈判使用的相关规定。

《政府采购法》第三十条规定了竞争性谈判采购方式的适用条件，这个适用条件包括两层含义：一是适用的范围，即竞争性谈判采购的对象，主要是指货物或服务；二是适用的情形，即竞争性谈判采购只适用于以下四种情形，当出现这四种情形之一时，法律允许不使用公开招标采购方式，可采用竞争性谈判方式采购，其基本内容如下。

1. 第一种情形

招标后没有供应商投标或者没有合格标的或者重新招标未能成立的。

经公开招标或邀请招标后，没有供应商投标，或者有效投标供应商数量未达到法定数量，以及重新招标未能成立的，可采用竞争性谈判方式进行采购。招标失败的几种情况：一是招标后没有供应商投标；二是招标后有效投标供应商没有达到法定的三家以上，或者是投标供应商达到了三家以上，但其中合格者不足三家的；三是再进行重新招标也不会有结果且重新招标不能成立的。

这种情况比较易于理解，简单来说，就是招标失败后的方式变更时适用，例如招标后投标供应商没有达到三家以上，或者虽然有三家供应商参与，但合格供应商不足三家，招标无法继续进行时，我们可以将原招标方式变更为竞争性谈判，继续进行采购。在这里需要注意的一点是，变更方式时需要和相应的主管部门进行沟通，履行一定的程序。

2. 第二种情形

技术复杂或者性质特殊，不能确定详细规格或者具体要求的。

这主要是由于采购对象的技术含量和特殊性质所决定的，采购人不能确定有关货物的详细规格，或者不能确定服务的具体要求的，如电子软件开发与设计。这种情况常见于采购对象具有相当的技术复杂程度和特殊性质时，尤以采购对象为科学研究的专用、非标设备时最易出现。某些高端设备，由于技术含量高、专业性强，采购人对采购对象本身的性能、技术参数并不十分了解，只是根据自己某方面的需要提出模糊的采购要求，这难免会有较大的片面性。

如果采用招标采购的办法，不但会给评标工作带来比较大的困难，更会出现采购来的货物无法充分满足要求的情况。采用竞争性谈判的方法与供应商在技术上充分交流和探讨，对供应商设备的性能特点等情况作进一步的了解，可以对采购对象有更清晰的认识，能够把握好采购对象的关键要素，从而可以结合自己的实际使用需要，修正并完善采购需求，综合考虑各方面因素后选定成交商，使采购人的利益得到最大限度的保证。

3. 第三种情形

采用招标所需时间不能满足用户紧急需要的。

由于公开招标采购周期较长，当采购人出现不可预见的因素(正当情况)急需采购时，无法按公开招标方式规定程序得到所需货物和服务的。招标采购有着严格的程序规定，一些环节规定了最低的时间限制，因而采购周期必然相对较长。而竞争性谈判时间机动灵活，没有硬性的规定，当执行紧急采购任务时，选择竞争性谈判更为适宜。比如应急救灾等状况，政府需紧急调拨救灾物资的采购，就属于这种情形。

4. 第四种情形

不能事先计算出价格总额的。

采购对象独特而又复杂，以前不曾采购过且很少有成本信息，不能事先计算出价格总额的，如果采用一锤定音的招投标方式，标底难以确定，会给采购工作带来不小的困难。这种情况下采用竞争性谈判，在与多个供应商进行反复交涉的过程中，能够逐步摸清该货物行业内的基本情况，了解该类型货物成本构成，做到心中有数，从而可以在进一步的谈判中明确采购要求，争取到更有利的条件、更优惠的价格。

当出现上述任何一种情形时，法律允许不再使用公开招标采购方式，可以采用竞争性谈判方式来采购。

　　竞争性谈判采购适用条件的理解要点如下：要体现竞争要求，谈判应保证适当的竞争，采购人应与足够数目即不少于三家的有效供应商进行谈判，以确保有效竞争；谈判条件不得有歧视性条款，公平对待所有参加谈判的供应商；必须是有效的供应商，有效主要是指符合采购人提出的货物和服务采购需求，且满足谈判条件的供应商。

7.4　竞争性谈判的主要内容

7.4.1　注意事项

1. 采购流程

　　采购活动的主要流程如下：

　　(1) 采购预算与申请。

　　采购人编制采购预算，填写采购申请表并提出采用竞争性谈判的理由，经上级主管部门审核后提交财政行政主管部门。

　　(2) 采购审批。

　　财政行政主管部门根据采购项目及相关规定确定竞争性谈判这一采购方式，并确定采购途径是委托采购还是自行采购。

　　(3) 代理机构的选定。

　　程序与公开招标的相同，依照程序依法选择代理机构。

　　(4) 组建谈判小组。

　　采购机构应当在本级财政部门设立的政府采购专家库中，采取随机方式抽取评审专家组成谈判小组。评审专家的抽取时间原则上应当在谈判开始前半天或前一天进行，特殊情况不得超过两天。谈判小组由采购人的代表和有关专家共三人以上的单数组成，其中专家的人数不得少于成员总数的三分之二。采购人代表不得以专家身份参与本部门或者本单位采购项目的谈判。采购代理机构工作人员不得以谈判小组成员的身份参加由本机构代理的政府采购项目谈判。由于谈判小组的职责仅为对响应文件的资格性和符合性进行检查，直接与合格供应商就价格进行谈判，并按照经评审的最低报价推荐成交候选人，因此，评审过程并不复杂，谈判小组通常情况下只需由一名采购人代表和两名评审专家组成即可。

　　(5) 编制谈判文件。

　　谈判文件应明确谈判程序与内容、合同草案条款以及评定成交的标准等事项。采购机构应当制定合适的竞争性谈判采购文件模本。

　　谈判文件应当包括以下内容：递交响应文件的截止时间和地点，谈判开始时间及地点，谈判程序，确定成交的原则，报价要求，响应文件编制要求，保证金的金额及形式，项目商务要求，技术规格要求和数量(包括附件、图纸等)，合同主要条款及合同签订方式，财政部门规定的其他事项。

模本制定后，应根据政府采购有关最新规定及时进行调整。采购机构只需对采购人的实际需求进行审核，没有歧视性或排他性条件，在模本的基础上稍做完善，即可完成采购文件的制作。谈判文件应当标明实质性要求，对于未完全响应实质性要求的响应文件，明确规定做无效响应文件处理。

2. 编制竞争性谈判文件的注意问题

采购代理机构根据采购人提供的采购需求书依法编制竞争性谈判文件。采购代理机构在收到采购人提供的采购需求书之日起五个工作日内，将其编制的竞争性谈判文件提交采购人确认。竞争性谈判文件主要内容应当包括：谈判邀请函、采购项目内容、供应商须知、合同书范本、谈判响应文件格式五部分。

竞争性谈判文件及政府采购合同应当列示节能环保、自主创新、扶持中小企业等政府采购公共政策内容。

竞争性谈判文件要充分体现公平、公正的原则。不得规定下列内容：

(1) 以特有企业资质、技术商务条款或专项授权证明作为谈判适格条件；

(2) 指定品牌、参考品牌或供应商；

(3) 以单一品牌产品特有的技术指标或专有技术作为重要的技术要求；

(4) 不利于公平竞争的区域或者行业限制。

货物或服务类采购项目，技术指标或供应商的资质应当有三个以上品牌型号或三家符合资质要求的供应商完全响应。同一品牌同一型号的产品可有多家代理商参与竞争，但只作为一个供应商计算。

下列条件之一的采购项目在编制竞争性谈判文件过程中，应当进行谈判文件论证：

(1) 国家或省、市重点建设项目；

(2) 独立单个采购项目预算金额较大的(金额标准由各地级以上市政府采购监督管理部门根据本地的实际情况制定)；

(3) 政府采购监督管理部门认为应当进行谈判文件论证的其他采购项目。

7.4.2 基本程序

《政府采购法》第三十八条将整个竞争性谈判的程序划分为5个环节，依次是成立谈判小组、制定谈判文件、确定邀请参加谈判的供应商名单、谈判、确定成交供应商。竞争性谈判在谈判环节的特征主要是：第一、可谈性。不同于招标中投标人只能对招标文件进行响应，竞争性谈判在谈判环节，双方可就谈判文件中的技术要求、商务要求进行磋商；第二，可多次报价。相较于招标中的一次报价规则，竞争性谈判在谈判环节中，参加谈判的供应商在技术要求满足、商务要求符合的条件下，可应采购人的要求进行二次甚至多次报价；第三，谈判文件的可修改。相较于招标文件在开标以后的不可更改性，竞争性谈判在谈判环节，采购人可对谈判文件进行实质性变动，但应以书面形式通知所有参加谈判的供应商；第四，报价不公开。招标是要公开唱标的，所有投标人的报价都是透明的。而在竞争性谈判中，虽也有开标环节，但却是开而不唱，各参谈供应商是在商务谈判环节向谈判小组进行非公开报价，整个谈判环境是封闭的，谈判双方都负有对技术资料和价格保密的义务。谈判需要遵循以下程序。

1. 成立谈判小组

谈判小组由采购人的代表和有关专家共三人以上的单数组成，其中专家的人数不得少于成员总数的三分之二。选择的专家在谈判小组成立前与该采购项目未发生联系，以便保证在采购过程中不受外界干扰，能够公平、独立地行使职能；专家的专业结构合理，知识水平和综合素质相当，在谈判开始前，谈判小组的名单要保密。

2. 制定谈判文件

谈判文件应当明确谈判程序、谈判内容、合同草案的条款以及评定成交的标准等事项。竞争性谈判文件的编制要保证内容完备，措辞准确，保证其严肃性和严整性。根据法规的要求，必须包含谈判程序、谈判内容、合同草案的条款以及评定成交的标准等诸项要素。其内容主要包括：

(1) 供应商须知。

(2) 采购项目的名称、标的、数量。

(3) 技术和商务要求。

(4) 对供应商报价的要求及其计算方式。

(5) 评定成交标准和方法。包括有：在符合采购需求前提下，质量和服务相等的评审方法、质量和服务不相等的评审方法。针对自主创新、环保、节能等产品应按规定，采取优先采购的评审办法。

(6) 交货时间。

(7) 供应商提交谈判响应文件的时间和地点。

(8) 供应商应当提供的有关资格证明文件。

(9) 供应商应当提供的保证金数额或其他担保方式。

(10) 谈判日程安排及程序。

(11) 合同条款和格式。

(12) 其他事项。

3. 确定邀请参加谈判的供应商名单

该阶段属于谈判的前期准备阶段，主要完成以下工作：采购方通过对采购项目的全方位综合性分析，制定出明确的采购需求，列出采购清单，并向招标代理机构发出招标代理需求委托。通常根据采购需求在指定的政府采购网络平台发布采购公告，公告中须包括项目概况、竞标方须具备的条件、报名及领取谈判文件的时间地点、谈判时间地点等关键信息。与此同时，应当根据采购方的需求制定谈判文件并与采购商确认。在规定的时间内对报名的竞标商进行资格预审，最终确定参加此次竞争性谈判的供应商名单，向其发送谈判邀请函并在规定的时间地点发售谈判文件。根据《政府采购评审专家管理办法》第二十二条规定，谈判专家的抽取时间原则上应当在开标前半天或前一天进行，所以应该在项目开标前一天抽取专家，成立谈判小组，同时邀请有关监督部门对谈判过程进行监督。

谈判小组从符合相应资格条件的供应商名单中确定不少于三家的供应商参加谈判，并向其提供谈判文件。参与谈判的供应商不得少于三家，除了由于招标失败转为谈判的情况，其他可以按照公开招标做法，完全公开采购信息来邀请厂商参加，也可以由采购方直接确定参与谈判的厂商。其中完全公开的方法最能体现公平原则，但难免会延长采购周期，不适合需求急迫的采购项目，而由采购方直接确定入围名单的方式快捷简单，效率高，但给暗箱操作留下了较大的空间。

4. 谈判

根据谈判文件，在规定的时间、地点开始谈判，各方人员就位后，招标代理人组织办理专家及投标商的签到手续，并主持第一轮报价，也就是投标文件中的报价。为避免报价信息泄露，第二轮报价出现公开竞价、以价压价等恶意竞争行为，通常采取在同一时间段内只允许一家供应商进入开标室报价的办法，并对响应文件的技术标和商务标进行关键信息的阐述，同时专家组就响应文件的内容与供应商进行谈判并提出问题和要求。待第一轮报价全部完毕，谈判小组要求所有投标商对专家组提出的问题进行书面澄清，待所有问题澄清后，谈判小组要求符合采购需求的供应商进行二次报价作为最终报价，谈判小组从质量、服务、技术均能满足采购文件实质性响应要求的供应商中，按照最终报价由低到高的顺序提出3名以上成交候选人，并编写评审报告。

谈判小组所有成员集中与单一供应商分别进行谈判。在谈判中，谈判的任何一方不得透露与谈判有关的其他供应商的技术资料、价格和其他信息。谈判文件有实质性变动的，谈判小组应当以书面形式通知所有参加谈判的供应商。谈判的轮次要根据项目的实际情况决定。对于预算金额高、技术复杂的项目，不能简单地把商务和技术问题集中在一轮中谈完，而应该至少采用两轮的方式。第一轮重在了解各谈判供应商的响应情况，比较各方优劣，检查己方的采购需求；第二轮可以修正采购需求后，在与供应商谈判过程中争取对采购人最为有利的条件。特别复杂的项目可采用三轮以上的谈判形式，每轮单独就某个重大复杂的问题或具体细节沟通谈判，最终汇总多轮谈判成果进入后续的评审。

5. 确定成交供应商

此阶段可看成是成交阶段，谈判结束后，谈判小组应当要求所有参加谈判的供应商在规定时间内进行最后报价，采购人从谈判小组提出的成交候选人中根据符合采购需求、质量和服务相等且报价最低的原则确定成交供应商，并将结果通知所有参加谈判的未成交的供应商。质量和服务相等且报价最低是确定成交供应商的原则。此原则在实际执行过程中，对于一些简单通用产品如电梯、水泵等产品比较适用，但对于技术复杂、功能要求多、涉及内容广的产品，如信息系统集成、尖端科研设备等则较难把握，因为各供应商提供的货物和服务各有特色或侧重，往往很难进行比较评定，这时如果一味追求低价，则有可能选择的是国家限制产品或质量不甚可靠的产品。建议采取两步来确定成交供应商，首先以最低价为标准排除同品牌、同型号、同等服务的供应商，再借鉴综合评审的办法，仔细比较各供应商的报价方案，确定最终成交供应商。采购方和招标代理机构根据谈判小组出具的谈判结果报告，综合审查供应商候选人的相关资料，确定成交单位，向成交方签发成交结果通知书，同时按照《政府采购法》要求，在规定的政府采购网络平台上公示本次项目的采购结果，并在采购结果公示结束后采购方与成交方签订采购合同。

7.4.3 常见问题

在《政府采购法》规定的非招标采购方式中，竞争性谈判无疑是使用频次颇高的一种，在部分地区，其使用次数甚至超过其他采购方式的总和。然而，如此"受宠"的采购方式在实际应用中却面临着程序和操作是否合法的质疑。而《管理办法》正力图改变这一现状，其明确规定。

1. 谈判供应商数量

第三十一条：竞争性谈判是指谈判小组确定不少于三家的供应商，就采购事宜进行谈判，采购人从谈判小组推荐的成交候选人中顺序确定成交供应商的采购方式。

第四十一条：竞争性谈判采购中，提交响应文件或者经评审实质性响应谈判文件要求的供应商只有两家时，采购人或者采购代理机构可以向财政部门提出申请，经批准后继续进行竞争性谈判采购；提交响应文件或者经评审实质性响应谈判文件要求的供应商只有一家时，应当终止竞争性谈判，重新开展采购活动。

依据《政府采购法》，公开招标、邀请招标、竞争性谈判以及询价采购均须3家以上供应商参与。但在实践中，组织竞争性谈判项目时常会遇到这种问题——只有2家供应商响应。作为一部部门规章，《管理办法》自然不能作出有2家供应商参与即可进行竞争性谈判这样与《政府采购法》第三十八条第三款相悖的规定。但《办法》将供应商不足3家的情形作为特殊情形补充进来，既遵从了上位法的要求，也对实务中的特殊情形作了规定。

有专家表示，在以往的实践中，对于仅有2家供应商响应的情形，采购人和代理机构一般会报监管部门审批，获批后继续走竞争性谈判的程序。因此，《办法》的这一规定是将实践的一贯做法写进了制度中。"但是，如果一开始就知道市场上只有2家潜在供应商该怎么办？诚然，依据《管理办法》内容，采购人或代理机构大可先成立谈判小组、制定谈判文件，等2家供应商响应之后再报监管部门审批。可是，这种做法算不算对法律不够尊重？"也有专家提出了这样的疑问。不少业内人士认为，在这种情况下，《办法》在实务层面为这种情形提供了解决的途径，然而要从根本上解决问题，必须通过对上位法的修改方能实现。

2. 谈判文件的制定

因供应商不足三家被废标而由公开招标转为竞争性谈判的项目，原招标文件是否应废除，而由谈判小组重新起草谈判文件呢？对此，《管理办法》第三十三条第二款规定谈判小组可以确认谈判文件。该规定为此类公开招标转竞争性谈判的项目开通了高效采购的绿色通道。

一般认为，谈判小组制定文件的规定在实务操作中很难被贯彻执行，这是由市场因素决定的。目前，采购单位的预算中并无专家费、代理费这样的开支栏，此类经费多由中标供应商支付。竞争性谈判类项目的采购金额多在公开招标限额以下，专家费、代理费等也因成交价格降低而下浮。在这种情况下，要求谈判专家付出编制谈判文件等更耗时且技术含量更高的劳动并不符合市场规律。如果强制要求谈判小组编制招标文件，可能会造成被抽取到的专家以种种理由拒绝参加谈判小组。

也有观点认为，谈判小组全程代表采购人参与项目谈判相关活动的规定有利有弊：谈判小组熟悉谈判文件，在谈判过程中可以很好地解释文件中规定的相关内容，保证采购结果与文件本意不相背离，这是其优势；但其制约要求也是这个团队来设置，极其容易造成谈判倾向性，由此带来的廉政风险实在堪忧。

3. 响应文件的修改

在谈判过程中，谈判小组可以根据谈判情况修订采购需求中的技术、质量或性能特点以及相应的评审标准，使采购需求、评审标准产生实质性变动。谈判小组应当在谈判文件中规定采购需求、评审标准可以实质性变动的范围和程序。

采购需求、评审标准在谈判过程中产生实质性变动的，谈判小组应当及时以书面形式同时通知所有参加谈判的供应商。

谈判小组在对响应文件的有效性、完整性和响应程度进行审查时，可以要求供应商对响应文件中含义不明确、同类问题表述不一致或者有明显文字和计算错误的内容等作出必要的澄清、说明或者更正。供应商的澄清、说明或者更正不得超出响应文件的范围或者改变响应文件的实质性内容。谈判小组要求供应商澄清、说明或者更正响应文件应当以书面形式作出。供应商的澄清、说明或者更正应当由法定代表人或其授权代表签字或者加盖公章，由授权代表签字的，应当附法定代表人授权书。供应商为自然人的，应当由本人签字并附身份证明。

供应商提交的响应文件未全部响应采购文件实质性条款的，响应文件无效。

7.5　谈判小组

谈判小组由采购人的代表和有关专家共三人以上的单数组成，其中专家的人数不得少于成员总数的三分之二。

(1) 谈判小组是代表采购人与供应商进行谈判的主体，是代表采购人利益、反映采购人需求、具有相当的专业技术水平和谈判技巧的组织。谈判小组所起的作用是由竞争性谈判采购方式的特点所决定的。

按照这种采购方式，采购人要与被邀请参加谈判的供应商进行面对面的谈判，以明确采购对象的详细技术规格和性能标准，了解采购对象的性质或附带的风险，并在此基础上提出比较接近实际的价格。

(2) 采购人的代表应当是具备相应采购专业知识和技能，具有较丰富的政府采购实践经验，并且经采购人授权能够代表其从事采购活动的自然人，这些人通常是经过培训的专门负责采购业务的政府工作人员。

(3) 有关专家是指采购人根据采购对象的具体技术要求和性能特点而邀请的，具有某一领域较高专业知识水平和实践经验的人士。这些专家通常都是某一行业协会的成员或是由行业协会推荐的专业人士。

邀请这样的专家作为谈判小组成员，采购人可以凭借其专业知识更好地把握采购对象的详细技术规格、性能标准以及价格，并最终以理想的条件与某一供应商成交。为了真正发挥专家的作用，并使他们的意见能够充分地得以体现，其人数必须达到谈判小组成员总数的绝对多数，即达到成员总数的三分之二。

(4) 谈判小组的人数必须是单数，这一规定便于谈判小组在作出有关决议时能够以多数形成表决结果。

7.5.1　邀请事项

1. 审查项目资料

集采机构接到采购人提交的采购项目资料后，应根据财政部门审批下达的政府采购计划和采购人提出的采购需求(或采购方案)，从资金、技术、生产、市场等几个方面对采购项目进行全方位的审查，必要时可邀请专家或技术人员进行论证，也可以组织有关人员对采购项目实施现场考察，或者对生产、销售市场进行广泛调查，以提高综合分析的准确性和完整性。

通过项目审查，会同采购人及有关专家确定最终的采购方案和采购清单及有关技术要求。对某些较大的项目，在确定采购清单时，可根据项目具体情况进行分包。

经过审查，如项目资料不完整，集采机构应要求采购人补充和完善；对采购人提出的一些与有关法律、法规不相符的资格或技术要求，应要求采购人更改。

审查结束后，应完善项目采购方案，并编制项目采购清单，经采购人确认后形成正式的项目采购方案。

经审查，项目资料完整且具备采购条件的，集采机构应与采购人签订委托代理协议，约定代理事项，明确双方的权利和义务。

2. 编制竞争性谈判采购文件

竞争性谈判采购文件(简称谈判文件)是载明项目内容和要求，向供应商告知谈判程序、评审办法以及有关要求的书面文件。采购人委托集采机构实施竞争性谈判的，集采机构应当根据采购项目的特点和采购人的实际需求编制谈判文件，并经采购人书面同意；采购人应当以满足实际需求为原则，不得擅自提高经费预算和资产配置等采购标准。

谈判文件应当包括：供应商资格条件、采购邀请、采购方式、采购预算、采购需求、采购程序、价格构成或者报价要求、响应文件编制要求、首次提交响应文件截止时间及地点、保证金交纳数额和形式、谈判组织程序和评定成交的标准等。谈判文件还应当明确谈判小组根据与供应商谈判情况可能实质性变动的内容，包括采购需求中的技术、服务要求以及合同草案条款。

在谈判文件中，不得要求或者标明供应商名称或者特定货物的品牌，不得含有指向特定供应商的技术、服务等条件。

3. 邀请谈判供应商

竞争性谈判采购邀请供应商的方式有以下三种。

1) 发布公告

集采机构应当在省级以上财政部门指定的政府采购信息发布媒体上发布竞争性谈判公告。竞争性谈判公告是谈判文件的组成部分，主要内容包括：采购人、采购代理机构的名称、地点和联系方法；采购项目的名称、数量、简要规格描述或项目基本概况介绍；采购项目的预算；供应商资格条件；获取谈判文件的时间、地点、方式及谈判文件售价；响应文件提交的截止时间、开启时间及地点；采购项目联系人姓名和电话。

2) 随机抽取

集采机构可在省级以上财政部门建立的供应商库中随机抽取三家以上供应商，并向供应商发出谈判邀请函。

3) 采购人和评审专家书面推荐

采购人和评审专家分别书面推荐，邀请不少于 3 家符合相应资格条件的供应商参与竞争性谈判采购活动。其中采购人推荐的供应商比例不得高于推荐供应商总数的 50%。集采机构可根据采购人和评审专家出具的书面推荐意见，向供应商发出谈判邀请函。

4. 资格性检查

1) 供应商资质审查

根据相关规定，在审查供应商资质时，将产品生产质量、信誉优良的供应商列入合格供应商名单的同时，还要对用户提出的意见和要求给予一定的尊重，应从构建固定性的协作关系来进行考虑，加大对主力供应商群体的培育力度，根据业绩来对订货机制起引导作用，以此来扩展主力供应商的采购份额，最大限度降低中间商在其中的采购比例保障用户利益最大化。除此之外，进一步规范健全动态考核管理办法，要求企业按照季度、专业来考评供应商资质，并以此为基础，根据一定比例优胜劣汰，将供应商数量控制在一定范围内，严禁信誉度差、存在不良记录的供应商参与其中。

2) 谈判小组审查内容

谈判小组依据法律、法规和谈判文件的规定，对参加谈判的供应商的资格证明、谈判保证金等进行审查，以确定供应商是否具备参加谈判的资格。主要包括以下两部分内容：

(1) 竞争性谈判响应文件分商务技术谈判响应文件和报价文件。报价文件在资格性检查及符合性检查阶段不得拆封。在谈判开始前，谈判小组应依据法律、法规和谈判文件的规定，对商务技术谈判响应文件中的资格证明、投标保证金等进行审查，以确定投标供应商是否具备谈判资格。满足资格条件的供应商达到 3 家以上的，谈判进入符合性检查阶段。

(2) 依据谈判文件的规定，从商务技术谈判响应文件的有效性、完整性和对谈判文件的响应程度进行审查，以确定是否对谈判文件的实质性要求做出响应。符合性检查时，商务技术谈判响应文件有下列情况之一的视为非实质性响应：

① 商务技术谈判响应文件采用的技术标准、规范等不符合谈判文件的要求或国家强制性标准的；

② 合同工期或交货期超过谈判文件规定的期限；

③ 投标附有采购人不能接受的条件；

④ 不符合谈判文件中规定的其他实质性要求。

符合性检查时，对谈判文件的实质性要求做出响应的供应商不足 3 家的，按照以下情况分别处理：

① 属于谈判文件商务技术条款制定不合理的，谈判小组修改谈判文件，谈判继续进行；

② 谈判文件商务技术条款制定没有问题的，谈判中止，采购人重新组织采购活动。

5. 确定参加谈判的供应商数量以及竞谈标准

谈判小组在通过资格性检查的供应商名单中确定不少于三家的供应商参加谈判。为确保公平起见，原则上通过资格性检查的供应商都参加谈判。谈判小组根据《政府采购法》第二十二条规定的供应商条件和采购项目对供应商特定条件的要求，对供应商的资格进行审查，以筛选出具有参加谈判资格的供应商。

6. 确定竞谈方式

在公平竞争的基础上，经过充分深入地谈判，需要有一定的标准来选择最终合格的供应商，竞谈通常采取的方式有：最低价法和综合评分法。

1) 最低价法

采取最低价法时，谈判小组应对供应商提供的所有技术及商务文件进行审核，并且就项目进行充分的谈判磋商，只要是符合谈判文件及采购人的要求，即可以进行报价，然后选择最低价的供应商。而最低价法往往无法真正发挥专家的谈判作用，无法通过打分对各个供应商的能力进行充分排序；某些项目在评审办法中列出了详细的评审因素，而针对未达到废标条件的供应商，最低价法无法对详评考虑的因素进行具体的打分，从而导致详评考虑的因素流于形式，无法真正发挥其作用。最低价法往往对谈判文件中各类评审要求的编制要求较高，需要列出非常明确的评审参数，并具有可操作性，从而确保进入价格选择的供应商全部具备提供合格产品的能力。因此，在采用最低价法时，建议详评考虑的因素应当为非常明确而且具体的参数。例如，明确的业绩要求、明确的质量保证体系认证要求、技术人员要求等，而不能笼统含糊地说需要具有一定的业绩、需要保证产品的质量、需要有一定的技术人员等。只有确定了非常明确的参数，那些不满足的供应商就可直接废标，满足条件的，通过最低价法确定为合格供应商。

2) 综合评分法

采取综合评分法时，确定合格供应商应通过打分的方式来进行。一方面，评审专家根据谈判文件中的要求，对供应商进行打分；另一方面，评审专家在谈判阶段要充分发挥专家的经验和作用，结合项目的特点对供应商进行打分。此法可以更充分地体现供应商的综合素质和能力，某些无法在谈判文件中明确的要求可以通过评审专家的谈判来弥补。在进行具体的操作时，采购人需要结合项目的特点合理地确定评分法中技术、商务及价格的权重，同时需要明确评分的各类项目，确保打分项体现谈判文件的要求。另外，打分项中需要有相关分项体现专家的谈判结果。此方法对评审专家的要求较高，某些在谈判文件中未提及到的内容需要评审专家结合自身的经验进行谈判。针对上述不同方式的利弊，采购人需要针对采购内容的特点进行选择，并针对不同的采购方式采取上述相应的谈判措施。

7.5.2 谈判准备

在项目准备完成后，采购机构需要对采购人提交的项目资料进行审查，在确定最终的项目采购方案后，开始准备谈判工作。这个阶段要完成以下几个步骤。

1. 发售谈判文件

竞争性谈判公告或谈判邀请函发出后，集采机构应向受邀请的供应商提供谈判文件。谈判文件需要收费的，售价应当按照弥补谈判文件制作成本费用的原则确定，不得以营利为目的，不得以项目预算金额作为确定谈判文件售价依据。

谈判文件的发售期限应当在谈判文件中予以明确，从谈判文件发出之日起至供应商提交首次响应文件截止之日止不得少于 3 个工作日。

2. 组织现场考察或召开答疑会

集采机构可视项目具体情况，会同采购人组织供应商进行现场考察或召开谈判前答疑会，但不得单独或分别组织只有一个供应商参加的现场考察或答疑会。

3. 对谈判文件进行澄清和修改

提交首次响应文件截止之日前，集采机构可以对已发出的谈判文件进行必要的澄清或修改，澄清或修改的内容作为谈判文件的组成部分。澄清或修改的内容可能影响响应文件编制的，集采机构应当在提交首次响应文件截止之日 3 个工作日前，以书面形式通知所有接收谈判文件的供应商；不足 3 个工作日的，应当顺延提交首次响应文件截止之日。谈判文件发出后需澄清和修改的情形有两种：

(1) 谈判文件发出后，采购人、集采机构发现谈判文件某些章节中的内容不完整或某些规定条款表述不清，可能会影响供应商准确理解并编制响应文件的，需要进行澄清修改和补充完善。

(2) 谈判文件发出后，供应商对谈判文件中的有关内容进行询问或提出质疑，集采机构需要会同采购人对谈判文件进行澄清和修改，并向提出询问或质疑的供应商进行书面答复。

4. 供应商编制响应文件

供应商应当按照谈判文件的要求编制谈判响应文件(简称响应文件)，并对所编制的响应文件的真实性、合法性承担法律责任。

响应文件主要包括：谈判响应函、供应商法定代表人身份证明及其授权书、谈判报价、技术和商务响应方案、资格证明文件以及应提供的其他有关资料和证明文件等。

需说明的是，资格证明文件是响应文件的重要组成部分，如果谈判文件要求供应商提供资格证明文件原件，供应商就应当按照谈判文件的要求，将资格证明文件的复印件加盖公章后按顺序分别装订于响应文件正副本中，以保持响应文件的完整性。同时，还应当将资格证明文件的原件单独封装，与响应文件一并提交，以备评审之用。

5. 供应商提交谈判保证金

集采机构可以要求供应商在提交响应文件截止时间之前交纳保证金。保证金应当采用支票、汇票、本票、网上银行支付或者金融机构、担保机构出具的保函等非现金形式交纳。保证金数额应当不超过采购项目预算的 2%。供应商为联合体的，可以由联合体中的一方或者多方共同交纳保证金，其交纳的保证金对联合体各方均有约束力。

集采机构在谈判文件中，对供应商交纳谈判保证金的时间、方式以及金额，应当有明确要求。

6. 供应商提交首次响应文件

供应商应当在谈判文件要求的截止时间前，将响应文件密封送达指定地点。集采机构应当确定工作人员在指定地点负责接收供应商递交的响应文件。在截止时间后送达的响应文件为无效文件，集采机构应当拒收。

7. 供应商补充、修改或者撤回响应文件

供应商在提交响应文件截止时间前，可以对所提交的响应文件进行补充、修改或者撤回，并书面通知集采机构。补充、修改的内容作为响应文件的组成部分。补充、修改的内容与响应文件不一致的，以补充、修改的内容为准。

8. 成立竞争性谈判小组

集采机构受采购人委托组织实施竞争性谈判采购的，应当成立竞争性谈判小组(简称谈判小组)。谈判小组由采购人代表和评审专家共 3 人以上单数组成，其中评审专家人数不得少于竞争性谈判小组成员总数的 2/3。达到公开招标数额标准的货物或者服务采购项目，或者达到招标规模标准的政府采购工程，谈判小组应当由 5 人以上单数组成。采购人不得以评审专家身份参加本部门或本单位采购项目的评审，集采机构人员也不得参加本机构代理的采购项目的评审。

在谈判小组中，评审专家应当从政府采购评审专家库内相关专业的专家名单中随机抽取。技术复杂、专业性强的竞争性谈判采购项目，通过随机方式难以确定合适的评审专家的，经主管预算单位同意，可以自行选定评审专家。技术复杂、专业性强的竞争性谈判采购项目，评审专家中应当包含 1 名法律专家。

在谈判报价时间截止后，采购中心还要组织谈判小组完成以下准备工作：

(1) 谈判小组在指定的场所阅读谈判文件，熟悉评审标准；

(2) 谈判小组检查投标文件的密封情况，对密封损坏的报价文件不予开启；

(3) 谈判小组审核报价文件的符合性(参照投标文件符合性审查相关内容)，符合性不满足谈判文件要求的，作为无效报价文件处理；

(4) 谈判小组审核、分析、对比各有效报价文件，提出需要澄清、解释问题清单，提出谈判要点；

(5) 谈判要点根据项目而不同，但至少应当包含范围、质量、价格、技术方案、售后服务承诺等主要内容。

7.5.3　评标标准

1. 谈判小组讨论

谈判小组研究过采购文件及评标标准以后，在谈判小组组长的组织下讨论、通过谈判要点和谈判方式。谈判要点根据项目而不同，但至少应当包含价格、技术方案、售后服务承诺等主要内容。

2. 谈判

围绕谈判要点，谈判小组全体成员集中与单一供应商分别进行谈判。逐家谈判一次为一个轮次，谈判轮次由谈判小组视情况决定。在谈判中，谈判的任何一方不得透露与谈判

有关的其他供应商的技术资料、价格和其他信息。

国际政府采购规则除了对采用谈判程序的条件进行了严格的限制之外，还对采用竞争性谈判程序应遵循的基本原则作出规定，以保证谈判程序的采用既是采购情势所必需，又能最大限度地满足政府采购的经济效益目标和公开公正竞争等各项原则。

采用竞争性谈判程序应遵循以下基本原则：

1) 谈判程序应遵循的原则

(1) 公告的要求。采用竞争性谈判程序，一般要发布采购公告，但出于节省开销和提高效率的原因，采购方认为不宜刊登此种通知的情况除外。

(2) 竞争的要求。谈判应保证充分的竞争，通常应至少有三个投标人以保证竞争情况。

(3) 采用谈判程序应公平地对待投标商。政府采购规则都规定不得对任何投标商进行歧视。具体地讲，采购实体向某一承包商或供应商发送的与谈判有关的任何规定准则文件澄清或其他资料，应在平等的基础上发送给正在与该实体举行采购谈判的所有其他供应商或承包商，淘汰参加者应按通知和招标文件规定的标准进行。关于标准和技术要求的全部修改应以书面形式传递给所有正在谈判的参加者，所有的正在参加谈判者应有同等的机会提出新的或修改了的投标，待谈判结束时仍在谈判中的所有参加者应被允许按截止日期提出最终投标。

(4) 保密义务。采购实体与某一供应商或承包商之间的谈判应是保密的，谈判的任何一方在未征得另一方同意的情况下不得向另外的任何人透露与谈判有关的任何技术资料、价格或其他市场信息。

(5) 事先公布评审标准和评审程序。在对投标商进行评审时应严格按照事先公布的标准和评审程序进行，以避免评审过程的主观影响。

(6) 记录和审批要求。在采用谈判程序时通常要经过有关部门的批准并作出记录，说明采用谈判程序的理由以及授予合同的详细情况。

2) 谈判程序

通常情况下谈判会分为两轮进行：

(1) 第一轮谈判。谈判小组根据采购项目的特点及供应商商务技术谈判响应文件，认真审核以下内容：设备选型、配置、方案、供货范围、完工时间、技术和售后服务、合同履行能力及措施、谈判文件规定的其他内容。

本轮谈判，谈判小组所有成员集中与单一供应商进行谈判。在谈判中，谈判的任何一方不得透露与谈判有关的一切技术资料、价格或其他市场信息。谈判小组认为参与谈判的供应商满足谈判文件要求、可以确定成交结果的，通知供应商在规定的时间内，按谈判文件规定的报价次数进行分次报价和最终报价。

谈判文件的修改。在第一轮谈判过程中，不能确定成交结果的，谈判小组可以修改谈判文件，优化采购方案，进行第二轮谈判。修改谈判文件，应经谈判小组集体讨论，且应当以书面形式通知所有参加第一轮谈判的供应商，确定供应商修正原响应文件所需的时间，要求供应商签收修改后的谈判文件。

(2) 第二轮谈判。参与第一轮谈判的供应商递交修正后的商务技术谈判响应文件及报价文件，并由授权代表签字后密封递交给谈判小组。修正后的响应文件同样具有法律效力。

在规定时间内未递交的，视同放弃谈判。

谈判小组依据修改后的谈判文件及供应商修正后的商务技术响应文件进行谈判。谈判小组确认谈判文件不需再进行修改的，通知供应商在规定的时间内，按照谈判文件规定进行最终报价。

3) 中止谈判的情况

谈判时遇到下列情况之一的，应中止谈判：

(1) 因谈判文件资质设置不合理，符合资质条件的供应商不足 3 家；

(2) 出现影响采购公正的违法、违规行为；

(3) 供应商的报价都超过采购预算，采购人不能支付；

(4) 因重大变故，采购任务取消。

谈判小组应将谈判中止理由通知所有参与谈判的供应商。

谈判小组认为谈判文件资质条件不存在歧视性条款或不合理条款，潜在供应商确实不足 3 家的，经政府采购管理部门批准，谈判小组可继续谈判，但谈判小组应出具书面说明材料，由采购代理机构保存。

3. 澄清

谈判小组对供应商谈判报价文件中含义不明确、同类问题表述不一致或有明显文字和计算错误的可以要求供应商以书面形式加以澄清、说明或纠正，并要求其授权代表签字确认。

对商务技术谈判响应文件中含义不明确、同类问题表述不一致或者有明显文字错误等非实质性内容，谈判小组应通知供应商作出必要的澄清、说明或者补正。供应商的澄清、说明或者补正应当采用书面形式，由其授权的代表签字，并不得超出谈判文件的范围或者改变谈判文件的实质性内容。关于澄清的注意事项如下：

(1) 供应商的投标文件不响应招标文件规定的重要商务和技术条款(参数)，或重要技术条款(参数)未提供技术支持资料的，评标委员会不得要求其进行澄清或后补。

(2) 谈判小组可要求供应商进行必要的澄清，也可对某些细微偏差直接进行调整，但需经供应商确认。

(3) 澄清的内容仅限于商务技术谈判响应文件基本符合谈判文件要求，但在个别地方存在着并不构成重大偏差的、细小的不正规、不一致等情况，并且补正这些遗漏或不完整不会对其他供应商造成不公平的结果，也不会通过补正而使其投标变为响应投标。

(4) 有效的书面澄清材料可以作为谈判文件的补充材料。

4. 变动

谈判文件如有实质性变动的，须经谈判小组三分之二以上成员同意并签字确认后，由谈判小组以书面形式通知所有参加谈判的供应商，并要求其授权代表签字确认(如不签字确认即被认为拒绝修改并放弃投标)。

在竞争性谈判中，谈判小组可以根据谈判文件和谈判实际情况，对采购需求中的技术指标、规格或服务要求进行实质性变动吗？实践中，不少业内人士认为谈判文件的性质等同于招标文件，不能更改。那么国家是否对竞争性谈判有相关的规定呢，谈判中是否可以对谈判文件进行实质性变动，变动中该注意哪些事项？带着这些问题，我们查阅了相关制度办法，并请教了专业老师进行解析，从中找到了答案。

实质性要求可以修改。在招标采购中，招标文件的严肃性通常不容侵犯，对招标文件进行澄清修改，相关法律、法规有严格的规定。《招标投标法实施条例》规定，招标人可以对资格预审文件或招标文件进行必要的澄清或修改，但应当在提交资格预审申请文件截止时间至少 3 日前或者投标截止时间至少 15 日前，以书面形式通知所有获取资格预审文件或招标文件的潜在投标人。但事实上，通过查阅学习制度和文件，了解到在竞争性谈判过程中，我国现行的法律法规是允许对谈判文件进行实质性修改的。《政府采购法》第三十八条规定："谈判文件有实质性变动的，谈判小组应当以书面形式通知所有参加谈判的供应商。"

2014 年 2 月施行的《管理办法》第十一条规定："谈判文件、询价通知书应当包括供应商资格条件、采购邀请、采购方式、采购预算、采购需求、采购程序、价格构成或者报价要求、响应文件编制要求、提交相应文件截止时间及地点、保证金交纳数额和形式、评定成交的标准等。谈判文件除本条第一款规定的内容外，还应当明确谈判小组根据与供应商谈判情况可能实质性变动的内容，包括采购需求中的技术、服务要求以及合同草案条款"。

竞争性谈判在短时间里，允许对很多实质性内容、价格进行变动和承诺，这就要求谈判小组的成员要有很高的技术水平、道德水准、现场反应能力。对谈判文件进行修改，在操作过程中需要慎重操作。首先，任何修改都需要以书面形式通知所有谈判供应商；其次，在原谈判文件中，应标注"允许根据谈判工作实际情况，对部分内容进行实质性修改"的字样，以免引发被邀请的谈判人投诉等不必要的麻烦。

7.5.4　转变谈判

在我们的日常采购活动中，经常遇到公开招标不够法定家数或者经评审实质性响应招标文件要求的供应商只有两家而导致废标的情况，耗费了采购人、代理机构很多时间和精力，并严重影响工作效率和政府形象。《管理办法》第二十七条对此作了明确规定，填补了这方面的空白。但在实际操作过程中，业界有不同的意见和做法，公开招标转竞争性谈判有六大注意事项。

1. 公开招标转竞争性谈判须本级财政部门批准

74 号令第二十七条明确规定，"公开招标的货物、服务采购项目，招标过程提交投标文件或者经实质性响应招标文件要求的供应商只有两家时，采购人、采购代理机构按照本办法第四条经本级财政部门批准后可以与两家供应商进行竞争性谈判采购"，因此，经本级财政部门批准是公开招标转竞争性谈判的第一步。

2. 公开招标转竞争性谈判部分项目须专家论证

74 号令第二十八条规定，招标后没有供应商投标或者没有合格标的，或者重新招标未能成立的；技术复杂或者性质特殊，不能确定详细规格或者具体要求的，申请采用竞争性谈判采购方式时，应当提交本法所规定的申请材料。

3. 公开招标转竞争性谈判须向本级财政部门递交的申请资料

74 号令第五条和第二十八条做了相应规定，有六个方面的材料需要提交：

(1) 采购人名称、采购项目名称、项目概况等项目基本情况说明；

(2) 项目预算金额、预算批复文件或者资金来源证明；

(3) 拟申请采用的采购方式和理由；

(4) 在省级以上财政部门指定的媒体上发布招标公告的证明材料；

(5) 采购人、采购代理机构出具的对招标文件和招标过程是否有供应商质疑及质疑处理情况的说明；

(6) 评标委员会或者 3 名以上评审专家出具的招标文件没有不合理条款的论证意见。

4. 公开招标转竞争性谈判有的情况须重新签订委托协议

《政府采购法》第二十条中明确了采购人与代理机构应当签订委托代理协议。在实际操作中，因采购计划未变，只要项目的采购活动没有结束，公开招标转竞争性谈判也就没有重新签订委托协议。但我们认为，应当在第一次签订委托协议时就载明，出现须转为竞争性谈判的情况时如何处理应对的相关信息。否则，应重新签订委托协议，原因是采购方式的变化，导致采购程序、组织实施都发生了变化，也就是原来确定的代理事项，双方约定权利义务的变化。

5. 公开招标转竞争性谈判须重新编制谈判文件，供应商应重新递交谈判响应文件

《管理办法》第二十七条规定，"公开招标的货物、服务采购项目，招标过程中提交投标文件或者经评审实质性响应招标文件要求的供应商只有两家时，采购人、采购代理机构按照本办法第四条经本级财政部门批准后可以与该两家供应商进行竞争性谈判采购，采购人、采购代理机构应当根据招标文件中的采购需求编制谈判文件，成立谈判小组，由谈判小组对谈判文件进行确认……"。谈判文件重新编制了，那供应商当然应当递交响应文件，才能参与谈判。

6. 公开招标转竞争性谈判可能须重新组建谈判小组

虽然 74 号令没有就公开招标转竞争性谈判抽取专家做出相应的规定，但明确了竞争性谈判是非招标采购方式的一种。74 号令第七条关于谈判小组的组成，与《政府采购货物和服务招标投标管理办法》第四十五条关于评标委员会的组成，是存在较大差异的。因此，如果在公开招标时组成的评标委员会与 74 号令第七条对谈判小组的要求不一致，那就得重新组建谈判小组。

在实际操作中，采购人因自身操作不当等原因需将公开招标转变为竞争性谈判的要求频频被提出。《管理办法》通过一些细节规定对此类不符合竞争性谈判本意的情形进行了一定程度上的遏制。就采购人企图通过拖延来规避公开招标的情形，《管理办法》第三十二条第三款专门设置了"非采购人所能预见的原因或者非采购人拖延造成采用招标所需时间不能满足用户紧急需要的"作为紧急采购可以采用竞争性谈判方式招标的条件，采购监管部门可以通过判断采购是否紧急以及评估采购时间周期，来判断是否采用竞争性谈判方式来采购。

关于采购人单位因主观原因不肯明确价格总额而故意申请竞争性谈判的情形，《管理办法》也通过细节规定将其排除。《管理办法》第三十二条第四款明确了所谓不能确定价格总额的四种情形，大致可分为两类：一类是因项目自身原因而不能明确具体需求总额的；另一类是因产品自身的市场价未形成，需要在谈判中确定具体交易价格的。采购监管人员可由此追问采购人不明确采购需求的情形属哪一类别，并驳回采购人故意不明确需求总额而递交的采购方式变更申请。

7.5.5 最终报价

1. 最终报价时间问题

《政府采购法》要求"谈判结束后，谈判小组应当要求所有参加谈判的供应商在规定时间内进行最后报价"，如何理解"规定时间"？有的地方是要求第二天指定时间提交最后报价，有的是要求当天指定时间提交最后报价。要求当天提交最后报价的又有两种做法：

做法一：在全部谈判活动结束后的某个确定时点提交最后报价(例如下午五点全部谈完，要求所有供应商在下午六点以前提交最后报价)。

做法二：要求各供应商在自身最后一轮谈判后同等时间提交最后报价(例如甲供应商于三点谈完，要求其于四点提交；乙供应商于三点五十分谈完，要求其于四点五十分提交；即每一家谈判结束与提交最后报价时间间隔均为一小时，以此类推)。

在第二天即隔一天才提出最后报价的做法操作漏洞大，也延长了整个谈判的时间，增加了谈判采购成本，显然不足取。要求在全部谈判活动结束后的某个确定时点提交最后报价的做法，一是给各供应商准备最后报价的时间不平等，先谈完的供应商有一定的时间优势，二是统一一个时间提交报价，给谈判供应商留下了可供串通报价的空间，由此看来，这种做法也不妥。因此，最妥当的做法应当是要求各供应商在自身最后一轮谈判后同一时间提交最后报价，同时还应把握好三点：

(1) 应当限定在谈判结束后当日；

(2) 时间不宜太长，最好是前一方提交最后报价时后一方正在谈判，尽量使双方没有见面交流的机会，同时也节约谈判时间；

(3) 要求各谈判供应商提交密封报价，并在所有谈判供应商均提交密封报价后由谈判小组统一开启并公布，以防有人事先将部分供应商的报价泄露给其他供应商。

2. 最终报价不等于最低价

《管理办法》对谈判轮次没有规定。只要求有"最后报价"，在政府采购活动中，竞争性谈判报价一般分为三种：第一种是谈判响应文件中的报价，即第一轮报价；第二种是谈判过程报价，根据各地、各种采购谈判轮数的不同，过程报价的次数也有所不同；第三种就是最后报价(最终报价)。

竞争性谈判是谈判小组和供应商之间的互动过程，通过谈判发现并解决问题。采购人在谈判过程中可以进一步明确采购需求，供应商也可以通过谈判优化技术方案并修改报价。谈判的轮次可以根据采购项目的复杂程度而不同，但轮次不宜过多。

谈判轮次应在对项目的复杂性进行充分评估和分析的基础上，在谈判文件中公布谈判轮次，这样可以避免出现供应商谈判次数或报价次数不一的问题。

不是所有的项目都是一样的谈判轮次。如采购金额比较小的、技术简单的、采购目标明确、标准较统一的项目可以在谈判响应文件中报一次价后,再进行一轮谈判和最终报价。采购额较大、技术复杂的项目则可以在提交谈判响应文件后,再组织几轮谈判和报价,让谈判小组在其后的谈判中进一步了解谈判供应商的响应情况,比较他们的优劣势,为采购人争取更有利的条件、更优惠的价格。

为提高政府采购效率,谈判轮次不宜过多,谈判轮次可以设上限。竞争性谈判的第一轮报价和最后一轮报价是必须的,中间具体还要安排几轮谈判应由谈判小组根据项目实际情况确定,一般不宜超过 4 到 5 轮。

目前已经有不少地方在相关的管理规定中明确了谈判的轮次。如《内蒙古自治区政府采购非招标采购方式管理暂行办法》规定三轮,山东省及河南省的郑州、驻马店也将报价轮次限定为不超过三轮。

谈判不等于砍价,必须注重采购需求。在采购实践中,采购人和专家往往偏重价格的谈判,有的干脆把谈判过程简化成两轮报价或多轮报价。这背后有个"谈判就是砍价"的认识误区。其实,竞争性谈判不仅仅是砍价和谈判价格,砍价不是谈判的唯一目的,价格谈判只是竞争性谈判的内容之一。

竞争性谈判的最终报价制度可以促使供应商压低报价,压缩利润空间,节约采购人资金。但是该制度有时也会引发恶意低价竞争。对于在谈判过程中可能出现的恶意低价竞争,谈判小组应当要求供应商对报价构成作出合理的解释和说明,并审慎分析该产品的报价构成。

竞争性谈判确定成交供应商的报价最低原则,其实质性内涵是建立在符合采购需求、质量和服务相等基础上的理性报价,而不是低于成本的恶意竞争。如果谈判小组认为按照报价由低到高顺序排列在前的谈判供应商的最低报价或者某些分项报价明显不合理或者低于成本或是有恶意低价竞争之嫌,可能影响供货质量和不能诚信履约的,应当要求其对报价构成提供客观真实的解释说明,并提供相关证明材料,也可通过谈判形式要求供应商书面承诺适度提高履约担保比例。若成交供应商无正当理由不与采购人订立合同或订立合同后不诚信履约的,采购人则按成交供应商书面承诺的约定没收其履约担保金,并由政府采购监管部门记录其不良行为,在一定期限内限制其准入市场。

3. 是否需要公布报价

竞争性谈判的主要特点之一就是可以多轮谈判,因此报价是一个反复博弈的过程。在公开招标采购过程时,会有公开唱标报价的环节。而在竞争性谈判采购中,并没有关于是否公布各竞标供应商报价的法律规定。因此,实践中,各企业掌握的方法各不相同。有的企业认为,应该公布第一轮报价和最后一轮报价,也有的企业认为,应该只公布第一轮报价。在竞争性谈判过程中,各轮报价都不必公布。理由如下:

(1) 保护各供应商的商业竞争利益。我们知道,即使是经营状况比较接近的不同供应商,在营销管理中也可能采用不同的策略,有的可能会采取低价争取市场份额的方式,有的可能会采取突出高端产品、高定位的方式。对于采购人来说,每个项目的评审标准也并不相同,有的采用最低价法,有的采用综合评分法,这是由项目本身的特点要求所决定的,并且明确告知各谈判供应商。如果在谈判过程中公布报价,很有可能影响这些供应商在未来参加其他企业采购项目的报价。

(2) 保障充分竞争。由于采用多轮谈判报价的方式，竞标供应商在第一轮报价时可能会报出一个"水分"较大的高报价。如果各供应商均采取这种报价策略，普遍报价较高，并且予以公布，则不利于采购人寻求相对较低的价位成交。

(3) 保障公平竞争。有的供应商，尤其是一些具有品牌影响力的供应商。由于其市场分析和定位能力较强，通常有比较稳定的报价体系。在这种情况下，即使采购人允许其多轮报价，这些供应商也可能一次报出底价，不再更改。在这种情况下，如果予以公布，则过早透露部分供应商的最终底价，不利于公平竞争。

(4) 避免误导竞标供应商。在采购实践中，除非产品品牌、型号，技术规格、售后服务、付款方式等所有要素完全一致，具有明确的可比性，适合于采用最低价法，否则一般倾向于采用综合评分法。在综合评分法中，报价只与其中的一部分比对。如果公布了报价，而不能详细地公布竞标方案(竞标方案的公布从规则和实践上都不具有可操作性)，将可能引导部分供应商为了中标而盲目降低报价，而不是综合改进其竞标方案以保障质量，一旦其中标后，还可能无法兑现竞标承诺。

当然，对于竞标供应商来说，无论中标与否，都普遍存在这样一种心理，既想知道竞标者的报价，又不想泄露自己的报价。因此，对于不公平报价的做法，谈判小组应对各竞标供应商事先说明并且在谈判过程(包括谈判结束之后)严格遵守此纪律，不向其他方透露报价信息。另外，必须注意的是在竞争性谈判过程中尤其是采用最低价法的情况下，由于不公布报价可能会使竞标商产生疑问因此这种做法必须有以下前提条件：一是必须要严格树立廉洁采购的企业形象，在采购过程中做到公平、公正；二是最后一轮报价必须是同时报价或同时拆封，坚决避免因信息不对称影响竞标结果。在拆封最后一轮报价时，谈判小组全体人员应在场并接受纪检监察或内控人员的实时监督，并以此树立良好的企业采购文化。

7.5.6 确定成交

谈判及评审结束后，应当按照《政府采购法》和 74 号令规定的竞争性谈判确定成交的原则确定成交供应商。在这个阶段，需要完成以下 3 项工作。

1. 告知采购人谈判结果

在评审结束后，集采机构应当在两个工作日内将评审报告送采购人确认。在采购实践中，采购人也可以授权谈判小组根据谈判和评审情况直接确定成交供应商。

2. 采购人确认评审报告并确定成交供应商

采购人应当在收到评审报告后 5 个工作日内，对谈判结果和评审报告进行确认，并从评审报告提出的成交候选人中，根据质量和服务均能满足采购文件实质性响应要求且最后报价最低的原则确定成交供应商，并书面告知集采机构。采购人逾期未确定成交供应商且不提出异议的，视为确定评审报告提出的最后报价最低的供应商为成交供应商。

3. 成交结果公告和通知

集采机构应当在收到采购人对评审报告的确认意见和对成交供应商的确定结果后 2 个工作日内，在省级以上财政部门指定的媒体上公告成交结果，同时向成交供应商发出成交通知书。

　　成交结果公告应当包括以下内容：采购人和采购代理机构的名称、地址和联系方式；项目名称和项目编号；成交供应商名称、地址和成交金额；主要成交标的的名称、规格型号、数量、单价、服务要求；谈判小组成员名单。

　　在公告成交结果时，应当将谈判文件同时公告。采用书面推荐供应商参加采购活动的，还应当公告采购人和评审专家的推荐意见。

　　在根据谈判文件中设定的评标标准对最终报价进行评判并推荐出成交候选供应商之后，谈判小组应该提交完整的谈判报告。谈判报告的内容和格式可参考评标报告，主要包括以下几点内容：

　　(1) 基本情况和数据表；

　　(2) 评标委员会成员名单；

　　(3) 开标记录；

　　(4) 符合要求的投标一览表；

　　(5) 废标情况说明；

　　(6) 评标标准、评标方法或者评标因素一览表；

　　(7) 经评审的价格或者评分比较一览表；

　　(8) 经评审的投标人排序；

　　(9) 推荐的中标候选人名单与签订合同前要处理的事宜；

　　(10) 澄清、说明、补正事项纪要。

7.6　制定程序

　　谈判文件中至少应当明确谈判程序、谈判内容、合同草案的条款以及评定标准等事项。谈判须在财政部门指定的政府采购信息发布媒体上发布公告。公告至谈判文件递交截止时间一般不得少于 5 天，采购数额在 300 万元以上、技术复杂的项目一般不得少于 10 天。这是因为《政府采购法》规定，招投标类采购自招标文件发出之日起至投标人提交投标文件截止之日止，不得少于二十天。

　　因此，竞争性谈判采购从发布谈判文件到供应商响应的时间可以比招投标采购短，但也应当有一个合理的时间段，如果间隔时间太短，不利于参加谈判的供应商理解、分析谈判文件及作出应答，5～10 天是一个比较合理的时间。

　　谈判文件通常应当包含：

　　(1) 谈判邀请函；

　　(2) 谈判供应商须知(包括密封、签署、盖章要求等)；

　　(3) 报价要求、投标文件的编制要求及谈判保证金的交纳方式；

　　(4) 谈判供应商应当提交的资格、资信证明；

　　(5) 谈判项目的技术规格、要求和数量，包括附件、图纸等；

　　(6) 合同主要条款和签订方式；

(7) 交货和提供服务的时间；

(8) 评标方法、评标标准和废标条款；

(9) 递交投标文件截止时间、谈判时间及地点；

(10) 省级以上财政部门规定的其他事项。

7.7　竞争性谈判案例

❖ 案例一

1. 案例要点

零星机械加工项目，采购内容为设备零部件、金属结构加工定做，单项合同估算价 40 万元，采购方式为竞争性谈判，评审办法为最低报价法，合同类型为固定单价，按加工件成果重量据实结算。加工的原材料主要包含普通碳钢、普通不锈钢、铝合金、紫铜及黄铜，承包方依据采购方提供图纸加工，按成品净重计算成果。本项目共邀请 4 家供应商参与报价，至报价截止时间有 3 家供应商完成报价。谈判小组根据初步评审结果梳理了谈判要点，与各报价人逐一进行谈判。

各报价人均在现场完成了最终报价并签字确认，谈判小组根据现场最终报价分别推荐了第一和第二成交候选人。由于本项目采用电子采购系统进行报价，各报价人需要按照现场签字确认的最终报价在规定的时间内在系统内完成补录。采购机构经办人在规定的补录截止时间前，在系统中开启了最终报价。3 家报价人均在系统中完成了补录，但其中两家在系统中的报价均与现场签字确认时的报价不一致，原次低价和最低价的顺序进行了互换，影响了最终成交推荐结果。经招标采购领导小组决策，本项目采购终止，由采购机构重新研究采购方式再行采购。最终本项目采用询价方式进行采购，合同成交价 32 万元。

2. 案例分析

经过对本项目前期策划、供应商情况和关键时间点前后相关人员行为的走访，本项目首次采购失败主要有以下原因引起。

1) 采购方式选用不恰当

在项目前期策划时，项目责任部门以"技术复杂或者性质特殊，不能确定详细规格或者具体要求"为由，推荐采用竞争性谈判进行采购。实际上本项目所需加工原材料市场竞争充分、制造工艺简单、加工质量要求采用国家标准，审核机构在未能仔细审查技术方案和工程量清单的情况下，同意项目责任部门的推荐意见。

2) 供应商选取不恰当

供应商选取采取"3+1"的方式，即由项目责任部门推荐 3 家供应商，采购机构经办人推荐 1 家供应商。在后期走访中，了解到进行报价的 3 家供应商中有两家的法定代表人为亲属关系，相关审核人员均未对供应商基本信息进行审查。

3) 最终报价方式不恰当

供应商完成纸质报价后至补录系统报价期间有 3 个小时，采购机构经办人、报价人、谈判专家均已离场，不排除在本时间段中有参与谈判的相关方泄密情况的发生。

4) 电子采购系统的局限性

为了保证报价人在电子采购系统上传信息的唯一性，本系统在程序中设置了报价人报价不可更改，采购机构经办人无法将现场报价结果作为系统报价结果，无法将谈判小组的现场推荐结果在系统中进行后续操作。报价人正是掌握了系统特点，在系统补录报价时推翻了现场报价结果，相当于进行了第三次报价。

基于以上四点原因，导致了本次竞争性谈判采购的失败。

3. 风险点辨识

总结了以上项目的经验教训后，该公司对近 3 年采用竞争性谈判采购的项目进行了梳理，进行了一次全面的、客观的、公正的项目后评价。通过对项目后评价文件的整理分析，从中可以看出，竞争性谈判在国有控股企业小型项目采购中的风险点主要集中在以下六个方面。

1) 采购方式选用的风险

项目责任部门基于竞争性谈判采购灵活性强、可调整实质性需求的考虑，通过强调时间紧急、技术复杂、性质特殊等理由，推荐更容易实现采购目标的方式。而审核机构由于对专业技术了解不够深入，无法正确判断所选方式是否恰当。

2) 供应商选择的风险

由于供应商选取采用项目责任部门和采购机构经办人推荐方式，采购方可以通过设置一些并非至关重要的技术参数或资格要求，设置隐形的倾向性条款，缩小了可选择供应商的范围。

3) 信息不对称的风险

从谈判的准备阶段来看，由于竞争性谈判准备时间相对较短，且多用于性质特殊、技术水平较高的产品的采购过程中，这就使得谈判小组对于标的物的信息掌握相对不足，供应商容易利用信息漏洞，在谈判过程中提出调整采购实质性内容的优化方案，使谈判小组难以在短时间内作出全面、客观、公正的评价。

4) 谈判内容的风险

谈判小组包含技术专家和商务专家，谈判要点由谈判小组共同完成。在谈判过程中，专家根据谈判要点与各报价人逐一进行谈判。当某一报价人作出有利于采购方的口头承诺时，基于公司利益的考虑，谈判小组会以该承诺作为评定标准之一，为后期的合同签订埋下了隐患。

5) 过程泄密的风险

参与谈判的人员包含采购机构经办人、报价人以及谈判专家，谈判过程中不能保证完全不与外界联系，任一人员、环节都存在可能泄密的风险，影响最终的采购成果。如信息泄露严重，还可能出现哄抬价格、降低质量的采购风险。

6) 人机交互的风险

随着国家鼓励利用信息网络进行电子招标投标，电子采购平台得到了大力推广。电子系统的限定性和人工行为的灵活性一旦出现矛盾，就会导致采购进程不可逆转、采购标的不可更改的情况发生，从而降低了采购效率。

❖ 案例二

1. 案例要点

日前，某财政局收到供应商投诉，该供应商称其报名参与了某竞争性谈判项目，但却未被邀请参与该项目的采购活动，请求财政部门确认其供应商资格并给予平等竞争的机会。针对投诉事项，经财政部门调查发现，该竞争性谈判项目由某代理机构在网上发布采购公告，并规定由谈判小组从符合项目资格条件的供应商中确定不少于 3 家供应商参与该项目谈判。至截止日，代理机构共收到 6 家供应商的报名文件。同日，谈判小组成立并向其选中的 3 家供应商发送了谈判文件。5 天后，经资格审查、谈判、报价等程序，该项目成交供应商敲定，成交公告发布。对于上述程序，财政部门认为，该项目 6 家供应商的资格审查结论是谈判报价当天由评审小组做出并全体签字确认的。因此，该项目谈判小组未严格按照采购公告中要求的"从符合项目资格条件的供应商中确定不少于 3 家供应商参与项目谈判"的规定，采购程序错误。财政部门拟受理供应商投诉，同时约谈评审专家，按《政府采购法实施条例》第七十五条给予专家相应的处罚，并执行《政府采购法实施条例》第七十一条规定，认定该成交结果无效，并责令采购人、代理机构重新开展政府采购活动。

2. 案例分析

1) 案例中投诉人申诉理由是否成立

根据财政部国库司某负责人就 74 号令执行操作答记者问："非招标采购方式和招标方式的最大不同点在于，非招标采购方式不给予所有潜在供应商公平竞争的机会，评审小组从符合条件的供应商中选择三家及以上供应商参加采购活动即可，且不需向其他未被选择的供应商作出解释，这是法律赋予非招标采购方式评审小组的权利。"因此本案中投诉人向财政部门提出的"给予平等竞争的机会"请求是不成立的，这也是非招标方式与公开招标方式的差异之一。

2) 案例中评审程序合法性探讨

《政府采购法》第三十八条明确规定："谈判小组从符合相应资格条件的供应商名单中选择确定三家及以上的供应商参加谈判，并向其提供谈判文件。"同时 74 号令第八条规定："竞争性谈判小组或者询价小组从符合相应资格条件的供应商名单中确定不少于 3 家的供应商参加谈判或者询价"，也就是说，对于竞争性谈判采购方式，在谈判小组选择确定供应商参加项目谈判前，应先对所有参与的供应商进行资格审查，资格审查环节结束后，再从符合相应资格条件的供应商中选择确定不少于 3 家供应商参加谈判。上述案例中之所以被财政部门判定为采购程序错误，正是由于谈判小组资格审查的时间节点错误而导致的。

3) 通过随机的方式选取供应商

(1)《政府采购法》第三十四条对采用邀请招标方式作出规定："采购人应当从符合相应资格条件的供应商中，通过随机的方式选择确定不少于三家供应商，并向其发出投标邀请书"。因此，采取竞争性谈判方式进行采购时，可考虑借鉴上述规定，采用随机方式确定不少于三家的供应商参加谈判。

(2) 74 号令第十二条明确了供应商产生的三种方式，其中库选方式即为一种随机方式。2017 年 10 月 1 日财政部实施的第 87 号令中多处提及通过随机抽取的方式选取供应商，如 87 号令第十四条对采用邀请招标方式产生供应商作出规定："采用邀请招标方式的，……，并从相应符合资格的供应商中随机抽取 3 家以上供应商向其发出投标邀请书。"而财政部第 87 号令是在"放管服"改革和"结果导向型"两大背景条件下颁布实施的，因此通过随机抽取的方式来选择确定供应商，在一定程度上体现了立法者的初衷和立法趋势。

4) 通过票决制的方式选取供应商

(1) 74 号令在谈判文件不能详细列明项目采购需求(技术、服务需求)的前提下，设计了一个"票决制"的方式来选择供应商。74 号令第三十三条规定："谈判文件不能详细列明采购标的的技术、服务要求、……，谈判小组应当按照少数服从多数的原则投票推荐不少于 3 家供应商的设计方案或者解决方案，并要求其在规定时间内提交最后报价。"

(2) 湖南省在竞争性谈判采购方式中直接采用"票决制"的方式来选取供应商，《湖南省政府采购非招标采购方式管理办法实施细则》第二十八条规定："谈判小组应对受邀请供应商进行资格性审查，谈判小组从符合相应资格条件的供应商中按照少数服从多数的原则选择 3 家及以上供应商参加谈判，并向其提供谈判文件。"

❖ 案例三

1. 案例要点

在政府采购评审中采取综合评分法的，评审标准中的分值设置应当与评审因素的量化指标相对应。一方面，评审因素的指标应当是可以量化的，不能量化的指标不能作为评审因素。评审因素在细化和量化时，一般不宜使用"优""良""中""一般"等没有明确判断标准、容易引起歧义的表述。另一方面，评审标准的分值也应当量化，评审因素的指标量化为区间的，评审标准的分值也必须量化到区间。

评审标准中的分值设置与评审因素的量化指标不对应的，应当根据《政府采购法》第三十六条、第七十一条，《采购法实施条例》第三十四条、第六十八条，《政府采购供应商投诉处理办法》(财政部令第 20 号)第十九条的规定予以处理。

2. 基本案情

采购人 B 委托代理机构 A 就该单位"XX 仓库资格招标项目"(以下称本项目)进行公开招标。2017 年 3 月 22 日，代理机构 A 发布招标公告，后组织了开标、评标工作。经评审，评标委员会推荐 D 公司为第一中标候选人。2017 年 4 月 12 日，代理机构 A 发布中标公告。2017 年 4 月 18 日，C 公司向代理机构 A 提出质疑。

2017 年 5 月 19 日，C 公司向财政部提起投诉。C 公司称，① 本项目评分标准设置不合法，对供应商实行差别待遇或者歧视待遇。② 评标过程未对供应商所应具备的条件进行公正公平审查，主要依据是：D 公司作为新成立的企业，但中标公告显示其在商务得分中高出了 C 公司近 6 分，在技术评分中高出了 C 公司近 20 分。

对此，代理机构 A 称：① 本项目评分标准的设置是根据采购人 B 以往仓储的实际情况等提出的要求，以实现仓储财物的安全性和便利性。② C 公司和 D 公司在商务得分上的差分，主要是招标文件要求提供"投标人室外仓库情况"，而 C 公司未提供该情况；技术得分的差分，主要是招标文件"投标人室内仓库情况"要求"存放货物在 1 楼"，而 C 公司可提供的存货地点不在 1 楼。

财政部查明，C 公司于 2017 年 3 月 24 日购买了本项目的招标文件。招标文件技术评审表对投标人室内仓库情况的评分细则是："根据投标人室内仓库(仓库配套有室内仓储场地不少于 7 000 平方米、高台仓、有监控摄像、存放货物在 1 楼)横向比较：优得 35～45 分，中得 20～34 分，一般得 0～19 分(以仓库产权证明或租赁合同为准)"，单项分数/权重为 45 分。招标文件商务评审表对投标人室外仓库情况的评分细则是："根据投标人室外仓库场地(仓库配套有室外仓储场地不少于 3 000 平方米、有围墙进行物理隔离、有监控摄像、有保安巡逻)的情况横向比较：优得 35～40 分，中得 20～34 分，一般得 0～19 分(以仓库产权证明或租赁合同为准)"，单项分数/权重为 40 分。本项目已签订政府采购合同，但尚未履行。

3. 处理结果

财政部作出投诉及监督检查处理决定：根据《政府采购法》第五十二条和《政府采购法实施条例》第五十三条的规定，投诉事项 1 属于无效投诉事项。

根据《政府采购供应商投诉处理办法》第十七条第(二)项的规定，投诉事项 2 缺乏事实依据，驳回投诉。

针对本项目评审标准中的分值设置与评审因素的量化指标不对应的问题，根据《政府采购法》第三十六条第一款第二项规定，责令采购人 B 予以废标。

根据《政府采购供应商投诉处理办法》第十九条第二项规定，撤销合同，责令重新开展采购活动。

根据《政府采购法》第七十一条和《政府采购法实施条例》第六十八条的规定，责令采购人 B 和代理机构 A 限期改正，对代理机构 A 作出警告的行政处罚。

4. 处理理由

财政部认为，投诉事项 1 属于对招标文件的异议。C 公司购买招标文件的时间为 2017 年 3 月 24 日，应自收到招标文件之日起 7 个工作日内提出质疑，而 C 公司提出质疑的时间(2017 年 4 月 18 日)已超过法定质疑期限。因此，投诉事项 1 属于无效投诉事项。

关于投诉事项 2，由于 C 公司投标文件所显示的租赁仓库位于 3、4、5、6 楼，不符合本项目招标文件"投标人室内仓库情况"中"存放货物在 1 楼"的要求。投诉事项 2 缺乏事实依据。

此外，本项目招标文件评审标准设置有"优得 35～45 分，中得 20～34 分，一般得 0～19 分"等，存在分值设置未与评审因素的量化指标相对应的问题，违反了《政府采购法实施条例》第三十四条第四款的规定。

❖ 案例四

1. 案例要点

在公开招标的政府采购项目中，对供应商提供货物和服务能力的评判，是评审活动的重要内容，应当在评审环节进行。招标公告将本应在评审阶段由评审专家审查的因素作为供应商获取招标文件的条件，属于将应当在评审阶段审查的因素前置到招标文件购买阶段进行，违反了法定招标程序，构成《政府采购法》第七十一条规定的"以不合理的条件对供应商实行差别待遇或者歧视待遇"的情形。

2. 相关法条

本案例涉及《政府采购法》第七条、第十八条、第三十五条、第三十六条第一款第(二)项、第七十一条第(三)项、第七十四条。

3. 基本案情

采购人 A 委托代理机构 B 就该单位"XX 网络建设工程项目"(以下称本项目)进行公开招标。2017 年 6 月 30 日，代理机构 B 发布招标公告。2017 年 7 月 6 日，T 公司提出质疑。

2017 年 7 月 27 日，T 公司向财政部提起投诉。T 公司称，招标公告要求供应商需具有 CMMI4 级证书，该证书是对生产研发软件厂商的要求，与本项目硬件采购无关。

财政部依法受理本案，审查中发现，招标公告"投标人的资格要求"规定："投标商具有软件能力成熟度集成模型 4 级(CMMI4)及以上证书"。对此，代理机构 B 称，本项目并非单一硬件采购，项目有关批复以及采购人提交的采购需求均涉及软件方面的能力要求。采购人 A 称，该要求是根据对本项目的基本要求和业务目标而设定的，招标公告"简要要求"和招标文件"货物清单"中均有关于本项目软件需求的体现，如"包含软件定制开发需求功能"的描述，说明本项目并非单纯的硬件采购。

此外，在本案处理过程中，财政部发现本项目存在以下情况：一是招标公告要求供应商在购买招标文件时需具有"软件能力成熟度集成模型 4 级(CMMI4)及以上证书"等条件。二是本项目自招标文件开始发出之日 2017 年 7 月 3 日 09:00 起，至投标人提交投标文件截止之日 2017 年 7 月 21 日 09:30 止。三是本项目采购的产品涉及网络交换机、网络存储设备、网络安全产品等，在集采目录范围内，而本项目代理机构 B 是非集中采购代理机构。对此，财政部依法启动了监督检查程序。

4. 处理结果

财政部作出投诉及监督检查处理决定：根据《政府采购供应商投诉处理办法》第十七条第(二)项的规定，投诉事项缺乏事实依据，驳回投诉。

根据《政府采购法》第三十六条第一款第(二)项的规定，责令采购人 A 废标。

根据《政府采购法》第七十一条的规定，对代理机构 B 作出警告的行政处罚。

针对本项目中对购买招标文件设置审核条件、自招标文件发出至投标文件提交截止不足二十日和未按规定委托集中采购机构代理采购的问题，根据《政府采购法》第三十五条、

第七十一条和第七十四条的规定，责令采购人 A 和代理机构 B 限期改正。

5. 处理理由

财政部认为：关于投诉事项，本项目的申报材料及有关部门审查意见显示，本项目的网络建设内容涉及软件方面的能力要求。同时，招标公告提出了对供应商的软硬件能力要求，即中标供应商应有智慧校园网络顶层设计的能力，并能为后续开展的学校应用开发和部署提供必要的技术咨询和建议方案。因此，本项目并非单一硬件采购。投诉事项缺乏事实依据。

此外，关于另外发现的本项目采购过程中存在的三个情况，财政部认为：一是招标公告要求供应商在购买招标文件时需具备的条件，属于应当在评审阶段审查的因素，不应前置到招标文件购买阶段。这种做法属于《政府采购法》第七十一条规定的"以不合理的条件对供应商实行差别待遇或者歧视待遇"的情形。

二是本项目自招标文件开始发出之日至投标人提交投标文件截止之日止不足二十日，违反了《政府采购法》第三十五条"货物和服务项目实行招标方式采购的，自招标文件开始发出之日起至投标人提交投标文件截止之日止，不得少于二十日"的规定。

三是本项目采购的产品涉及集采目录范围内的项目，《政府采购法》第七条第三款规定"纳入集中采购目录的政府采购项目，应当实行集中采购。"第十八条第一款规定"采购人采购纳入集中采购目录的政府采购项目，必须委托集中采购机构代理采购"。而本项目委托非集中采购代理机构采购，违反了上述两条规定。

❖ 案例五

1. 案例要点

采购人 A 委托代理机构 B 就该单位"XX 设备购置采购项目"(以下称本项目)采用网上竞价方式采购，采购预算为 56 万元。2015 年 8 月 10 日，代理机构 B 发布网上竞价公告。2015 年 8 月 17 日，竞价截止，共六家供应商参与竞价。2015 年 8 月 24 日，代理机构 B 发布成交结果，C 公司为成交供应商，成交金额为 55.8 万元。

2016 年 10 月 20 日，财政部收到关于该项目的举报信，来信反映，在本项目网上竞价活动中，C 公司以高价成交，竞价结果有失公平。财政部依法受理本案，审查中发现，本项目另一家参与竞价的供应商 D 公司提交的竞价文件中，法人代表授权书、技术指标应答书和报价单上加盖的是 C 公司的公章。对此，C 公司称，对 D 公司的竞价文件加盖自己公章一事不知情。D 公司称，确实存在竞价文件中加盖的公章与公司名称不符的情况，原因是公司职员在与 C 公司对账过程中拿错公章，将 C 公司的公章直接加盖在自己的竞价文件中，未经核查直接上传了竞价文件。

2. 处理结果

财政部审查终结后依法作出监督检查处理决定，并对 C 公司和 D 公司分别作出行政处罚决定。后 C 公司不服对其作出的处罚决定，向法院提起行政诉讼。一审法院审理后认为，由于 C 公司在财政部作出处罚决定前已将合同支付金额予以退还，所以部分撤销了处罚决定中没收违法所得的行政处罚，同时驳回 C 公司的其他诉讼请求。

财政部作出监督检查处理决定：根据《政府采购法》第七十七条第二款的规定，认定本项目成交无效。

财政部对 C 公司和 D 公司就其违法行为分别作出行政处罚决定：根据《政府采购法》第七十七条第一款的规定，对 C 公司处以采购金额千分之五的罚款，列入不良行为记录名单，在一年内禁止参加政府采购活动，没收违法所得(即采购合同已支付金额)；对 D 公司处以采购金额千分之五的罚款，列入不良行为记录名单，在一年内禁止参加政府采购活动。

3. 处理理由

财政部认为：本案中，在 D 公司提交的竞价文件中，法人代表授权书、技术指标应答书和报价单上加盖的是 C 公司的公章。虽然 C 公司辩称对此不知情，D 公司辩称因工作人员失误错盖公章，但正常来讲，两家公司的对账行为与准备投标文件行为并不存在任何关联，参与对账的工作人员与准备投标的工作人员也不会重合，D 公司的辩解明显违背常理，不属于合理解释范围。公章具有代表公司意志的法律效力，混盖公章等同于不同投标人的投标文件相互混装，两家公司的辩解不足采信。基于 D 公司部分竞价文件中加盖 C 公司公章，且两家公司对此不能给出合理解释的事实，应认定 C 公司与 D 公司的行为属于《政府采购法实施条例》第七十四条第(七)项规定的恶意串通的情形。

第八章 政府采购招投标

8.1 政府采购招投标的必要性

政府采购(Government Procurement)是指国家各级政府为开展日常的政务活动,满足公共服务的需要,利用国家财政性资金和政府借款购买货物、工程和服务的行为。政府采购不仅是指具体的采购过程,而且是采购政策、采购程序、采购过程及采购管理的总称,同时也是一种公共采购的管理制度。完善、合理的政府采购对社会资源的有效利用和提高财政资金的利用效率能够起到重要的积极作用,因而是财政支出管理的一个重要环节。

政府采购能加强财政支出管理,提高财政资金的使用效率。政府采购作为资源配置活动,其关键是解决支出的效率问题。政府要为市民提供优质的服务,就必须讲求运作效率和成本效益。政府推行政府采购,其根本目的是要建立起规范、安全、高效的财政支出管理机制。政府采购从财政开支上入手,对自身有限资源加以利用,在满足广大人民经济文化、物质及精神生活需求的同时,为市民提供新服务或改善现有服务,提高政府管理及服务效能。

政府采购有利于政府对宏观经济的调控。市场经济体制下的政府采购,是指以维护产权、促进平等和保护自由的市场制度为基础,以自由选择、资源交换、自愿合作为前提,以分散决策、自发形成、自由竞争为特点,以市场机制导向社会资源配置为经济手段。在这种经济手段下人们所追求的是产权、平等和自由,而不是私有、契约和独立的采购活动。社会资源的配置靠市场机制来引导分配,从而能使社会资源的利用效率得到明显的提高。

政府采购能加强财政支出管理,提高财政资金的使用效率,不仅能细化预算,避免浪费,还能以合理的低价获得预期数量与质量的货物、工程和服务,实现政府消费市场化,从而节省开支。在政府采购中谁的商品质量好、价格低,谁就具有优势,反之就处于劣势。这种普遍的商品交换使得商品生产者不可避免地要处在与同行竞争的境地。政府采购使供应商把更多的精力集中在产品质量和服务质量上,也有利于供应商开拓市场。

政府采购能增加行政透明度,使政府的行为置于财政、纪检监察、审计、舆论等多方的监督之下。贪污腐败损害的是党和政府在人民群众中的威望和信誉,对改革开放、社会稳定，发展社会主义市场经济具有极大的破坏作用。而正是由于政府采购所具有的透明、公平、公正等特点，有效地规避了腐败风险，在源头上防微杜渐，为政府的反腐倡廉、廉政公务提供了良好的保障。

在政府采购中纳税人成为采购的购买方，委托政府在处理公共事务时用税收进行采购，政府则成为代理人在市场上实施采购。这种委托代理关系可以增强政府的公仆意识和公民的主人翁意识。

8.2　政府采购的工作流程

实施政府采购的主要目的是规范政府的采购行为，加强对政府财政支出的管理和监督；降低采购成本，提高政府财政资金的使用效益；贯彻国家宏观经济政策，促进政府宏观调控水平的提高。政府采购不仅规范了政府采购行为，也维护了各方的合法权益，是市场经济调节的必要保障。因此，规范政府采购的工作流程，意义重大。

8.2.1　公布政府采购目录

各级财政部门拟定下一年度政府采购目录和限额标准，由同级人民政府或者其授权机构确定并发布。集中采购目录是由省级以上人民政府公布的集中采购的范围，其中属于中央预算的政府采购项目，其集中采购目录由国务院确定并公布；属于地方预算的政府采购项目，其集中采购目录由省、自治区、直辖市人民政府或其授权的机构确定并公布。凡纳入集中采购目录的政府采购项目，应实行集中采购。政府采购限额标准是未列入集中采购目录的货物、服务或工程，其单项或批量采购预算金额达到某一数额之上的应实行政府采购，该数额即为政府采购限额标准。

以《2020 年度厦门市政府采购目录及采购限额标准》为例，大宗货物采购目录和定点及公务机票采购目录之外的项目，100 万元以上的货物和服务采购实行政府采购，其中，200 万元以下的可以采用招标性采购方式或非招标性采购方式；200 万元以上的采用公开招标的方式；200 万元以上的且招标投标法律、法规规定招标限额以下的工程实施政府采购，可以采用询价之外的非招标采购方式。

8.2.2　报审及下达采购预算

预算单位根据《政府采购目录和限额标准》，按照部门预算编制格式和口径，编制本单位下一年度政府采购预算，作为部门预算的一部分，一并由一级预算单位汇总后上报财政部门；临时机构的政府采购预算由其挂靠的部门汇总上报财政部门。

财政各业务部门和政府采购监督管理部门对预算单位报送的政府采购预算进行审核后，报同级人大批准，并将政府采购预算随同部门预算一并下达预算单位。执行中确需调整(增、减)政府采购预算时，要报财政业务主管部门和政府采购监督管理部门审核、批准，重大调整需报同级人大批准。

8.2.3　报审和下达采购计划

预算单位按照下达的政府采购预算编制《采购单位政府采购计划申请表》，报财政业务主管部门审核采购资金和项目，由政府采购监督管理部门确定政府采购组织形式和政府采购方式，向预算单位及其委托的采购代理机构批复下达《政府采购项目批准书》。

因特殊情况需要采购进口产品的，按照《政府采购进口产品管理办法》规定，采购人向政府采购监督管理部门提供政府采购进口产品申请表、政府采购进口产品所属行政主管部门意见、政府采购进口产品专家论证意见和有关法律、法规政策文件复印件。财政业务主管部门对采购人的政府采购资金来源、项目情况等进行审核并签署意见。

8.2.4　组织和实施政府采购

采购人或其委托的采购代理机构按照政府采购项目批准书批准的政府采购组织形式和政府采购方式，组织、实施政府采购。其中政府采购工程进行招标投标的，其招标投标环节按照《招标投标法》及相关规定组织实施。涉及进口机电产品招标投标的，应当按照国际招标投标有关办法执行。

8.2.5　签订和备案采购合同

采购人或者采购代理机构应当自中标(成交)供应商确定之日起两个工作日内，发出中标、成交通知书。与此同时要在省级以上人民政府财政部门指定的媒体上公布中标(成交)结果、有关招标文件、竞争性谈判文件、询价通知书等，同时公告。采购人、采购代理机构与中标(成交)供应商签订政府采购合同并履行备案程序。

8.2.6　组织履约和验收

采购人和中标供应商按照政府采购合同组织履约验收。在供应商供货、工程竣工或服务结束后，按照政府采购合同中验收有关事项和标准由采购人组织验收，其中采购人与采购代理机构签订委托代理协议有验收事项的，由采购人和其委托的采购代理机构组织验收。

8.2.7　支付采购资金

采购人应按照合同约定及时支付采购资金。采购资金属于预算内资金的，实行国库集中支付；采购资金属于自筹资金的，由单位自行支付。

政府采购基本流程如图 8-1 所示。

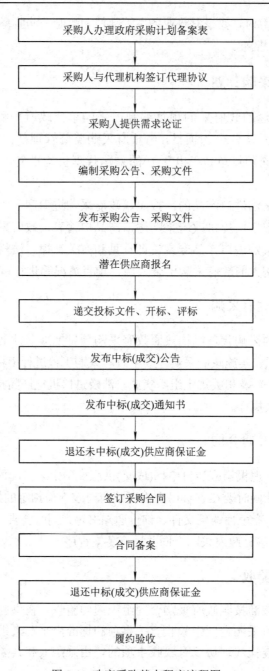

图 8-1 政府采购基本程序流程图

8.3 政府采购方式及说明

政府采购方式依据是否具备招标性质，可分为招标性采购和非招标性采购，招标性采购包括公开招标与邀请招标，非招标性采购包括询价、单一来源采购、竞争性谈判以及其他招标方式等。招标是投标的对称，指当事人中的一方提出自己的条件，征求他方承买或承卖，故招标既可能是为了买而招标，也可能是为了卖而招标。

8.3.1　招标性政府采购方式

政府采购方式(Government purchase mode)指政府为实现采购目标而采用的方法和手段。我国《政府采购法》规定，我国的政府采购方式有：公开招标、邀请招标、竞争性谈判、单一来源采购、询价和国务院政府采购监督管理部门认定的其他采购方式。公开招标应作为政府采购的主要采购方式。

公开招标也称竞争性招标，是指通过公开程序邀请所有潜在的供应商参加投标。招标性采购是政府采购的主要方式，其中公开招标是货物、服务和工程采购的首选方式，达到同级人民政府或者其授权机构发布的公开招标数额标准以上的政府采购项目，应当采用公开招标的方式采购。因特殊情况需要采用公开招标以外的采购方式的，应当在采购活动开始前获得政府采购监督管理部门的批准。

公开招标最大限度地遵循了《政府采购法》和《招标投标法》的首要原则——公开、公平、公正，即最大限度地保证事前公开、过程公开和结果公开，提供了最广泛的竞争平台，既有助于供应商提升管理水平和技术质量、降低成本，又有助于采购人获得物美价廉的标的物。但采用公开招标采购文本编写比较繁琐，且考虑不易周全，有时不周全的考虑会使得采购人或供应商陷入尴尬的境地，甚至导致流标。招标程序较复杂，所需时间较长，一旦出现流标，则会浪费很多时间。公开招标的时间规定等内容如表8-1所示。

表 8-1　公开招标的时间规定等内容

时　间　规　定	其　他	条　件
公示期：≥20天； 修改招标文件：投标截止于15日前； 更改投标截止和开标时间：投标截止于3日前； 退保证金：5个工作日内(中标人在中标合同后，未中标人在中标通知书后)； 评标报告：评标后5个工作日内； 确定中标：收到评标报告5个工作日内； 签订合同：自中标通知书发出之日起30日内； 开标时间的推迟：截标(开标)前3天； 档案保存期：≥15年	公开招标专家：评标委员会； 公开招标、邀请招标：抽取5个或5个以上单数专家的采购方式(4个抽取的专家＋1个业主评委)； 投标供应商至少要3家或3家以上； 一次报价； 评分办法可采用综合评分法或最低价中标法	1. 已按要求履行完成审批手续； 2. 资金已到位或资金来源已落实到位； 3. 设计文件及其他技术资料已经齐备

邀请招标也称为选择性招标或限制性招标，简称邀标，是指采购人依法从符合相应资格条件的供应商中随机邀请三家以上的供应商参加投标，并发给投标邀请书。对于货物或服务项目只有当采购具有特殊性，仅能从有限范围的供应商处采购，或采用公开招标方式占政府采购项目总价值过大时，才能采用邀请招标。对于工程项目，只有当项目具有较强

的专业性，只能从数家潜在投标人处获得；项目受自然地域环境的影响；项目涉及国家安全、国家秘密或抢险救灾或公开招标的费用占项目总价值比例过大时，才能采用邀请招标。其中若国务院发展规划部门确定的国家重点项目或省、自治区、直辖市人民政府确定的地方重点项目采用邀请招标，须经过国务院发展规划部门或省、自治区、直辖市人民政府批准后，才能采用邀请招标。

邀请招标遵循了《政府采购法》和《招标投标法》的基本原则——公平、公正、公开和诚实信用，能够做到事前公开、结果公开。但邀请招标在选择供应商时不容易进行监督。由于采购人须先在财政部门指定的政府采购信息媒体发布资格预审公告，并进行资格预审，故在时间上比无资格预审的公开招标要多 10 个工作日。对于概念性规划招标与设计招标等专业性较强的政府采购项目，更适合用邀请招标。邀请招标的时间规定等内容如表8-2 所示。

表 8-2　邀请招标的时间规定等内容

时 间 规 定	其 他	条 件
公示期：≥20 天； 修改招标文件：投标截止于15日前； 更改投标截止和开标时间：投标截止于 3 日前； 退保证金：5 个工作日内(中标人在中标合同后，未中标人在中标通知书后)； 评标报告：评标后 5 个工作日内； 确定中标：收到评标报告 5 个工作日内； 签订合同：自中标通知书发出之日起 30 日内； 开标时间的推迟：截标(开标)前 3 天； 档案保存期：≥15 年	邀请招标的专家：评标委员会； 公开招标、邀请招标：抽取 5 个或 5 个以上单数专家的采购方式(4 个抽取的专家＋1 个业主评委)； 投标供应商至少要 3 家或 3 家以上； 一次报价； 评分办法可采用综合评分法或最低价中标法	1. 具有特殊性，只能从有限范围的供应商处采购的； 2. 采用公开招标方式的费用占政府采购项目总价值的比例过大的； 3. 有涉密产品和涉密要求的工程

8.3.2　非招标性政府采购方式

非招标性政府采购方式有询价、单一来源、竞争性谈判等，具体应用范围如下。

1. 询价

询价是指询价小组向符合条件的供应商发出采购货物询价通知书，要求供应商一次报出不得更改的价格，采购人从询价小组提出的成交候选人中确定成交供应商的采购方式。询价在本质上是一种不得讲价的货比三家，最主要的特点是文件编制便捷，采购效率高，不易流标。

1) 询价采购的条件

采购的货物规格、标准统一，现货货源充足且价格变化幅度小，同时属于下列情形之一的，可使用询价方式进行政府采购：

(1) 依法定制的集中采购目录以内，且未达到公开招标数额标准；

(2) 依法定制的集中采购目录以外、采购限额标准以上，且未达到公开招标数额标准；

(3) 达到公开招标数额标准、经批准采用非公开招标方式。

服务及工程的采购不适用询价采购方式。

2) 终止询价采购的情况

在下列情况下应终止询价采购：

(1) 因情况变化，不再符合规定的询价采购方式适用情形的；

(2) 出现影响采购公正性的违法、违规行为的；

(3) 在采购过程中符合竞争要求的供应商或者报价未超过采购预算的供应商不足三家。询价采购的时间规定等内容如表 8-3 所示。

表 8-3　询价采购的时间规定等内容

时　间　规　定	其　他	条　件
公示期：≥7 天； 修改招标文件：≥3 天； 退保证金：5 个工作日内(中标人在中标合同后，未中标人在中标通知书后)； 评标报告：评标后 5 个工作日内； 确定中标：收到评标报告 5 个工作日内； 签订合同：自中标通知书发出之日起 30 日内； 截标(谈判)时间的推迟：截标(谈判)前 3 天内； 档案保存期：≥15 年	询价采购的专家：询价小组，抽取 3 个或 3 个以上单数专家的采购方式(2 个抽取的专家+1 个业主评委)； 采用最低价中标法； 一次报价	当采购的货物规格、标准统一、现货货源充足且价格变化幅度小时，可以采用询价方式采购

2. 单一来源采购

单一来源采购也称直接采购，简称直购，是指采购人从某一特定供应商处采购货物、工程和服务的采购方式，是一种采购人只能与供应商进行一对一交易的采购方式。符合下列条件之一的货物或者服务可以采用单一来源方式采购：

(1) 因货物或者服务使用不可替代的专利、专有技术，或者公共服务项目具有特殊要求，导致只能从唯一供应商处采购的；

(2) 发生了不可预见的紧急情况不能从其他供应商处采购的；

(3) 必须保证原有采购项目一致性或者服务配套的要求，需要继续从原供应商处添购，且添购资金总额不超过原合同采购金额的 10%。

单一来源采购的公示包含：采购人、采购项目名称和内容；采购的货物或者服务的说明；采用单一来源采购方式的原因及相关说明；拟定的唯一供应商名称、地址；专业人员对相关供应商因专利、专有技术等原因具有唯一性的具体论证意见，以及专业人员的姓名、工作单位和职称；公示的期限；采购人、采购代理机构、财政部门的联系地址和联系电话。

采购人、采购代理机构收到对采用单一来源采购方式公示的异议后，应当在公示期满 5 个工作日内，组织补充论证，论证后认为异议成立的，应当依法采取其他采购方式；论证后认为异议不成立的，应当将异议意见、论证意见与公示情况一并报相关财务部门。采购人、采购代理机构应当将补充论证的结论告知提出异议的供应商单位和个人。单一来源采购的时间规定等内容如表 8-4 所示。

表 8-4　单一来源采购的时间规定等内容

时 间 规 定	其 他	条 件
公示期：≥7 天； 修改招标文件：≥3 天； 退保证金：5 个工作日内(中标人在中标合同后，未中标人在中标通知书后)； 评标报告：评标后 5 个工作日内； 确定中标：收到评标报告 5 个工作日内； 签订合同：自中标通知书发出之日起 30 日内； 档案保存期：≥15 年； 截标(谈判)时间的推迟：截标(谈判)前 3 天内	单一来源采购的专家：谈判小组抽取 3 个或 3 个以上单数专家的采购方式(2 个抽取专家 + 1 个业主评委)； 采用最低价中标法； 二次或三次报价	1. 所购商品的来源渠道单一，或属专利、首次创造、只能从唯一供应商处采购的； 2. 发生了不可预见的紧急情况不能从其他供应商处采购的； 3. 必须保证原有采购项目一致性或者服务配套的要求，需要继续从原供应商处添购，且添购资金总额不超过原合同采购金额 10%的

3. 竞争性谈判

竞争性谈判是指谈判小组与符合条件的供应商就采购货物、工程和服务事宜进行谈判，供应商按照谈判文件的要求提交响应文件和最后报价，采购人从谈判小组提出的成交候选人中确定成交供应商的采购方式。竞争性谈判最大的特点是允许参与谈判的供应商给出二次报价。此外，谈判文件可作必要的实质性变动，但必须以书面方式通知参与谈判的所有供应商。采用与终止竞争性谈判方式采购的情形如下。

1) 采用竞争性谈判的情形

(1) 招标后没有供应商投标或者没有合格标的，或者重新招标未能成立的；

(2) 技术复杂或者性质特殊，不能确定详细规格或者具体要求的；

(3) 非采购人所能预见的原因或者非采购人拖延造成采用招标所需时间不能满足用户需要的；

(4) 因艺术品采购、专利、专有技术或者服务的时间、数量事先不能确定等原因不能事先计算出价格总额。

2) 终止竞争性谈判的情形

(1) 因情况变化，不再适用竞争性谈判的；

(2) 出现影响采购公正性的违法、违规行为的；

(3) 在采购过程中符合竞争要求的供应商或者报价未超过预算的供应商不足三家的。

竞争性谈判采购的时间规定等内容如表 8-5 所示。

表 8-5　竞争性谈判采购的时间规定等内容

时 间 规 定	其 他	条 件
公示期：≥7 天； 修改招标文件：≥3 天； 退保证金：5 个工作日内(中标人在中标合同后，未中标人在中标通知书后)； 评标报告：评标后 5 个工作日内； 确定中标：收到评标报告 5 个工作日内； 签订合同：自中标通知书发出之日起 30 日内； 档案保存期：≥15 年； 截标(谈判)时间的推迟：截标(谈判)前 3 天内	竞争性谈判：谈判小组，抽取 3 个或 3 个以上单数专家的采购方式(2 个抽取的专家＋1 个业主评委)； 投标供应商至少要 3 家或 3 家以上； 采用最低价中标法； 二次或三次报价	1. 招标后没有供应商投标或者没有合格标的或者重新招标未能成立的； 2. 技术复杂或者性质特殊，不能确定详细规格或者具体要求的； 3. 采用招标所需时间不能满足用户紧急需要的； 4. 不能事先计算出价格总额的； 5. 非大宗采购项目

8.3.3　政府采购公开招标程序

1. 采购预算与采购申请

采购人编制采购预算，并填写采购申请表。货物类招标一般需要提供招标货物的名称、数量、交货期、货物用途、技术指标和参数要求、供货方案、验收标准及方法、培训要求、质量保证和售后服务要求等。经上级主管部门审核后提交财政部门审批。

2. 采购审批

主管部门依据采购项目及相关规定确定公开招标，并确定是委托采购还是自行采购。

3. 选定代理机构

依据当地规定选择代理机构，并签署代理协议。对于符合自行招标条件、具有编制招标文件和组织评选能力的，可以自行办理招标事宜，但应预先提出申请并经批准，才可以自行招标。

4. 编制招标文件

由代理机构或采购人编制招标文件。招标文件应写明采购需求和评审规则。

5. 审定招标文件

由采购人和评标专家审定招标文件，工程类招标还需报送工程造价审核单位等相关机构审定控制价。设有标底的，应做好保密工作。审定招标文件的专家不得再参加招标。

6. 发布招标公告

在指定的媒体发布招标公告。招标公告应载明招标人的名称和联系方式、招标项目概况(性质、数量、地点和时间)。

7. 资格预审

有的采购项目(如大型复杂的土建工程或成套的专门设备)要求资格预审，只有通过了资格预审的供应商才可购得招标文件、参加投标。

8. 发售招标文件

代理机构或采购人应按照招标公告的要求公开发售招标文件，通常在开标之前应保证投标人都能购买到招标文件。从发售招标文件的第一天到开标之日不得少于 20 日。

9. 询标答疑与现场勘察

投标人若对招标文件有疑问，应以书面方式及时向采购人提出。招标单位应以答疑纪要的形式进行澄清。若招标文件有误，招标人应向投标人发出修改纪要，也可组织现场勘察(若有需要)。

10. 确定评标专家

随机抽取评委，但对于技术特别复杂、专业性特别强的采购项目，若采购人通过随机方式难以确定合适的评标专家，经地级市、自治州以上人民政府主管部门同意，可直接选定评委。

11. 投标

投标人按照招标文件要求，编制投标文件，在投标文件规定的时间、地点将投标文件密封送达。投标人在投标截止时间前，可以对所递交的投标文件进行补充、修改或者撤回，并书面通知采购代理机构。若投标截止前三天，购买招标文件的投标人不足三家的，采购代理机构应延长投标截止时间，并保证开标时间不少于十日，并将变更时间书面通知所有投标文件收受人，同时要在政府采购信息发布媒体上发布变更公告。

12. 资格后审

凡未进行资格预审的，通常都要进行资格后审。对于工程采购，有的要求除法定代表人或其委托人外，项目经理、技术负责人、预算员须亲自到场接受验证。

13. 组建评标委员会

评委到齐后即可组建评标委员会，推选评标委员会主任并进行分工。评标委员会主任的人选最好在熟悉评标业务的具有高级职称的评标专家中产生。若随机抽选评标委员会主任，则难以保证所产生的人选非常熟悉评标业务，这有碍于评标的顺利进行。提交评标报告后，评标委员会的职责告终，但若有质疑或投诉，评标委员会应作必要解答。在评标结束前，评委名单须保密。

14. 开标

采购代理在招标文件规定的时间、地点组织开标。投标截止时间结束后，投标人不足三家的不得开标。投标人或其委托代理人在开标现场检查标书的密封性情况，也可以由招标人委托的公证机构检查并公证。投标文件的密封性情况经确认无误后，招标代理机构工作人员当众拆封，对投标人名称、投标报价、折扣率、招标文件允许提供的备选方案和投标文件的其他主要内容进行公开唱标并做好记录。未宣读的投标人名称、投标报价、折扣率、招标文件允许提供的备选方案，评标时不予承认。

15. 评标

采购代理机构组织开展封闭评标。评标委员会对所有投标文件进行资格性和符合性检查。投标人不符合招标文件规定的资格要求和投标条件的视为无效投标。所有合格的投标文件，评标委员会将对投标文件的技术、商务、服务部分独立进行评审并签字，必要时标明评审理由。最终通过综合评分法进行评分，价格分由采购代理机构根据公式计算，其结果由评标委员会签字确认。

16. 定标

采购代理机构在评标结束后五个工作日内将评标报告送采购人。采购人在收到评标报告后五个工作日内，按照评标报告推荐的中标候选人顺序确定中标供应商，也可以事先授权评标委员会直接确认中标供应商。

17. 评标结果公示

属委托招标的，采购代理机构应把评标结果及时报送采购人。采购人无异议的，则应当立即公示，公示的内容包括中标候选人的名单及其排序，废标的名单、理由与依据，评委名单。对于固定低价招标项目与组合低价招标项目等，应同时公示随机抽取的时间、地点及其他要求，若公示无异议，则进入随机抽取程序确定中标人。随机抽取方式产生的中标人也应公示。

18. 办理中标落标手续

采购人向中标人发出中标通知书，双方签订合同，中标人办理履约担保手续(若招标文件有要求，此时招标人应提供支付担保)。采购人向未中标者发出招标结果通知书并退保证金。最后进行履约验收，验收合格后支付资金，政府将采购文件存档(存档期限为十五年)。

8.4 邀请招标和竞争性谈判程序

8.4.1 邀请招标程序

1. 采购预算与申请

采购人编制采购预算，填写采购申请表并提出采用邀请招标的理由，经上级主管部门审核后提交财政局采购管理部门。工程类招标应向建设行政主管部门提交建设工程项目登记表，提出采用邀请招标的理由，同时附上建设工程项目的立项批准文件。

2. 采购审批

主管部门根据采购项目及相关规定确定邀请招标，并确定是委托采购还是自行采购。

3. 选定代理机构

依据当地规定选择代理机构，并签署代理协议。对于符合自行招标条件、具有编制招标文件和组织评选能力的，可以自行办理招标事宜，但应预先提出申请并经批准，才可以自行招标。

4. 资格预审公告、招标文件的编制与审定

由代理机构和采购人编制招标文件与资格预审公告；由采购人和评标委员会审定招标文件与资格预审公告。工程类招标还需报送工程造价审核单位等相关机构审定控制价。

5. 发布资格预审公告

由代理机构或采购人在指定的媒体发布资格预审公告，资格预审公告应载明招标人的名称和联系方式(地址、时间、电话、传真)，以及招标项目概况(性质、数量、地点和时间)。

6. 随机选择供应商

招标人从资格预审合格的投标人中通过随机方式选择三家以上的投标人，并向其发出投标邀请书。

《政府采购法》和《招标投标法》都只要求投标人的最低数量是三家，但在实践中还是应多选择几家供应商，因为如果只选择三个投标人，一旦有一个投标人不能准时提交投标文件，那么将无法开标；而在货物、服务的招标采购中，只要有一个投标人被废标，招标即告失败；在工程招标中，若有效投标不足三个而使得投标缺乏竞争性时，评标委员会可以否决全部投标。一旦出现上述情形，必将造成人、财、物的浪费。

7. 发售招标文件

从发售招标文件的第一天到开标之日不得少于 20 日。由于经过了资格预审的程序，采购人掌握了资格预审合格的投标人的名单，故可以尽早提醒尚未及时购买招标文件的潜在投标人。

8. 询标答疑与现场勘察

询标答疑与现场勘察程序与公开招标的程序相同。在公开招标中，采购人并不一定掌握投标人的详细资料，只能在网上发布相关通知；而在邀请招标中，招标人有义务将通知发给每一个投标人。

9. 确定评标专家

确定评标专家的程序与公开招标的程序相同。邀请招标中的投标人较少，评委人数满足法定要求即可。

10. 开标

开标程序与公开招标的程序相同。

11. 组建评标委员会、评标

组建评标委员会、评标的程序与公开招标的相同。若招标文件仍要求进行资格后审，则应进行资格后审。

12. 评标结果公示、中标落标手续办理

评标结果公示，中标落标手续办理的程序与公开招标的程序相同。由于是邀请招标，故一般不存在从评审合格的投标人中随机抽取中标人定标的可能性。

8.4.2　竞争性谈判程序

1. 签订委托协议

采购人根据财政部门下达的《政府采购计划》与采购代理机构签订委托协议，委托其办理政府采购公开招标事宜。

2. 编制招标文件

采购人向采购代理机构提供详细的招标项目需求、技术参数等相关资料，采购代理机构根据经审批下达的政府采购计划、委托协议和相关资料编写招标文件。采购代理机构将招标文件送采购人确认，采购人审核后在招标文件上签署确认意见。

3. 谈判文件公告前审核

采购代理机构在招标公告发布前两个工作日，将经采购人确认的招标文件报财政部门(政府采购办)审批。若审核中发现有明显倾向性、排它性，以及未能清晰载明评审标准的，财政部门提出书面修改意见，采购人修改后再报财政部门审核。

4. 发布竞争性谈判公告

招标文件经审核后，采购代理机构在省级以上人民政府财政部门指定的政府采购信息发布媒体上发布竞争性谈判公告。公告的时间不得少于五个工作日。

5. 谈判时间变更

采购代理机构如需变更谈判时间的，应当在提交响应文件截止时间两天前，将变更时间书面通知所有谈判文件收受人。

6. 发售招标文件

招标文件开始发出之日起至投标人提交谈判文件截止之日止，不得少于五天。

7. 递交谈判文件

投标人按照招标文件要求，编制投标文件，在投标文件规定的时间、地点将投标文件密封送达。投标人在投标截止时间前，可以对所递交的投标文件进行补充、修改或者撤回，并书面通知采购代理机构。

8. 组成谈判小组

采购代理在开标前半天或前一天(特殊情况只能提前两天)，在财政部门监督下通过随机方式从财政部门建立的政府采购评审专家库中抽取评审专家，依法组建评标委员会。评

标委员会由采购人代表和有关技术、经济等方面的专家组成，成员人数为三人以上单数。其中专家人数不得少于成员总数的三分之二。

9. 谈判准备

采购代理在招标文件规定的时间、地点组织开标。财政部门及有关部门可以视情况到场监督谈判活动。谈判供应商在谈判现场检查响应文件的密封情况并签字确认。采购代理机构拆封响应文件，谈判小组验证各响应供应商代表或授权委托人的身份。响应供应商代表或授权委托人与响应文件不符的、响应文件未按要求加盖公章的，谈判小组有权拒绝响应供应商参加本次谈判。

经符合性检查，合格响应供应商不足三家，或截止响应时间响应供应商不足三家的，谈判活动终止，报财政部门备案重新组织谈判活动。

10. 谈判

1) 第一轮谈判

谈判小组按已确定的谈判顺序，与单一供应商分别就符合采购需求、质量和服务等进行谈判，谈判过程中任何一方不得透露与谈判有关的其他供应商的技术资料、价格和其他信息。

2) 谈判文件修正

第一轮谈判结束后，谈判小组根据第一轮谈判所掌握的情况，优化采购方案和修正谈判提纲，并将谈判文件的修正结果以书面的形式通知响应供应商，响应供应商根据第一轮谈判的情况和谈判文件修改书面通知，对原响应文件进行修正，并将修正文件签字(盖章)后密封送交谈判小组。逾时不交的，视同放弃谈判。

3) 第二轮谈判

谈判小组就修正后的响应文件与响应供应商分别进行谈判。谈判小组按谈判文件设定的方法和标准确定成交候选人。若第二轮未能确定成交候选人的，对谈判文件修正后进行第三轮谈判，以此类推。

4) 最后报价

成交候选人作最后报价，并将其密封递交谈判小组。按照报价从低到高排序，推荐成交候选人顺序。若响应供应商的报价超过政府采购预算，采购人无法支付的，谈判活动终止。终止后，采购人需要采取调整采购预算或项目配置标准，或采取其他采购方式进行采购，在采购活动开始前，需经财政部门批准。

11. 确定成交供应商

采购代理在谈判结束后将谈判报告送采购人，采购人收到谈判报告后，根据谈判报告推荐的成交候选人按报价最低的原则确定成交供应商，也可以事先授权谈判小组直接确定成交供应商。

12. 发布成交公告

成交供应商确定后，采购代理机构在政府采购指定媒体上进行公告，公告期为七个工作日。

13. 发出中标通知书

发布中标公告的同时,采购代理机构向中标供应商发出中标通知书。中标通知书发出后,采购人改变中标结果或者中标供应商放弃中标的,应当承担相应的法律责任。

14. 招标资料审核

采购代理在采购人确认评标结果后三个工作日内,将评标报告、评审专家评审表、政府采购评审专家评标情况反馈表等资料汇总后报财政部门审核。然后签订政府采购合同并进行备案、履约验收、支付资金和政府采购文件存档等工作。

8.5 评标方法的分类及特点

评标方法是招标文件的重要内容,按照采购文件的规定,评标委员会应当按照招标文件确定的评标标准和方法,对投标文件进行评审和比较。在货物、服务的招标中有两种主要的评审方法:最低投标价法和综合评分法。

最低投标价法是先将投标人的报价进行排序,以经评审合格的投标人中提出最低报价的投标人作为中标候选人供应商或中标供应商。采用经评审的最低投标价法评标的,中标人的投标能够满足招标文件的实质性要求,并且经评审的投标报价最低。最低投标价法以其科学、严谨、公正、透明、有效降低成本、节省投资、遏制权力寻租、消除腐败等优点,在我国得以广泛应用。

8.5.1 最低投标价法的优劣比较

1. 优点

通过实施经评审的最低投标价法,对招标企业而言能够有效节约成本,提高资金利用率、市场竞争力和占有率。该方法具有以下优点:

(1) 预防腐败。选用经评审的最低投标价法,由于制定的评审标准明确、严谨,客观上规避或减少了外界因素影响,利于采购项目公平、透明、公正地实施,从源头上遏制或预防了腐败问题和商业贿赂行为的发生。

(2) 防止围标、串标。投标人对于标的明确的招标项目,往往会采用串标、围标等违规手段进行投标,赢取最大利润。而选择经评审的最低投标价法,需要进行合格制审查,只要有一家投标人通过初审,以竞争者身份进入,客观上就能杜绝一些围标、串标现象。

(3) 提升企业市场竞争力。在激烈的市场竞争中,生产效率低、浪费损耗多、成本高、缺乏市场开拓力、经营管理粗放的企业将无法在经评审的最低投标价法中胜出。残酷的优胜劣汰法则更能迫使企业引进先进生产技术,加强企业内部管理,提升企业综合素质,提高市场竞争力和占有率。此外,实行经评审的最低投标价法操作简捷、方便,能有效节省招投标中的交易成本。

2. 缺点

最低投标价法侧重的是价格,与此同时,也带来很多的问题:

(1) 恶意低价竞争问题。选用最低投标价法评审的项目,潜在投标人为追求最大利益,一般会选择低端物资投标压价,产品品质和后续服务质量会大打折扣。

(2) 成本价难以界定的问题。企业生产成本难以认定已严重制约了经评审的最低投标价法作用的发挥。

(3) 评审不当问题。选择经评审的最低投标价法,评审人员应对照招标文件的评审方法和评审标准,视合格投标人商务、技术响应程度对其投标价格予以修正,形成经评审后的虚拟价格,再经价格排序后确定中标人。最低价中标是部分招标人或评委对经评审的最低投标价法解读上的执行错误,实践中投标报价最低未必中标。

(4) 过度依赖问题。任何一项制度或标准都不是通用的准则。如果不结合所招标物资的实际情况加以区分,盲目选用,就会产生采购物资性价比偏低、后期运营成本居高不下等问题。

8.5.2　综合评分法的优劣比较

综合评分法是以价格、商务、技术、业绩、服务等为考量因素,对投标文件进行综合评价的一种评标方法,中标人的投标文件应当能够最大限度地满足招标文件中规定的各项综合评价标准。该方法一般适用于对技术要求较高的信息化项目,对实施方案要求高的设计、勘查、监理招标项目,对设备参数要求高的重点设备招标项目,及工程建设规模较大、履约工期较长、技术复杂、工程管理要求较高的工程招标项目。

综合评分法由技术评分与价格评分两部分组成:将投标人除价格外的评审因素纳入技术评分(如技术或服务水平、履约能力、售后服务等),价格另外单独评分。其中,技术评分的设置与采购项目技术要求紧密相关,不同采购项目的技术评分标准千差万别,无法统一适用。以下重点介绍工程类、货物类和服务类采购项目的综合评分法。

1. 工程类

以港口企业为例,工程类的招标主要涉及长输管道线路敷设、油品罐区建设、码头建设、建筑施工总承包队伍招标以及建筑施工劳务分包队伍招标。除建筑施工劳务分包队伍招标采用经评审的最低投标价法(通常采用"人工费、机器使用费、措施费整体系数"方式报价),其他一般采用综合评分法。

在评分体系中,价格分数一般占40%～60%,以清单报价为主,采用单降法或双降法,以投标人平均价格为基准价,使用单降法的高于基准价减分,低于基准价加分;使用双降法的,高于或低于基准价均减分。业绩分数占10%,项目经理及技术负责人业绩占5%,项目部人员组成情况占5%,HSE管理体系及保证措施、进度控制、施工组织设计、质量控制措施、管理机构、项目经理投标答疑陈述等一般占剩余分数。具体工程类招标评分标准如表8-6所示。

采用综合评分法评标,业主单位往往在以价格为主要考量因素的基础上,根据项目实际需要，合理分配各评分因素所占的比重。目前来看，采用综合评分法招标确定的施工队伍，能够较好地完成项目需要。

表 8-6　工程类招标评分标准(仅供参考)

项目	分值	评 分 办 法
投标报价	65	有效投标人不超过 5 个的，以各有效投标人的投标报价算术平均值作为评标基准价；超过 5 个的，去掉一个最高价和去掉一个最低价后，以其他有效投标人投标报价算术平均值为评标基准价。以评标基准价为 55 分，在此基础上根据投标报价计算分数，较基准价每增加××%扣 1 分，每降低××%加 1 分，最高加减各 10 分
项目管理班子	8	项目经理符合招标文件要求得 2 分； 技术负责人符合招标文件要求得 1 分； 其他人员配备满足本项目管理需要得 2 分； 项目经理除本项目要求外，每再提交一项类似施工经验加 1 分，最高加至 2 分； 安全工程师如为国家注册安全工程师，加 1 分
企业业绩	7	具备类似施工业绩，且验收合格的每个加 1 分，最多加至 4 分； 如提供业绩中(金额、施工量等)有特殊要求，每项业绩再加 1 分，最多加至 3 分； 各投标人最多提供 4 份类似工程业绩
项目经理现场答辩	5	项目负责人现场对工程方案进行介绍，进行相关答辩，根据答辩情况由评委打分，得 0～5 分
质量控制	5	质量目标分解、规划合理得 0～1 分；通过质量控制体系认证得 1 分；施工组织设计完善得 0～3 分
进度控制	5	工期总进度计划科学、优化，工期控制点设置合理得 0～2 分；控制措施与手段可靠有力得 0～3 分
安全措施	5	安全保证体系健全、可靠得 0～2 分；安全事故控制措施得力，能有针对工程环境及工程特点、难点防范及化解安全事故发生的措施得 0～3 分

2. 货物类

这里所说的货物类主要涉及信息化设备类、大型生产设备、医疗设备、防爆设备、消防设备等。以信息化设备类为例，评分体系中价格分数占 30%～50%，企业资质以及业绩占 10%，工期占 5%，技术指标业绩实施方案占 15%～30%，售后方案、培训方案、质量保证等占剩余分数。

对比工程类评分体系，信息化设备招标评分体系相对弱化价格分占比，更注重产品技术指标的占比。大型生产设备招标评审办法一般综合考虑产品的性价比，更加注重设备性能以及维保服务。医疗设备、防爆设备、消防设备招标评审办法在满足技术指标的基础上，更加注重产品的应用业绩。具体货物类招标评分标准如表 8-7 所示。

表 8-7　货物类招标评分标准(仅供参考)

序号	评分内容	分值	评 分 标 准
价格评分(50 分)			
1	价格部分	50 分	以满足磋商文件要求且最低的报价为评标基准价,其价格分为满分 50 分,其他供应商的价格分按照下列公式计算: 供应商报价得分 = (评标基准价/供应商报价) × 50
商务评分(20 分)			
2	体系认证	3 分	供应商提供由国家认证认可监督管理部门批准设立的认证机构颁发并在有效期内的质量管理体系认证证书、职业健康安全管理体系认证证书、环境管理体系认证证书,每提供一个得 1 分,满分 3 分
3	企业实力	5 分	全国工业产品生产许可证,特种设备制造许可证,CCC、CQC、CE 认证,国家防爆电气产品合格证、压力容器制造许可证等能够体现企业实力的认证(按实际需要提供)
4	业绩	6 分	自××××年××月××日以来的供货业绩(合同或中标通知书)。提供的同类项目单个金额不小于×××万的,每个案例得 2 分,满分 6 分(提供合同或中标通知书复印件加盖公章)
5	工期	3 分	交货期≤×天,得 3 分;×天<交货期<×天,得 1 分;交货期≥×天,得 0 分
6	企业财务状况	3 分	近三年的财务审计报告均无问题得 3 分,一年审计报告有问题减 1 分,最低 0 分
技术评分(30 分)			
7	产品性能及技术参数	20 分	报价产品的基本功能、技术指标与需求的吻合程度和偏差情况(包括所报产品情况、详细配置、主要技术参数等),是否能够满足磋商文件要求,满足磋商文件要求得 14 分,技术指标正偏离经磋商小组认定有效的每一项加 2 分(最多加 6 分),技术指标负偏离本项不得分。技术偏离须在偏离表中注明(含正偏离和负偏离)
8	保修及售后服务	10 分	① 供应商在当地有固定的售后服务机构的,得 6 分;在本省除前述的地区外有长期稳定的服务机构的得 3 分;其他地区不得分。需提供服务机构的营业执照复印件并加盖公章,不能委托第三方为售后服务点。 ② 根据售后服务方案和免费培训方案由评委酌情打分,0~4 分

3. 服务类

工程类服务包括工程勘察、设计、监理等。其评标方法目前主要采用综合评分法,价格占比 30%~60%,一般采用单降法。但有所不同的是,如重点工程监理项目,由于时间跨度较大,单降法容易引起恶意竞争,造成后续监理服务无法满足工程需要,因此对于重点工程监理项目，价格分一般采用双降法，用以保证投标人成本价，保证其服务质量。

非工程类服务招标项目中，保险、融资、质量检测外包类招标项目，价格分占比较少，更加注重企业资信以及风险承受能力；机械租赁、装卸劳务分包、库场租赁、医疗设备维保、软件维护、物业保洁、绿化亮化美化、房屋维修和租赁、环保防疫、外租车辆类等招标项目在满足项目所需要的资质要求的基础上，更加看重价格，故价格比重相对较大。

不同的招标评审办法有不同的侧重点以及适用性，经评审最低投标价法，对政府而言，能够增加投标的竞争性，节约资金，提高经济效益，有利于有效防止国有资金项目中的腐败问题，但因评审相对简单，对什么价为合理低价并无统一的评判标准。综合评分法更多依靠的是评委经验，主观性较强。打分法具有科学量化的优点，使用该方法能够选择出综合实力强、报价合理的中标单位，评委容易照评标标准打分，但此类评标办法容易诱导围标、串标行为，有时并未体现中标单位的竞争力。

选择合适的评审办法，需要政府方根据采购项目的性质、特点等具体情况，在充分了解货物的技术指标、市场情况以及需要达到的使用要求的基础上，依据实际需求作出选择。

8.6　投标注意事项

8.6.1　资质和文件细节

投标单位对招标文件的要求应该认真研读，逐条分析，逐项核对。应着重关注以下三方面。

1. 投标资质要求

投标资质一般有营业执照、开户许可证、法定代表人或委托代理人身份证、委托书、近三年财务报告、规定时段纳税和社保缴费证明、投标保证金证明、单位无违法记录证明、单位行业性准入或资质、参与项目人员相应资质证件、近几年同类业绩合同等。在这些资质项中，大多数明确要求出具证件原件，有些招标文件明确要求财务报告要经过会计师事务所出具。对于纳税和社保缴费证明，投标单位应严格按照招标文件要求的涵盖人员、涵盖时段提供。在招标文件未明确一些资质材料的涵盖时段、涵盖人员或有歧义时，投标单位应该尽量多提供。如社保缴费证明应提供包括法人和项目相关人员的社保缴费；近三年或近几月无法判断具体时间段的应该将投标当年度或当月度资料以及前三年度或前几个月度的资料全部提供，宁可提供超出规定时段的资料，也不要有资料缺失。

2. 签字、盖章和密封要求

投标各项资料签字、盖章和密封等，是一种程序性要求，更是一种责任认可，马虎不得。签字、盖章和密封的完整性对投标至关重要，从授权委托书到承诺书，从标书封面到资质材料密封袋封皮，从标书报价到各项证明佐证材料，都要根据要求一一签字、盖章，不能遗漏。要求密封的一定要密封。在评标工作实践中，委托书未盖章的，投标人身份证未密封入资质档案袋的，都将错失投标入围的机会。

3. 投标文件数目要求

招标文件中一般会规定投标文件数目和材质，如纸质正副本几本，电子投标文件(如U盘存储)等。在实际工作中，出现过未将电子投标文件交到评标现场的情况，按照招标文件规定，该投标单位不满足投标资格。

8.6.2　其他注意事项

1. 确定标书制作时间

招标文件是招标方的要约邀请，招标文件既对投标截止日期、地点和投标文件数目做了规定，也对货物交付的时间、地点、技术参数进行了描述；同时也对投标方资质等提出了要求。因此必须深入研究招标文件，分析本单位在投标中的优势和不足，认真准备，明确标书制作的任务和时间节点，以免最后工作慌乱。

招标文件对投标的截止日期作出规定，投标单位在获得招标文件第一时间后应指定经验丰富的标书制作人或团队，并制定标书制作时间表。根据经验，时间表一般分为原始资料准备期、投标文件制作期、核对及细节完善期、机动留备期(为应对意外情况，所留机动时间)。原始资料准备期一般不少于三天；投标文件制作期在可能的情况下可适当长一些，一般不低于十天。一般来说，应该用三天左右时间，进行核对及细节完善，如新签订的类似业绩或获得某方面资质、荣誉，在可能的条件下尽量补充进去，提高自己的投标文件质量。最后除去因在外地，路上可能的消耗时间外，在完成所有标书制作和封装投标之前还应预留两天作为机动留备期。

2. 报价注意事项

报价既是实现投标人经济效益的直接体现，也是投标人竞争的主要战场。如何科学制定总报价和分项价格，平衡经济效益和竞争优势，也是一门学问。在报价中首先应避免出现报价大小写不一致、分项报价之和不等于总报价、超出最高限价等错误。在报价中，应认真研判哪些属于自己低于同行的成本优势项，哪些属于自己的成本劣势项。同时还要根据招标方付款期和资金情况，调整不同分项、不同阶段的报价。要综合平衡、科学合理地制定分项报价和总报价，争取利益最大化。

3. 勿要盲目参与

盲目参与采购招投标不但需要采取杀低价以已伤人的方式取得项目建设权，还要承担因恶性竞争可能带来的一些负面影响(例如：取得项目建设权后，客户关系无法把控，项目无法顺利验收或收款，项目成本高，无利润等)，此外也可能会出现替别人做"嫁衣"的情况，就是项目前期运作好了，结果却被别的公司在投标时中标了。项目前期运作产生的费用，将会给公司和个人带来一定的损失。

4. 熟读招标公告

政府采购招标信息挂网后，需认真熟读招标公告，必须按招标公告要求准备报名材料，并在规定时间内进行报名。报名通常分为现金报名及公司开户银行汇款报名两种方式，报名时，需注意的是提醒财务严格按照招标信息要求填写参与投标的相关信息，并在汇款后将要求的相关资料传真或以邮件方式发到招标代理机构，同时电话确认投标报名是否成功。

5. 投标前准备

报名成功后，认真阅读投标人须知，并认真记录好项目名称、项目编号、投标文件制作数量、投标文件递交时间、开标时间等信息。阅读投标人须知后，接下来要认真阅读货物采购需求一览表。阅读货物采购需求一览表时，需要认真阅读每一项货物的参数要求，并将投标文件所要求提供的资质、证书、授权以及相关的证明文件进行逐一标注，并且作好记录，以便于后期核对。

阅读完货物采购需求一览表里面的招标参数要求后，仔细阅读其中的商务条款，并将商务条款所要求提供的资质、证书、彩页、授权以及相关的证明文件进行逐一标注，同时应作好记录，以便于后期核对。

一般在招标文件中，对于提供的设备需要准备较多的佐证材料。根据招标文件，在提供投标授权书以及相关资质证明文件时，应及时与相关生产厂家或供应商联系，尽早取得产品原厂授权原件以及相关资质证明文件，作为有效投标的依据之一。由于厂商大多在外省，开具产品授权书的周期及邮寄的周期不好把控，所以在项目招标挂网后就必须马上联系相关厂商，开具产品授权书。需要注意的是确保提供给厂商的授权书格式、项目名称、招标编号、投标包号、公司名称等信息准确无误，如有误，即使取得了授权，也将在符合性检查时被评标专家评为不通过。

6. 制作投标文件

熟读招标文件，根据招标文件要求制作投标文件。投标文件分为商务和技术两大部分，在制作投标文件时需细心、仔细，可以采取按照招标文件条款中要求必备的资料先整理出投标文件的目录，再通过多读多理解招标文件中一些要素，准备招标文件中并没有明确要求提供的相关资料一并补充到投标目录中，以确保投标文件的完整性；在整理投标文件的目录时需注意目录的完整性，投标人要把招标文件中明确要求的文档、加分项的文档和招标文件中一些没有明确要求，但准备了会给专家带来一定"印象"分的文档明确写入投标文件的目录中，以确保评委只需要看投标人的投标文件目录，就能在最短的时间内查阅到他想了解的相关文档。

投标文件目录整理完成后，先仔细阅读投标人须知的要求，根据招标文件要求，再次核对文件目录是否完整，确保无遗漏后，根据目录逐一制作相关文档，需注意的是：招标文件上对部分文档有明确格式要求的，必须严格按照要求制作，不能有任何遗漏或修改，招标文件中需要提供的资质必须提供，并且按照招标文件要求签字盖章，以确保、防止在投标文件符合性检查时被评为不通过，只有招标文件上无格式的文档才可自行制作，投标文件上的所有落款日期一律以投标当日为准，投标有效期及供货期在招标文件上有明确要求，按招标要求编写。

投标报价的制作是相当重要的，在制作时需注意，按公司财务核算模块，测算报价利润率，同一品牌、同一型号的设备，报价必须一致。若有竞争的项目，按招标文件的评分办法选定两三家实力较强的公司进行报价模拟评分，确定最终的投标报价金额，在投标报价确定后，一定要注意保密，以防在投标前报价泄漏。

8.7　项　目　验　收

8.7.1　项目验收的概念、作用和一般程序

1. 项目验收的概念

项目验收，是指项目结束或项目某一阶段结束时，项目团队将其成果交付给接受方以前，项目接受方会同项目团队、项目监理等有关方面对项目的成果进行核查，核查项目计划或合同规定范围内的各项工作或活动是否已经完成，应交付的成果是否令人满意。项目验收情况记录在案，并经过验收各方的签字确认，形成文件。

2. 项目验收的作用

项目验收可以按项目生命周期、项目验收范围、项目的特点以及项目验收的内容等分为不同的类型。项目验收是项目收尾管理中的一项重要工作。衡量项目是否成功的一个重要方法就是看客户对于项目结果的验收情况。

3. 项目验收的一般程序

各类验收的一般程序为：承包人经过自检，认为已达到相应的验收条件要求，并做好各项验收准备工作，即可按合同文件和各方协商确定的时限，向监理人或发包人提交验收申请。发包人或监理人接到验收申请后，应在规定的时间内对工程的完成情况、验收所需资料和其他准备工作进行检查，必要时应组织初验，经审查认为具备验收条件的，除工序验收和一般单元工程由监理工程师验收签证外，其余均应组织相应的验收委员会(验收小组)进行验收。

承包人申请工程验收时，应提交的工程验收资料包括施工报告以及质量记录、原材料试验资料、质量等级评定资料、检查验收签证资料等。阶段(中间)验收、单位工程验收和合同项目验收程序前，监理人应提交相应的施工监理报告。

各种验收均以前一阶段的验收签证为基础，相互衔接，依次进行。对前阶段验收已签证部分，除有特殊情况外，一般不再复验。

工程验收报告中所发现的问题，由验收委员会(验收小组)与有关方面协商解决，验收主持单位对有争议的问题有最终裁决权，同时应对裁决意见负有相应的责任。验收中遗留的问题，各有关单位应按验收委员会(验收小组)的意见按期处理完成。

建筑物已按合同完成，但未通过验收程序正式移交发包人以前，应由承包人管理、维护和保养，直至验收程序和合同规定的所有责任期满。

根据建设项目的规模大小和复杂程度，整个建设项目的验收可分为初步验收和竣工验收两个阶段进行。规模较大、较复杂的建设项目，应先进行初验，然后进行全部建设项目的竣工验收。规模较小、较简单的项目，可以一次进行全部项目的竣工验收。

建设项目在工程竣工验收之前，由建设单位组织施工、设计及使用等有关单位进行初

验。初验前由施工单位按照国家规定，整理好文件、技术资料，向建设单位提出交工报告。建设单位接到报告后，应及时组织初验。

建设项目全部完成，经过各单项工程的验收，符合设计要求，并具备竣工图表、竣工决算、工程总结等必要文件资料后，由项目主管部门或建设单位向负责工程竣工验收的单位提出竣工验收申请报告。

8.7.2　竣工验收的主要程序

竣工验收工作的主要程序包括竣工验收前的稽查、竣工初步验收和竣工验收三部分，各部分的具体工作如下：

1. 竣工验收前稽查

(1) 前期工作开展情况和项目建设程序的执行情况；

(2) 项目管理的基础工作情况，特别是"四制"的落实情况；

(3) 项目建设资金管理和概算执行情况；

(4) 项目建设是否取得预期成效；

(5) 竣工验收的各项准备工作是否全部完成。

2. 竣工初步验收

(1) 建设单位向组织初验部门提交初验申请及竣工验收材料；

(2) 组织初验部门应在接到申请后15日内与有关单位协商，确定初验时间、地点及初验工作组成单位等；

(3) 召开竣工初步验收会议(参照竣工验收会议)；

(4) 建设单位应按照初步验收会议的要求和意见进行整改；

(5) 验收机构给出竣工初步验收意见，作为正式竣工验收的依据。

3. 竣工验收

(1) 建设单位向组织项目竣工验收的发展和改革部门提交竣工验收申请及相关材料；

(2) 发展和改革部门在接到申请验收报告后15日内确定进行竣工验收前稽察的时间；

(3) 竣工验收前稽察完成后，经与有关单位协商，确定验收时间、地点及验收委员会成员单位，分发有关竣工验收材料；

(4) 召开竣工验收会议，竣工验收会议通过的竣工验收鉴定书正本一式三份，在15日内分送组织验收、建设和档案部门，副本应满足有关部门和单位需要。

8.7.3　竣工验收的相关要求

1. 竣工验收的时间要求

建设项目全部工程完工并基本符合验收条件后，应在一年内办理竣工验收手续(行业有特殊规定者除外)。

办理竣工验收确有困难的，经验收主管部门批准，可以适当延长期限，延长期一般不得超过一年。

2. 竣工验收的必备条件

竣工验收需要的必备条件如下：

(1) 已按设计要求建设完成，能够投入使用；

(2) 工程结算和竣工决算已通过有关部门审计；

(3) 设计和施工质量已经质量监督部门检验并作出评定；

(4) 环境保护、消防、劳动安全卫生等，符合与主体工程"三同时"的建设原则，达到国家和地方规定的要求；

(5) 建设项目实际用地已经土地管理部门核查；

(6) 建设项目的档案资料齐全、完整，符合国家有关建设项目档案验收规定；

(7) 建设项目已通过竣工验收前稽查，且稽查中发现的问题已得到有效整改；

(8) 生产性项目，主要工艺设备和配套设施经联动负荷试车合格，形成生产能力，能够生产出设计文件所规定的产品，生产准备工作能适应投产的需要。

项目基本符合竣工验收条件，仅有零星土建工程和少数非主要设备未按设计规定的内容全部建成，但不影响使用或投产，也可办理竣工验收手续。对未完工程应按设计安排资金，限期完成。

3. 竣工验收的依据及准备

1) 验收的依据

验收的依据依次如下：

(1) 投资主管部门及行业主管部门对可研报告、初步设计、设计变更、调整概算和施工许可证或开工报告等有关项目建设文件的批准文件；

(2) 施工图纸和设备技术说明书；

(3) 现行施工技术规范和验收规范；

(4) 建设项目的勘察、设计、施工、监理以及重要设备、材料招标投标文件及其合同；

(5) 引进技术或成套设备的建设项目，还应出具签订的合同和国外提供的设计文件等资料。

2) 验收需准备的资料

竣工验收需要准备的资料如下(不限于以下列举)：

(1) 组织设计单位和施工单位按国家有关规定编制的工程竣工图；

(2) 按国家有关规定编制的竣工决算报告，由具备资质的会计(审计)师事务所进行竣工决算审计，并出具竣工决算审计报告；

(3) 按批准的设计文件内容逐项进行清理登记，列出交付使用财产清单，对于需要核销的工程，要办理核销手续；

(4) 工程质量、设计质量及主要设备质量报有关部门评定；

(5) 环境保护、消防、档案、安全生产、卫生和土地使用按规定办理确认手续。

4. 竣工验收相关报告

竣工验收需要签订验收单或者出具验收报告，具体如下：

(1) 建设单位给出关于工程竣工验收的综合报告；

(2) 设计单位给出关于工程设计情况的总结报告；

(3) 施工单位(总包单位)给出关于工程施工情况的总结报告;

(4) 监理单位给出关于工程监理情况的总结报告;

(5) 质量监督部门给出关于工程质量监督的意见。

8.8　政府采购招投标案例及分析

由于某些政府采购当事人的行为不规范,致使招标采购过程中出现了很多打擦边球、违法乱纪的现象,扰乱了市场经济的竞争秩序。

❖ 案例一

1. 案情

某省级单位建设一个局域网,采购预算 450 万元。该项目招标文件注明的合格投标人资质必须满足:注册资金在 2000 万元以上且有过 3 个以上省级成功案例的国内供应商,同时载明:有过本系统一个以上省级成功案例的优先。招标结果,一个报价只有 398 万元且技术服务条款最优的外省供应商落标,而中标的是报价为 448 万元的本地供应商(该供应商确实做过 3 个成功案例,其中在某省成功开发了本系统的局域网)。

2. 分析

这是一例经典的度身招标的行为。采购人可以根据采购项目的特殊要求,规定供应商的特定条件,但不得以不合理的条件对供应商实行差别待遇或者歧视待遇,更不得以任何手段排斥其他供应商参与竞争。在招标公告或资质审查公告中,如果以不合理的条件限制、排斥其他潜在投标人公平竞争的权利,这就等于限制了竞争的最大化,有时可能会加大采购成本。总之,量身定做衣服,合情合理;度身定向招标,违法违规。

❖ 案例二

1. 案情

某高校机房项目升级改造对外进行招标。招标公告发布后,某建筑公司与该校基建处负责人在私下达成交易,决定将此工程交给这家建筑公司。为了减少竞争,提升该建筑公司中标率,建筑公司主动组织邀请了 5 家关系不错的建筑企业前来进行投标,并事先将中标意向透露给这 5 家参与投标的企业,暗示这 5 家建筑企业投标价格制作的都比该建筑公司价格高,招标文件页要制作得有缺漏。正式开标时,被邀请的 5 家建筑企业与某建筑公司一起投标,但由于邀请的 5 家建筑企业不是报价过高,就是服务太差,评标结果,某建筑公司为第一中标候选人。

2. 分析

这是一例经典的暗中陪标行为。这是一种由供应商与采购人恶意串通并向采购人行贿或者提供不正当利益谋取中标的行为,是非常恶劣的,也是政府采购最难控制的,它已经成为政府采购活动的一大恶性毒瘤。

❖ 案例三

1. 案情

某日某地方单位从中央争取到一笔专项资金，准备通过邀请招标对单位配发一批公务车辆，上级明确要求该笔资金必须在年底出账。考虑到资金使用的时效性，经领导研究确定采购某知名品牌车辆，并在当天发出了邀请招标文件。同日，该单位邀请了 3 家同一品牌代理商参与竞标，经评标委员会评审选定由 A 代理商中标。随后双方签订了政府采购合同，全部采购资金于当天一次拨付。

2. 分析

这是一例经典的违规招标行为。采购人因项目特殊性，且只能从有限范围的供应商处采购，经财政部门批准后可以采用邀请招标方式。该单位之所以这样做，似乎理由很充分，但这确实是一个违法采购行为。不能因为上级对资金使用有特殊要求，必须在年底前出账而忽略了等标期不得少于 20 天的法律规定；在未经财政部门批准的情况下，擅自采用邀请招标方式没有法律依据；单位领导研究确定采购某知名品牌车辆作为公务用车，理由不够充分，属于定牌采购，有意无意地排斥了其他同类品牌车的竞争，且同一品牌 3 家代理商的竞争不等于不同品牌 3 家供应商的竞争；属于政府集中采购目录范围内的普通公务用车，应当委托集中采购机构采购，而不能擅自采用部门集中采购形式自行办理。这种部门定牌采购、规避公开招标的现象比较普遍，对遏制腐败可能产生负面影响。

❖ 案例四

1. 案情

某市级医院招标采购一批进口设备。由于该医院过去在未实行政府采购前与一家医疗设备公司有长期的业务往来，故此次招标仍希望这家医疗设备公司中标。于是双方达成默契，等开标时，该医院要求该公司尽量压低投标报价，以确保中标，在签订合同时再将货款提高。果然在开标时，该公司的报价为最低价，经评委审议推荐该公司为中标候选人。在签订合同前，该医院允许将原来的投标报价提高 10%，作为追加售后服务内容与医疗设备公司签订了采购合同。结果提高后的合同价远远高于其他投标人的报价。

2. 分析

这是一例经典的低价竞标行为。招标人与投标人相互串通，以低价中标高价签订合同的做法，严重影响了政府采购活动的公平性和公正性，损害了广大潜在投标人的正当利益，造成了采购资金的巨额流失，扰乱了正常的市场竞争秩序。

❖ 案例五

1. 案情

某省级公务用车维修点项目招标。招标文件中对"合格投标人"作了如下规定：在本市区(不含郊区)有 1200 平方米的固定场所、有省交管部门批准的汽车维修资质、上年维修营业额在 200 万元以上的独立法人企业。招标结果,某二类汽车维修企业以高分被推荐为第一中标候选人。根据招标文件规定,采购中心专门组织了采购人和有关专家代表赴实地进行考察。考察小组的考察报告是这样写的：经实地丈量,该企业拥有固定修理厂房 800 平方米,与投标文件所称拥有的修理厂房 1752 平方米相差 952 平方米,与招标文件规定的 1200 平方米标准相比少了 400 平方米;经对上年度财务报表的审核,该企业的年度维修营业额为 78 万元,与投标文件所称的 350 万元相差 272 万元,与招标文件规定的 200 万元标准相比少了 122 万元以上。鉴于以上事实,建议项目招标领导小组取消其中标资格。

2. 分析

这是一例经典的虚假应标行为。供应商参与投标、谋取中标,实属天经地义,但有个前提就是,必须以合理的动机、恰当的行为去谋取自身利益的最大化。供应商如果以不诚信行为虚假应标,一则会给自身形象抹黑,烙上"不良记录";二则会给他人造成伤害,扰乱公平竞争秩序。

❖ 案例六

1. 案情

某 1200 万元的系统集成项目招标。采购人在法定媒体上发布了公告,有 7 家实力相当的本、外地企业前往投标。考虑到本项目的特殊性,采购人希望本地企业中标,以确保硬件售后服务及软件升级维护随叫随到。于是,成立了一个 5 人评标委员会,其中 3 人是采购人代表,其余两人分别为技术、经济专家。通过正常的开、评标程序,最终确定了本地一家企业作为中标候选人。

2. 分析

这是一例经典的倾向评标行为。这个招标看似公正,其实招标单位在评委的选择上耍了花招。根据有关规定,专家必须是从监管部门建成的专家库中以随机方式抽取,对采购金额超过 300 万元以上的项目,其评标委员会应当是 7 人以上的单数,且技术、经济方面的专家不得少于三分之二。该项目组成的 5 人评标委员会中采购人代表占 3 人,有控制评标结果之嫌疑。

❖ 案例七

1. 案情

某单位建造 20 层办公大楼需购置 5 部电梯,领导要求必须在 10 月 1 日前调试运行完毕。8 月 12 至 9 月 3 日,基建办某负责人为"慎重起见",用拖延战术先后 5 次赴外省进行"市场考察",并与某进口品牌代理商接触商谈,几次暗示要其与相关代理商沟通。9 月 10 日,由于只有两家供应商投标,本次公开招标以流标处理。按规定,这 5 部电梯的采购预算已经达到了公开招标限额标准,但由于时间关系,最终只能采取非招标方式采购。9 月 17 日,通过竞争性谈判,该品牌代理商以性价比最优一举成交,9 月 29 日,电梯安装调试成功。

2. 分析

这是一例经典的故意流标行为。这个案例的"经典"之处，是采购人以"市场考察"之名拖延时间，以"暗示沟通"的方法规避招标。从表面上看，造成流标的原因是公开招标投标商不足3家，最终因为采购时间紧而不得不采用非公开招标方式。实际上，采购人正是利用了流标的"合理合法"之因素，达到了定品牌、定厂商的真实意图。

❖ 案例八

1. 案情

某2500万元的环境自动监测系统项目招标。据了解，国内具有潜在资质的供应商至少有5家(其中领导意向最好是本地的一家企业中标)。鉴于该项目采购金额大、覆盖地域广、技术参数复杂、服务要求特殊等，采购人在招标文件中对定标条款作了特别说明：本次招标授权评标委员会推荐3名中标候选人(排名不分先后)，由采购人代表对中标候选人进行现场考察后，最终确定一名中标者。招标结果，那家本地企业按得分高低排名第三。经现场考察，采购人选定了那家本地企业作为唯一的中标人。

2. 分析

这是一例经典的考察定标行为。考察定标在法律上并无禁止性条款。就采购人而言，要把一个采购金额比较大且自己从未建设过的环境自动监测系统项目，托付给一个不熟悉的供应商有点不放心，单从这个心理层面上讲，对中标候选人进行现场考察定标，是无可非议的，也是合情合理的。问题是，本案出现的情况有点不正常。领导意向最好是本地的企业中标，这就等于排斥了外地的4家潜在投标人；考察定标的标准没有在标书中阐明，所以人为定标的成分很大；采购人授权评标委员会推荐3名中标候选人，以排名不分先后的名义，不按得分高低定标，似乎失之偏颇。按照现有制度规定，评标委员会推荐的3名中标候选人，应当按得分高低进行排序，在无特殊情况下，原则上必须将合同授予第一中标候选人。

❖ 案例九

1. 案情

某省级垂直管理部门建设一个能覆盖本系统省、市、县的视频会议系统项目。该项目实行软、硬件捆扎邀请招标，其中：软件采购金额占45%，硬件采购金额占55%。该部门负责人的同学系本地一家小型软件开发公司的总经理。于是，采购人在招标文件中发出了如下要约：投标人必须以联合体方式参与竞标，软件服务必须在4小时内响应。邀请招标结果，如采购人所愿。

2. 分析

这是一例经典的异地中标行为。因为项目的特殊性要求，实行联合体投标是可以的。现行制度对联合体有明确规定，联合体双方应当同时具备相应的资质条件，必须签订联合协议，且必须以其中的一方参与投标，双方均承担同等法律义务及责任。本案中，如将该项目实行软、硬件分开招标，本地软件企业是没有资格投标的。所以，采购人就使出了联合体投标的绝招；因为同学关系，本地小企业异地中标，这种方法实质上就是一种人情招标。

❖ 案例十

1. 案情

某单位采购电脑100台，按规定：双方应于1月31日签署合同，甲方(供应商)必须在签署合同日之后7个工作日内交付货物，乙方(采购人)必须在5个工作日内办理货物验收手续，货款必须在验收完毕之日起10个工作日内一次付清。甲方于2月10日前分3次将100台电脑交付乙方，甲方指定专人分批验收投入使用。截至4月30日，甲方向乙方催收货款若干次未果。5月8日，甲方向采购中心提交书面申请，要求协调落实资金支付事宜。经查证，双方未按规定时间签署合同，未按规定办理货物验收单；乙方以资金紧张为由迟迟不予付款。

2. 分析

这是一起典型的拖延授标案例。作为"上帝"的采购人利用供应商的弱势心理，在迟迟不签合同的情况下，反而要求供应商先行交付货物，验收合格后又不及时办理验收手续，并借口资金紧张原因拖延付款，致使供应商多次上门催讨货款未果。本案的主要过错是采购人拖延签订采购合同、拖延办理验收手续、拖延支付合同资金。上述现象十分普遍，供应商为了做成一笔生意，通常不敢得罪采购人，往往不计较先签合同、再供货物的合法程序，这种法律意识欠缺、惧怕采购人的不正常心理，恰好滋生了采购人拖延授标的非法行为。拖延授标的恶果，不但损害了供应商的合法权益，而且损害了政府机关的公信形象。

参 考 文 献

[1]　杨锐，王兆. 建设工程招投标与合同管理. 北京：人民邮电出版社，2018.

[2]　白如银. 招标投标典型案例评析. 北京：中国电力出版社，2017.

[3]　刘营.《中华人民共和国招标投标法实施条例》实务指南与操作技巧. 北京：法律出版社，2018.

[4]　吴迪. 从零基础到投标高手. 北京：中国建筑工业出版社，2021.

[5]　黄福宁. 招标投标法关联法规精选. 北京：法律出版社，2003.

[6]　陈津生. 建设工程总承包项目招标与投标. 北京：化学工业出版社，2021.

[7]　姜晨光. 政府采购项目招投标书编制方法与范例. 北京：化学工业出版社，2017.

[8]　孙成群. 建筑工程机电设备招投标文件编写范本. 北京：中国水利水电出版社，2005.

[9]　李伟昆. 招投标与合同管理. 北京：中国建筑工业出版社，2017.